U0387887

智能制造关键技术
与工业应用丛书

机器人磨抛理论、技术与应用

Theory, Technology and Application of Robotic Grinding

朱大虎　　徐小虎　　吴超群　　李文龙　　等著

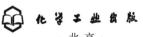

化学工业出版社

·北京·

内 容 简 介

本书是作者团队在长期从事机器人加工技术研究成果基础上，面向智能制造的"磨抛"加工编写而成。共分 3 部分：基础理论篇，介绍了机器人磨抛的通用技术理论，以及几何误差建模理论和方法；关键技术篇，详细介绍了系统标定、恒力控制、轨迹规划、材料去除等技术的原理、算法、设计使用方法；应用案例篇，介绍了压气机叶片机器人磨抛、增材修复叶片机器人磨抛、大型车身构件机器人磨抛 3 个案例，将技术落地。

本书可供从事机器人加工技术研发与工程应用的科技工作者使用，也可作为高等院校机械、智能制造等专业师生的教学参考书。

图书在版编目（CIP）数据

机器人磨抛理论、技术与应用/朱大虎等著 . —北京：化学工业出版社，2024.1（2024.10重印）
（智能制造关键技术与工业应用丛书）
ISBN 978-7-122-44379-3

Ⅰ. ①机… Ⅱ. ①朱… Ⅲ. ①机器人技术 Ⅳ. ①TP24

中国国家版本馆 CIP 数据核字（2023）第 210894 号

责任编辑：张海丽　　　　　　　　　　文字编辑：郑云海
责任校对：刘曦阳　　　　　　　　　　装帧设计：王晓宇

出版发行：化学工业出版社（北京市东城区青年湖南街 13 号　邮政编码 100011）
印　　装：北京建宏印刷有限公司
710mm×1000mm　1/16　印张 19¼　彩插 4　字数 365 千字　2024 年 10 月北京第 1 版第 2 次印刷

购书咨询：010-64518888　　　　　　　售后服务：010-64518899
网　　址：http://www.cip.com.cn
凡购买本书，如有缺损质量问题，本社销售中心负责调换。

定　　价：158.00 元

前言

　　航空航天、轨道交通、先进汽车等运载装备领域的复杂零件通常具有结构/型面复杂、材料难加工等特点，并根据几何尺寸可分为小型复杂曲面（如航空发动机叶片、车用钢铝构件等）和大型复杂构件（如高铁白车身、新能源汽车车身等）两类。传统手工作业和专用数控机床加工是目前制造这类复杂零件的主要手段。但前者作业效率低下、加工一致性差、质量保障困难；后者造价昂贵、制造柔性不足、安装调试复杂，严重制约复杂零件高效高品质加工。

　　近年来，以工业机器人为制造装备执行体的机器人化智能加工逐渐成为上述复杂零件高效高品质制造的新趋势。与同等操作空间的数控机床相比，加工型机器人的主要优势在于其低成本、操作灵活、可扩展性强。德国 Fraunhofer 研究所、英国 UK-RAS 网络中心、新加坡 Gintic 制造技术研究院，以及日本三菱重工、美国 GE 公司，均致力于开发机器人加工系统，应用于航空、汽车等领域复杂零件加工制造。国家《"十四五"智能制造发展规划》中将机器人化智能制造作为国家战略予以重点发展，推动重点领域智能转型，并陆续实施"共融机器人基础理论与关键技术研究"重大研究计划、"智能机器人"重点专项等，旨在提升我国机器人技术的整体研究水平，实现产业融合的高质量发展。

　　以应用最为广泛的机器人磨抛工艺为例，目前复杂零件机器人磨抛面临三大难题：

　　（1）机器人加工系统精度提升难：机器人加工精度主要受到机器人-视觉单元（手眼）标定和工具标定误差的影响，此外，加工系统面临种种几何约束，如坐标系偏移、余量分布不均等，给加工系统精度保证带来挑战；

　　（2）小余量去除柔顺控制难：复杂零件大曲率变化几何特征、砂带磨抛的宽行柔性接触特性之间的矛盾易导致材料去除具有极大不确定性（弹性变形、接触力变化等），影响加工过程的稳定性；

（3）机器人磨抛系统集成难：现有商业机器人操作软件难以集成"测量-操作-加工"一体化工艺，需要根据复杂零件加工工艺特点，开发自主可控的专有工艺软件，减少程序生成时间和人工操作。

为解决上述挑战，研究团队在国家自然科学基金（52188102、51975443、52105514、52075203、52075204、52275506、51675394、51375196）、湖北省重点研发计划（2022BAA067）和湖北隆中实验室自主创新项目（2022ZZ-27）资助下，围绕机器人磨抛理论与技术开展了深入研究，并进一步凝练出当前磨抛智能化亟待解决的"精度控制、顺应控制、协同控制、效率提升"四个方面的技术难题，创新性地提出系统解决方案，并将其独创性地应用在机器人磨抛系统设计开发中，为机器人磨抛的未来发展提出了新的技术路径，形成了本书主要章节。主要分为三部分：基础理论篇，介绍了机器人磨抛的通用技术理论，以及几何误差建模理论和方法；关键技术篇，详细介绍了系统标定、恒力控制、轨迹规划、材料去除等技术的原理、算法、设计使用方法；应用案例篇，介绍压气机叶片机器人磨抛、增材修复叶片机器人磨抛、大型车身构件机器人磨抛 3 个案例，将技术落地应用。

本书第 1 章由朱大虎、李文龙、严思杰、华林共同撰写，第 2 章、第 4 章由徐小虎撰写，第 3 章、第 5 章由朱大虎撰写，第 6 章由吴超群撰写，第 7 章由朱大虎、徐小虎共同撰写。

本书从构思到成稿历时三年，包含了作者指导的研究生王志远、吕远健、吕睿、吴浩、杨泽源、陈新渡、王宏丽等多年的研究成果，在此对他们的辛苦付出表示衷心的感谢。同时，深深感谢导师丁汉教授长期以来的教诲和指导，以及庄可佳教授、陈巍博士、张海洋博士、叶松涛博士等多位专家和同事在技术交流和实验验证上给予的无私帮助。

机器人加工是智能制造领域的前沿技术，涉及内容很多，作者仅仅在系统标定、恒力控制、轨迹规划、工艺机理等方面开展了一点工作。限于作者研究水平，书中疏漏之处在所难免，恳请各位读者批评指正，共同为机器人加工这一前沿学术研究添砖加瓦。

朱大虎

2023 年 5 月于武汉理工大学

目录

基础理论篇

关键技术篇

第3章
机器人磨抛系统标定技术

046

第 6 章
机器人磨抛工艺机理分析 179

应用案例篇

第 7 章
机器人磨抛典型应用案例 226

第1章

绪论

1.1 机器人磨抛重大需求

复杂零件，如航空发动机叶片、高铁白车身和新能源汽车车身等，在航空航天、轨道交通、先进汽车等战略和支柱产业中有着广泛应用，其制造水平代表着国家制造业的核心竞争力。叶片、车身类复杂零件大多采用合金化程度很高的热强钢、钛合金以及高温合金等难加工材料制作，设计为薄壁、弯扭曲、大尺寸结构，经过精锻、精铸、冲压或者机加工后，均需对其型面进行磨抛加工，以此来保证轮廓精度和表面光洁度。结构形态、工艺严苛等要求对这类复杂零件高效高品质加工提出了严峻挑战。《"十四五"智能制造发展规划》明确提出，将攻克复杂零件精密加工工艺技术，研制智能化制造装备，并进行推广应用。

专用机床加工是目前加工这类复杂零件的主要手段。实现高效高品质加工的前提是具备高性能的数控装备和系统的加工工艺。虽然多轴数控机床在复杂零件加工中应用广泛，但也存在明显缺点：①大型精密机床十分昂贵，通常需要几百万到上千万人民币；②加工模式固定，通常不具备柔性、并行加工能力；③配置复杂，不具备可重构性，难以形成"加工-测量"一体化。机器人加工则为复杂零件制造提供了新思路。相对于多轴数控机床，机器人具有成本低、柔性好、智能化、效率高、操作空间大等优势。同时，机器人常用的感知功能，如视觉、力觉以及相应的视觉伺服和力/位混合控制技术日臻成熟[1]。以机器人为制造装备执行体，配以强大的感知功能对运行参数进行实时滚动优化，将突破传统制造装备仅关注运动轴位置和速度控制的局限，形成装备对工艺过程的主动控制，在复杂零件高效高品质加工中具有显著优势。

作为智能制造发展的一个重要突破口，机器人加工已引起世界各国关注[2]。德国 Fraunhofer 研究所、英国 UK-RAS 网络中心、新加坡 Gintic 制造技术研究院以及日本三菱重工、美国 GE 公司均致力于开发机器人加工系统，并将其应用于航空、汽车等领域复杂零件加工制造。近年来，国家已陆续出台"共融机器人基础理论与关键技术研究"重大研究计划[3]、"智能机器人"重点专项、《"十四五"机器人产业发展规划》等，旨在推动机器人技术和产业快速发展，并已初步形成了以华中科技大学、清华大学、上海交通大学、西北工业大学、吉林大学、北京航空航天大学、中国科学院自动化研究所、重庆大学、武汉理工大学等科研院所为代表的研究团队，为企业掌握机器人加工工艺和系统装备研发提供了必备的技术支撑。

1.2 机器人磨抛技术挑战

相对于同等操作空间的数控机床，加工型机器人的主要优势在于其低成本、操作灵活、可扩展性强，但仍存在先天制约：低精度（0.1～1mm，机床精度可达 0.005mm）、低刚度（低于 $1N/\mu m$，机床刚度可达 $50N/\mu m$）和编程复杂（缺乏标准编程语言和通用的后置处理软件）[4,5]。围绕以上问题，结合不同的复杂零件磨抛工艺特点，机器人加工亟须解决的关键技术挑战主要集中在以下四个方面。

（1）精度控制

从测量的观点看，机器人磨抛精度难以保证的主要原因有两个：一是机器人夹持工件或视觉传感器进行扫描运动过程中，其定位精度难以保证；二是传统匹配算法及其改进算法仍然无法克服局部最优问题。因此，准确地标定机器人加工系统（包括手眼标定、工件标定等），并提出点云匹配全局最优解的定量判别方法，是实现复杂零件机器人高品质磨抛的关键基础。

（2）顺应控制

机器人磨抛智能化主要体现在两个层面：一是能够针对复杂零件的几何形状自适应规划加工轨迹；二是实现末端执行器对复杂曲面的主动顺应。机器人磨抛属于典型的柔性接触加工，因此轨迹规划需充分考虑接触动力学影响。此外，通过去除余量/磨抛力映射关系，在力控法向上保证接触力，在位控切向上保证轨迹跟踪精度，亦是实现复杂零件高品质磨抛的关键。

（3）协同控制

相比大型构件单机器人制造单元，多机器人制造模式在时空分布及工艺流程设计方面拥有较大的灵活性和优越性，但其难点在于多机协同控制。一方面，对于大型构件的协同加工，很难获得工件的全局信息，并且多机之间的约束关系复杂且难以精确求解；另一方面，有必要提出适合于协同加工的机器人运动控制策略，并开发控制器和协同控制软件，以实现任务分配和干涉规避。

(4) 效率提升

机器人制造模式在追求复杂零件高品质加工的同时，亦对加工效率提出更高要求。尤其针对大型复杂构件加工，虽然增加机器人的数量能在一定程度上显著提升该类零件的加工效率，缩短生产周期，但实际应用需综合考虑成本效益、实施难度以及加工工艺特点等。因此，如何准确、迅速地获取加工工艺信息数据，并将其用于指导工艺系统优化以提升作业效率是亟须解决的难题之一。

1.3 机器人磨抛关键技术

1.3.1 机器人磨抛系统标定技术

机器人磨抛系统标定是保证复杂零件加工精度及效率的关键。工具坐标系标定和机器人本体标定技术方法发展较成熟，目前机器人磨抛系统标定主要针对手眼标定和工件坐标系标定，并普遍采用基于视觉的标定方法。

手眼标定的实质是建立机器人末端坐标系和测量设备之间的坐标转换关系，进而可以将测量数据向机器人末端进行转换[6,7]。根据视觉设备与机器人安装位置的不同，主要分为 eye-in-hand（眼在手上）和 eye-to-hand（眼在手下）两种。国内外文献关于手眼标定技术的研究主要分为两种：直接标定法和间接标定法。前者通过获取测量设备（眼）和机器人末端（手）上公共点、线、面等特征，利用公共特性直接耦合得到转换向量，标定过程可以一步实现；后者一般分为两步，即标定旋转分量和标定平移分量，通过标定工具与机器人之间存在固定几何关系这一特性，通过重复多次测量，以消元的方法间接计算转换向量。直接标定法标定过程简单，但标定精度一般较差；间接标定法标定精度较高，但标定过程繁杂，容易造成误差累积。考虑到机器人自身的绝对定位精度（0.1～1mm）要远低于机器人重复定位精度（0.03～0.3mm），因此，在标定过程中减少机器人绝对定位误差的引入，可以从源头上保证机器人-视觉系统的标定精度。

工件坐标系标定的实质是解决设计 CAD 坐标系向虚拟工作站设定工件坐标系耦合的问题，保证规划路径点与实际加工点在位置、姿态上能够高度一致。三维点云匹配目前已广泛用于复杂工件的标定与测量，主要分为基于点的迭代式匹配方法和采用智能算法优化迭代算法两种。前者的代表性算法为 ICP（迭代最近点）算法以及改进算法。ICP 算法在两片点云具有较高重叠率和良好初始位置情况下可获得较高匹配精度，但容易陷入局部最优且迭代收敛速度慢。为了使基于点的迭代算法获得全局最优解，通常会在迭代算法之前采用一些匹配算法使两片点云获得较好的初始位置，如改变 ICP 算法中的距离函数，国内外学者相继提出了 TDM（深度树匹配）、SDM（平方距离最小化）、ADF（自适应距离函数）、VMM（方差最小化）算法等[8-10]，这些算法在多数情况下可获得精确的匹配结果。另一种策略是采用智能算法优化迭代算法。智能算法可以帮助迭代算法搜寻全局最优解达到不依赖初始位置的效果，但该过程耗时，难以适用批量化工作。

从视觉测量的观点看，机器人磨抛系统标定目前主要存在两个问题：①手眼标定精度低导致测量点云拼接精度差；②测量点云与 CAD 点云匹配时未考虑测点的余量且需要手动删除背景点，工件标定精度差、效率低且自动化程度低。

1.3.2　机器人磨抛恒力控制技术

接触力是实现余量控制的有效手段，其精密控制是机器人柔性加工中的一项公开难题[11-13]。目前，主要通过外部机构或传感器来感知并控制接触力，从而获得理想的加工表面质量和型面精度，并可分为主动柔顺力和被动柔顺力两种。

主动柔顺力控制主要依靠外部多维力传感器来实现对加工过程的精确力控制。目前，大量的主动力控制研究从不同角度对未知环境进行力估计，主要分为传统控制算法和现代智能控制算法两种。前者主要包含 PID 控制、阻抗控制、力位混合控制、自适应控制等；后者主要包含模糊控制、模糊 PID 控制、神经网络控制、遗传算法控制、导纳控制等。传统控制算法实现容易，效果较好，广泛应用于机器人磨抛加工过程中，但对于复杂未知场景控制效果不佳；现代智能控制算法操作过程简单，不局限于加工环境，具有较高的估计精度，但离实际应用还有一定的发展空间。特别地，对于航空发动机叶片小余量去除，其力控精度普遍要求不高于 1N，已公开报道的刚柔耦合的全数字式力控砂带磨抛单元的磨抛力控精度能达到 ±0.5N。刘树生[14] 认为，对于 $R0.1mm$ 级的进排气边磨削成型和抛光，接触力的分辨率不会高于 0.5N，最好能控制在 0.1N 级别，这对现有的力控传感器和砂带机构导向装置提出了极大挑战。

被动柔顺力控制主要借助于安装在机器人末端或者接触空间上具有柔顺功能的设备来实现过程力的被动调节控制。根据其功能主要分为两类：柔顺法兰和柔顺磨抛装置。这两种装置都具有补偿位置误差、型面跟踪、吸收振动能量等优势，能够避免机器人本体运动误差所造成的干扰，在叶片类复杂零件机器人精密磨抛加工领域得到广泛应用。虽然 FerRobotics 等公司的被动柔顺装置已经发展较为成熟，并且成功应用于机器人加工中，但是针对机器人加工过程中的振动抑制、型面精度控制等问题没有深入研究。因此，Chen 等[15] 设计了一种应用于机器人磨抛加工叶盘的新型被动柔顺机构，通过集成两种新型的涡流阻尼器，能够改善动力学性能并抑制振动，机器人磨抛叶盘的过程力波动从 8N 减小到 1N，实现了机器人加工的动态力波动≤1N。

实际上，现有的机器人加工力位控制均以降低零件表面粗糙度为主要目标，较少关注形位精度。因此，如何建立材料去除余量和加工接触力之间的映射关系，从而在力控法向上保证接触力、在位控切向上保证轨迹跟踪精度，进而开发具有接触力实时调节功能的力控装置是亟须解决的技术难题之一。

1.3.3 机器人磨抛轨迹规划技术

复杂零件机器人磨抛主要以机器人进给速度或加工对象的几何形状为调整目标，其研究重点关注加工轨迹智能规划。因此，合理而有效的轨迹规划方法直接决定了复杂零件磨抛的可行性以及加工质量和效率。

国内外学者对叶片类自由曲面的砂带磨抛加工轨迹规划技术进行了大量研究[16-18]。砂带磨抛加工中，最重要的是要保证接触轮与工件曲面局部贴合，因此曲面曲率是影响磨抛路径生成的主要因素之一。现有文献利用自由曲面的最小主曲率方向与砂带接触轮轴线方向重合的方式，或基于接触轮曲率特征，应用无干涉原则、有效空间原则以及切宽最大原则来进行轨迹规划，或根据曲线当前位置的曲率特性进行基于曲率的最大速度限定。在具体的曲面路径算法上，大部分已有成果是把曲面的法曲率看作一个接触运动的几何约束条件，在满足该约束条件的情况下，才能正确地磨抛工件。由此容易导致在工件曲率变化较大处，磨抛点密度低，进而出现弦高误差超差情况，产生过切现象，影响加工质量。

实际上，复杂零件机器人磨抛轨迹规划类似于移动机器人在复杂环境中寻找一条从起始状态到目标状态的无碰撞路径，规划方法需适应复杂零件特征区域形状与尺寸不确定情形。早在 2002 年机器人砂带磨抛技术兴起时，Huang 等[19]开发出一种结合自适应路径生成的被动柔顺工具，用于解决传统计算机刀路生成方法在叶片加工表面质量和尺寸精度方面的不足。为了实现所需的叶片轮廓平滑度，对自适应规划的刀路角度进行了微调，以去除叶片钎焊区和非钎焊区之间的过渡线，最终实现了平滑的翼型轮廓。实际上，利用机器人实现复杂零件高效精密加工的另一个目的在于如何通过刀路规划来尽可能覆盖整个加工表面。为解决此问题，Chaves-Jacob 等[20] 利用摆线、黑桃和三角等三种基本的图形模式对刀具路径进行优化，显著改善了刀具的磨损和表面覆盖率，并有效提高复杂零件的抛光表面质量。然而由于抛光轨迹复杂且需要重复多次，因此加工效率无法得到保证。

综上可见：①现有机器人加工轨迹规划方法主要是基于现有模型的刀位点数据或商业 CAD/CAM 软件包，其研究普遍将轨迹规划视为一个简单的几何问题，缺少对机器人加工中动力学的考量，从而影响了机器人加工精度；②与刚性机床不同，具有柔性接触的机器人砂带磨抛加工可能会导致加工精度产生偏差，同时影响机器人加工效率。尤其针对薄壁叶片的磨抛加工，关于法曲率对叶片进排气边缘磨抛路径的工艺要求尚未开展系统深入的研究。

1.3.4　机器人磨抛材料去除工艺

精确控制机器人磨抛过程中的材料去除量是柔性加工中的一项公开难题。材料去除率是衡量复杂零件加工精度的关键指标之一，并受到接触力、机器人进给速度等多种工艺参数的影响[21]。目前，国内外在这方面的研究成果较多。

针对机器人磨抛，Wu 等[22] 通过考虑机器人速度和接触力这两个参数，提出了用于估算材料去除的创新模型；Song 等[23] 提出了一种基于统计机器学习自适应模型的离线规划方法用于控制磨抛机器人参数，进而实现工件材料精确去除；Zhu 等[24] 构建了一种基于三分力的磨抛力模型，分别从比磨削能和磨粒磨损的角度，揭示了机器人砂带磨抛加工中的材料微观去除机理；Yan 等[25] 通过考虑机器人砂带磨抛加工中切入和切出的影响，提出了一种改进后的磨抛力微观模型，通过分析加工弹性变形对材料去除率的影响，获得了兼顾加工稳定性和能量效率的最优加工参数组合。

在研究机器人磨抛材料去除深度模型时，Preston 材料去除方程和 Hertz 弹性接触理论对其具有指导价值，设计合理的工艺试验并与理论模型相结合，能有效地对模型进行修正并验证模型的准确性。针对机器人-工件接触面的弹性变形问题，Qu 等[26] 对传统的材料去除深度模型进行优化，通过实验数据拟合出适用于机器人砂带磨抛方式的材料去除率模型，并以此建立了粗糙度预测模型。Makiuchi 等[27] 提出了一种结合 Preston 方程和离散元法的材料去除模型，比较仿真值与实验值，平均误差仅为 12%，具有较高的预测精度。从单颗磨粒的形状与分布假设出发，结合时变接触应力/力分布，相关学者[28-31] 建立了大量的材料去除深度预测模型，可用于砂带制备和工艺参数优选的理论依据。

综上，从材料去除建模的层面来看，机器人磨抛复杂零件主要面临两个方面的难题：其一，工件大曲率变化几何特征、砂带磨抛的宽行柔性接触特性之间的矛盾易导致材料去除具有极大不确定性（弹性变形、接触力变化等），由此导致受力不均加剧磨抛颤振，以及路径过密引起加工波纹；其二，针对非均匀分布余量的加工对象，如何通过磨抛力控制策略对材料去除进行有效优化。

1.4　本书主要章节结构

第 1 章介绍机器人磨抛加工的重大需求和发展趋势，指出机器人磨抛技术广泛应用的挑战在于精度控制、顺应控制、协同控制和效率提升四个方面。想要攻克这些技术难点，须分别从机器人磨抛系统标定技术、恒力控制技术、轨迹规划技术和材料去除工艺方面进行突破，进而介绍了相关技术的国内外研究现状。

　　第 2 章介绍机器人磨抛系统几何误差建模及补偿方法，开展机器人正逆运动学分析，推导机器人磨抛系统误差修正模型，并对误差模型的参数冗余性进行分析，最后介绍机器人磨抛系统的误差辨识和补偿实验结果。

　　第 3 章分析常见的机器人磨抛系统标定方法，介绍机器人磨抛系统的手眼标定方法，讨论大型车身构件测量点云拼接算法，然后开展车身工件坐标系标定和粗精匹配算法分析，最后介绍自主开发的机器人磨抛系统自动化标定软件。

　　第 4 章介绍机器人磨抛恒力控制方法，讨论机器人磨抛加工系统主动力和被动力控制算法，然后介绍基于 Kalman 滤波的主被动力控制信息融合算法，最后讨论机器人磨抛力控制实验结果。

　　第 5 章讨论接触动力学影响下的机器人磨抛轨迹生成原理（步长控制、行距计算等）、基于 Preston 方程的材料去除模型与视觉引导的自适应轨迹规划算法，最后介绍自主开发的机器人磨抛轨迹规划软件和实验结果。

　　第 6 章分析机器人磨抛工艺机理，探讨材料去除建模方法和机器人磨抛工艺参数影响规律，然后介绍机器人加工微观磨抛力建模方法及对加工质量影响，并开展相应的机器人磨抛工艺实验。

　　第 7 章介绍机器人磨抛典型应用案例，讨论压气机叶片、增材修复叶片和大型车身构件三种复杂曲面零件的机器人磨抛应用详细情况。

参 考 文 献

[1]　熊有伦，李文龙，陈文斌，等. 机器人学：建模、控制与视觉 [M]. 2 版. 武汉：华中科技大学出版社，2020.

[2]　臧冀原，刘宇飞，王柏村，等. 面向 2035 的智能制造技术预见和路线图研究 [J]. 机械工程学报，2022，58（4）：285-308.

[3]　赖一楠，叶鑫，丁汉. 共融机器人重大研究计划研究进展 [J]. 机械工程学报，2021，57（23）：1-11，20.

[4]　李文龙，朱大虎，丁汉. 机器人加工视觉测量与力控技术 [M]. 北京：科学出版社，2023.

[5]　Zhu D，Feng X，Xu X，et al. Robotic grinding of complex components：a step towards efficient and intelligent machining – challenges，solutions，and applications [J]. Robotics and Computer-Integrated Manufacturing，2020，65：101908.

[6]　Li W，Xie H，Zhang G，et al. Hand-eye calibration in visually-guided robot grinding [J]. IEEE Transactions on Cybernetics，2016，46（11）：2634-2642.

[7]　Xu X，Zhu D，Wang J，et al. Calibration and accuracy analysis of robotic belt grinding system using the ruby probe and criteria sphere [J]. Robotics and Computer-Integrated Manufacturing，2018，51：189-201.

[8]　李文龙，谢核，尹周平，等. 基于方差最小化原理的三维匹配数学建模与误差分析 [J]. 机械工程学报，2017，53（16）：190-198.

[9]　Xie H，Li W，Yin Z，et al. Variance-minimization iterative matching method for free-form surfaces-Part Ⅰ：theory and method [J]. IEEE Transactions on Automation Science and Engineering，2019，

16 (3)：1181-1191.

[10] Lv R，Liu H，Wang Z，et al. WPMAVM：Weighted plus-and-minus allowance variance minimization algorithm for solving matching distortion [J]. Robotics and Computer-Integrated Manufacturing，2022，76：102320.

[11] Xu X，Chen W，Zhu D，et al. Hybrid active/passive force control strategy for grinding marks suppression and profile accuracy enhancement in robotic belt grinding of turbine blade [J]. Robotics and Computer-Integrated Manufacturing，2021，67：102047.

[12] 葛吉民，邓朝晖，李尉，等. 机器人磨抛力柔顺控制研究进展 [J]. 中国机械工程，2021，32 (18)：2217-2230，2238.

[13] Xu X，Zhu D，Zhang H，et al. Application of novel force control strategies to enhance robotic abrasive belt grinding quality of aero-engine blades [J]. Chinese Journal of Aeronautics，2019，32 (10)：2368-2382.

[14] 刘树生. 航空钛合金叶片数控砂带磨削关键技术 [J]. 航空制造技术，2011，4：34-38.

[15] Chen F，Zhao H，Li D，et al. Contact force control and vibration suppression in robotic polishing with a smart end effector [J]. Robotics and Computer-Integrated Manufacturing，2019，57：391-403.

[16] Lv Y，Peng Z，Qu C，et al. An adaptive trajectory planning algorithm for robotic belt grinding of blade leading and trailing edges based on material removal profile model [J]. Robotics and Computer-Integrated Manufacturing，2020，66：101987.

[17] Wang G，Li W，Jiang C，et al. Trajectory planning and optimization for robotic machining based on measured point cloud [J]. IEEE Transactions on Robotics，2022，38 (3)：1621-1637.

[18] Ma K，Han L，Sun X，et al. A path planning method of robotic belt grinding for workpieces with complex surfaces [J]. IEEE/ASME Transactions on Mechatronics，2020，25 (2)：728-738.

[19] Huang H，Gong Z M，Chen X，et al. Robotic grinding and polishing for turbine-vane overhaul [J]. Journal of Materials Processing Technology，2002，127：140-145.

[20] Chaves-Jacob J，Linares J M，Sprauel J M. Improving tool wear and surface covering in polishing via toolpath optimization [J]. Journal of Materials Processing Technology，2013，213 (10)：1661-1668.

[21] 朱大虎，徐小虎，蒋诚，等. 复杂叶片机器人磨抛加工工艺技术研究进展 [J]. 航空学报，2021，42 (10)：524265.

[22] Wu S，Kazerounian K，Gan Z，et al. A material removal model for robotic belt grinding process [J]. Machining Science and Technology：An International Journal，2014，18 (1)：5-30.

[23] Song Y，Liang W，Yang Y. A method for grinding removal control of a robot belt grinding system [J]. Journal of Intelligent Manufacturing，2012，23：1903-1913.

[24] Zhu D，Luo S，Yang L，et al. On energetic assessment of cutting mechanisms in robot-assisted belt grinding of titanium alloys [J]. Tribology International，2015，90：55-59.

[25] Yan S，Xu X，Yang Z，et al. An improved robotic abrasive belt grinding force model considering the effects of cut-in and cut-off [J]. Journal of Manufacturing Processes，2019，37：496-508.

[26] Qu C，Lv Y，Yang Z，et al. An improved chip-thickness model for surface roughness prediction in robotic belt grinding considering the elastic state at contact wheel-workpiece interface [J]. International Journal of Advanced Manufacturing Technology，2019，104 (5-8)：3209-3217.

[27]　Makiuchi Y，Hashimoto F，Beaucamp A. Model of material removal in vibratory finishing，based on Preston's law and discrete element method [J]. CIRP Annals-Manufacturing Technology，2019，68 (1)：365-368.

[28]　Yang Z，Chu Y，Xu X，et al. Prediction and analysis of material removal characteristics for robotic belt grinding based on single spherical abrasive grain model [J]. International Journal of Mechanical Sciences，2021，190：106005.

[29]　Li L，Ren X，Feng H，et al. A novel material removal rate model based on single grain force for robotic belt grinding [J]. Journal of Manufacturing Processes，2021，68：1-12.

[30]　Zhang H，Li L，Zhao J，et al. Theoretical investigation and implementation of nonlinear material removal depth strategy for robot automatic grinding aviation blade [J]. Journal of Manufacturing Processes，2022，74：441-455.

[31]　Song K，Xiao G，Chen S，et al. A new force-depth model for robotic abrasive belt grinding and confirmation by grinding of the Inconel 718 alloy [J]. Robotics and Computer-Integrated Manufacturing，2023，80：102483.

基础理论篇

第**2**章

磨抛机器人几何误差建模

　　机器人运动学是机器学的基础，也是构建机器人误差模型的前提。在机器人运动学模型构建方法上，经典 D-H 模型构建简单，参数意义明确，但其在平行关节处的参数突变会在参数辨识中带来严重数值问题。MD-H 模型继承了 D-H 模型的构造理念，构造简单，通用性强，且能有效解决平行关节的参数不连续问题，是机器人运动学标定领域应用最广泛的方法。本章将基于 MD-H 方法构建机器人的运动学模型，给出机器人的正、逆向运动学的显示解析式，并基于微分运动学方法构建机器人的几何位姿误差模型。

2.1　机器人建模方法与模型构建

　　工业机器人是由一系列杆件通过移动关节与旋转关节串联起来的多自由度运动系统，一般在各关节上固连一个关节坐标系，然后通过坐标系间位姿变换来描述机器人末端或各连杆的运动。其中，D-H 方法与 MD-H 方法是应用最为广泛的局部关节坐标系构建方法。

2.1.1　D-H 模型

　　依据 D-H 方法[1]，关节坐标系 $\{i\}$ 与 i 关节（$Joint_i$）相关联，取 i 关节轴线为坐标系 $\{i\}$ 的 z_i，方向与轴线同向；取 i 关节与 $i+1$ 关节轴线公垂线为坐标系 $\{i\}$ 的 x_i，方向由 i 关节指向 $i+1$ 关节；取公垂线与 i 关节轴线交点为原点 O_i，坐标系的 y_i 由右手定则确定。当 i 关节与 $i+1$ 关节轴线平行时，两关节轴线间公垂线无法唯一确定，此时，取 $i-1$ 关节、i 关节轴线间公垂线与 i 关节轴线交点为坐标系 $\{i\}$ 的原点 O_i，以此确定坐标系 $\{i\}$ 的位置。至此，可构建机器人中间连杆（$Link_i$）的关节坐标系，如图 2-1 所示。连杆两端关节坐标系间变换可通过四步变换过程完成：

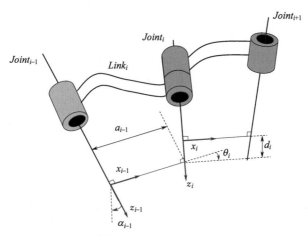

图 2-1　中间关节坐标系与连杆运动描述

步骤 1：绕 x_{i-1} 旋转 α_{i-1} 使 z_{i-1}、z_i 平行；

步骤 2：沿 x_{i-1} 正向平移 a_{i-1} 使 z_{i-1}、z_i 重合；

步骤 3：绕 z_i 旋转 θ_i 使 x_{i-1}、x_i 平行；

步骤 4：沿 z_i 负向平移 d_i 使 x_{i-1}、x_i 重合。

上述变换中，α_{i-1} 为连杆扭角，a_{i-1} 为连杆长度，θ_i 为关节转角，d_i 为偏距。以上四步变换皆相对动坐标系进行，满足"右乘定则"，可求得 i 连杆两端相邻关节坐标系间齐次变换通式为：

$$
\begin{aligned}
{}_i^{i-1}\boldsymbol{T} &= Rot(x,\alpha_{i-1})Trans(x,a_{i-1})Rot(z,\theta_i)Trans(z,d_i) \\
&= \begin{bmatrix}
c\theta_i & -s\theta_i & 0 & a_{i-1} \\
c\alpha_{i-1}s\theta_i & c\alpha_{i-1}c\theta_i & -s\alpha_{i-1} & -d_is\alpha_{i-1} \\
s\alpha_{i-1}s\theta_i & s\alpha_{i-1}c\theta_i & c\alpha_{i-1} & d_ic\alpha_{i-1} \\
0 & 0 & 0 & 1
\end{bmatrix} = \begin{bmatrix}
{}_i^{i-1}\boldsymbol{R} & {}_i^{i-1}\boldsymbol{P} \\
0 & 1
\end{bmatrix}
\end{aligned} \tag{2.1}
$$

式中，c 代表余弦 $\cos$；s 代表正弦 $\sin$；${}_i^{i-1}\boldsymbol{R} \in \Re^{3\times3}$ 为齐次变换的旋转矩阵，包含齐次变换中的姿态信息，可以转化为欧拉角与四元数等表示；${}_i^{i-1}\boldsymbol{P} \in \Re^{3\times1}$ 为齐次变换的位置向量，包含齐次变换的位置信息，后文同此表示。

2.1.2　MD-H 模型

虽然 D-H 模型是一种经典的关节坐标系构建方法，但 D-H 模型存在一个致命缺陷：如图 2-2 所示，在构建关节坐标系 $\{i\}$ 时，若 i 关节与 $i+1$ 关节并非严格平行，关节 $i+1$ 存在一个绕 y_{i+1} 旋转的微小角度 β 时，坐标系 $\{i\}$ 的原点 O_i 位置发生突变，参数 d_i 由 0 突变到图中的 d_i'，其中，$d_i' = a_i/\tan\beta$，为一个无穷大值，而 a_i 将突变为 0；对于 $\{i+1\}$，由于 β 很小，其原点 O_{i+1} 位置几乎不变，参数 d_{i+1} 将突变为 d'_{i+1}，其中，$d'_{i+1}=a_i/\sin\beta$，也为一个无穷大值。

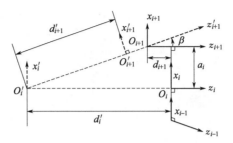

图 2-2　平行关节参数突变示意图

针对 D-H 模型中参数不连续问题，MD-H 模型[2,3] 在 D-H 模型基础上引入一个绕 y 轴旋转的参数，即在构造由关节坐标系 $\{i\}$ 到 $\{i+1\}$ 的变换时，添加一个绕 y_{i+1} 旋转的参数 β_{i+1} 使 z_{i+1} 与 z_i 平行。基于此，两关节坐标系间变化通式更新为：

$$
\begin{aligned}
{}^{i}_{i+1}\boldsymbol{T} &= Rot(x,\alpha_i)Trans(x,a_i)Rot(z,\theta_{i+1})Trans(z,d_{i+1})Rot(y,\beta_{i+1}) \\
&= \begin{bmatrix}
c\theta_{i+1}c\beta_{i+1} & -s\theta_{i+1} & c\theta_{i+1}s\beta_{i+1} & a_i \\
c\alpha_i s\theta_{i+1}c\beta_{i+1}+s\alpha_i s\beta_{i+1} & c\alpha_i c\theta_{i+1} & c\alpha_i s\theta_{i+1}s\beta_{i+1}-s\alpha_i s\beta_{i+1} & -d_{i+1}s\alpha_i \\
s\alpha_i s\theta_{i+1}c\beta_{i+1}-c\alpha_i s\beta_{i+1} & s\alpha_i c\theta_{i+1} & s\alpha_i s\theta_{i+1}s\beta_{i+1}+c\alpha_i c\beta_{i+1} & d_{i+1}c\alpha_i \\
0 & 0 & 0 & 1
\end{bmatrix}
\end{aligned}
$$

$$(2.2)$$

2.1.3　机器人链路坐标系建模

图 2-1、式（2.1）及式（2.2）分别给出中间连杆坐标系构建方法与两种模型下连杆上相邻关节坐标系间齐次变换矩阵通式。在构建机器人全局运动学模型时，对于中间关节，使坐标系 $\{i\}$ 与 i 关节固连；对于机器人末端关节，使坐标系 $\{0\}$ 与机器人基坐标系 $\{base\}$ 重合，机器人法兰盘坐标系 $\{flange\}$ 与坐标系 $\{6\}$ 重合；工具安装在法兰盘上，放置位置待定。至此，可构建机器人的链路坐标系模型，如图 2-3 所示。

本节所采用的机器人为 ABB 公司 IRB 6700 型工业机器人，其第 2、3 关节轴线平行，而其他轴线间相互垂直。为避免产生新的参数突变，在建立机器人正向运动学模型时，仅在 3 关节处添加参数 β。表 2-1 为机器人在上述连杆坐标系模型下的名义 MD-H 参数表。其中，θ_i 项为机器人在零位时在图 2-3 所示连杆坐标系构造方法下的关节转角初值，称为零位转角，它是控制器中关节角度与模型定义关节角度的差值，如当控制器中 θ_2 的角度为 60° 时，它在运动学模型中的实际转角为 $-30°$。

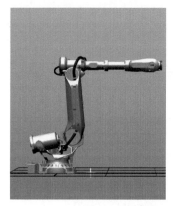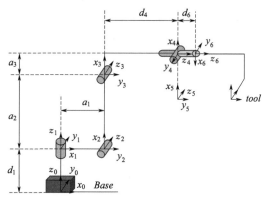

图 2-3　IRB 6700 型机器人零位形位与连杆链路坐标系

表 2-1　ABB IRB6700-150/3.2 型机器人 MD-H 参数表

连杆编号 i	$\alpha_{i-1}/(°)$	a_{i-1}/mm	d_i/mm	θ_i(零位)$/(°)$	β_i
1	0	0	780	0	—
2	−90	320	0	−90	—
3	0	780	0	0	0
4	−90	200	1592.5	0	—
5	90	0	0	0	—
6	−90	0	200	−180	—

注："—"表示未定义或不存在，后文同此表示。

2.2　机器人运动学分析

机器人正运动学是将机器人运动从关节空间向笛卡儿空间映射的过程，是描述机器人运动的基础；机器人逆运动学则是将机器人运动从笛卡儿空间向关节空间映射的过程，是机器人轨迹规划与运动控制的基础。同时，机器人正运动学与逆运动学也是机器人本体标定工作中误差测量与误差补偿的重要一环。

2.2.1　机器人正运动学分析

ABB 公司串联机器人通常具有相同的结构，具体表现为表 2-1 中非零参数与零位转角的不同。因此，无论在本小节的正向运动学模型分析中，还是在 2.2.2 小节的逆运动学分析中，都可以以参数代表其中非零项，而将零项（包括六个扭角值）代入运算。此外，由于 IRB 机器人的工具坐标系相对机器人末端法兰盘定义，具体位姿待定，这里取 $tool = I_4$，仅计算机器人末端法兰盘坐标系的位姿。

在上述设定下，机器人连杆两端相邻关节间齐次变换矩阵与机器人末端相对基坐标系的齐次变换矩阵分别为：

$$
{}^0_1\boldsymbol{T}=\begin{bmatrix} c1 & -s1 & 0 & 0 \\ s1 & c1 & 0 & 0 \\ 0 & 0 & 1 & d_1 \\ 0 & 0 & 0 & 1 \end{bmatrix} \quad
{}^1_2\boldsymbol{T}=\begin{bmatrix} c2 & -s2 & 0 & a_1 \\ 0 & 0 & 1 & 0 \\ -s2 & -c2 & 0 & 0 \\ 0 & 0 & 0 & 1 \end{bmatrix}
$$

$$
{}^2_3\boldsymbol{T}=\begin{bmatrix} c3 & -s3 & 0 & a_2 \\ s3 & c3 & 0 & 0 \\ 0 & 0 & 1 & 0 \\ 0 & 0 & 0 & 1 \end{bmatrix} \quad
{}^3_4\boldsymbol{T}=\begin{bmatrix} c4 & -s4 & 0 & a_3 \\ 0 & 0 & 1 & d_4 \\ -s4 & -c4 & 0 & 0 \\ 0 & 0 & 0 & 1 \end{bmatrix} \tag{2.3}
$$

$$
{}^4_5\boldsymbol{T}=\begin{bmatrix} c5 & -s5 & 0 & 0 \\ 0 & 0 & -1 & 0 \\ s5 & c5 & 1 & 0 \\ 0 & 0 & 0 & 1 \end{bmatrix} \quad
{}^5_6\boldsymbol{T}=\begin{bmatrix} c6 & -s6 & 0 & 0 \\ 0 & 0 & 1 & d_6 \\ -s6 & -c6 & 0 & 0 \\ 0 & 0 & 0 & 1 \end{bmatrix}
$$

$$
{}^0_6\boldsymbol{T}={}^0_1\boldsymbol{T}{}^1_2\boldsymbol{T}{}^2_3\boldsymbol{T}{}^3_4\boldsymbol{T}{}^4_5\boldsymbol{T}{}^5_6\boldsymbol{T}=\begin{bmatrix} {}^0_6\boldsymbol{R} & {}^0_6\boldsymbol{P} \\ \boldsymbol{0}_{1\times3} & 1 \end{bmatrix}=\begin{bmatrix} o_x & n_x & a_x & p_x \\ o_y & n_y & a_y & p_y \\ o_z & n_z & a_z & p_z \\ 0 & 0 & 0 & 1 \end{bmatrix} \tag{2.4}
$$

其中

$$
\begin{cases}
o_x=(s1c4-c1c23s4)s6-[c1s23s5-(s1s4+c1c23c4)c5]c6 \\
o_y=(s1c23s4-c1c4)s6-[s1s23s5-(c1s4-s1s23c4)c5]c6 \\
o_z=s23s4s6-(c23s5+s23c4c5)c6
\end{cases}
$$

$$
\begin{cases}
n_x=(s1c4-c1c23s4)c6-[c1s23s5-(c1s4+c1c23c4)c5]s6 \\
n_y=-(c1c4+s1c23s4)c6+[s1s23s5+(c1s4-s1s23c4)c5]s6 \\
n_z=s23s4c6+(c23s5+s23c4c5)s6
\end{cases}
$$

$$
\begin{cases}
a_x=-c1s23c5-(s1s4+c1c23c4)s5 \\
a_y=-s1s23c5+(c1s4-s1c23c4)s5 \\
a_z=-c23c5+s23c4s5
\end{cases}
$$

$$
\begin{cases}
p_x=a_1c1+a_2c1c2+a_3c1c23-d_4c1s23-d_6[s1s23c5-(s1s4+c1c23c4)s5] \\
p_y=a_1s1+a_2s1c2+a_3s1c23-d_4s1s23-d_6[s1s23c5-(c1s4-s1s23c5)s5] \\
p_z=-a_2s2-a_3s23+d_1-d_4c23-d_6(c23c5-s23c4c5)
\end{cases}
$$

上述各式中，ci 表示 $\cos\theta_i$，si 表示 $\sin\theta_i$，cij、sij 分别表示 $\cos(\theta_i+\theta_j)$、

$\sin(\theta_i+\theta_j)$，且后文同此表示。对于具体机器人，可代入具体的 MD-H 参数与相应的转角来计算机器人末端（法兰盘）相对机器人基坐标系的位姿，其中，姿态信息由旋转矩阵 ${}^0_6\mathbf{R}$ 确定，位置信息由位置向量 ${}^0_6\mathbf{P}$ 确定。

2.2.2　机器人逆运动学分析

不同于运动学正解的唯一性，串联机器人的运动学逆解可能有多种，也可能不存在。求机器人逆解的方法有很多，总体可归纳为两种：几何法与代数法。代数法中反变换法是应用最为广泛的方法，下面根据反变换法求机器人的逆运动学。

步骤 1：预处理。

取虚拟工具坐标系 $tool = \begin{bmatrix} \mathbf{I}_3 & \begin{bmatrix} 0 & -d_6 & 0 \end{bmatrix}^{\mathrm{T}} \\ \mathbf{0}_{1\times 3} & 1 \end{bmatrix}$，其中 $\mathbf{I}_3$ 为三阶单位矩

阵，$\mathbf{0}_{1\times 3}$ 为 1 行 3 列零矩阵。在式(2.4) 左右两端右乘 $tool$，有：

$$
{}^0_{tool}\mathbf{T} = \begin{bmatrix} o'_x & n'_x & a'_x & p'_x \\ o'_y & n'_y & a'_y & p'_y \\ o'_z & n'_z & a'_z & p'_z \\ 0 & 0 & 0 & 1 \end{bmatrix} \tag{2.5}
$$

由于未引入关节参数，式(2.5) 右边矩阵的元素皆为常量。

步骤 2：计算 θ_1。

在式(2.5) 两端左乘 $({}^0_1\mathbf{T})^{-1}$，并使等式两端矩阵第 2 行第 4 列元素（后简称第 i 行、第 j 列元素为 r_{ij}）相等，可得等式：

$$
-p'_x s1 + p'_y c1 = 0 \tag{2.6}
$$

解得：

$$
\theta_1 = \pm\operatorname{atan2}(p'_x, p'_y) \tag{2.7}
$$

当 $p'_x = 0$ 时，取 $\theta_1 = \pm\pi/2$，因而 θ_1 存在两个解。

步骤 3：求解 θ_2、θ_3。

使步骤 2 中所得等式两端矩阵的元素 r_{14}、r_{34} 对应相等，可得等式方程组：

$$
\begin{aligned} a_3 c23 - d_4 s23 &= p'_x c1 + p'_y s1 - a_1 - a_2 c2 \\ -a_3 s23 - d_4 c23 &= p'_z + a_2 s2 \end{aligned} \tag{2.8}
$$

取 $k_1 = p'_x c1 + p'_y s1 - a_1$，在式(2.8) 两个等式两端取平方并对应相加，可得：

$$
a_3^2 + d_4^2 = k_1^2 + a_2^2 + 2a_2 p'_z s2 - 2a_2 k_1 c2 \tag{2.9}
$$

取 $m_1 = (k_1^2 + a_2^2 - a_3^2 - d_4^2)/(2a_2)$，可求得：

$$\theta_2 = \mathrm{atan2}(k_1, p_z') - \mathrm{atan2}(m_1, \pm\sqrt{k_1^2 + p_z'^2 - m_1^2}) \tag{2.10}$$

因而 θ_2 存在两个解。

在计算出 θ_2 的基础上，分别取 $k_2 = k_1 - a_2 c2$、$m_2 = p_z' + a_2 s2$，代入式(2.8) 可得：

$$\theta_{23} = \mathrm{atan2}(k_2 d_4 + m_2 a_3, m_2 d_4 - k_2 a_3) \tag{2.11}$$

$$\theta_3 = \theta_{23} - \theta_2 \tag{2.12}$$

因而 θ_3 存在一个解。

步骤 4：求解 θ_4、θ_5、θ_6。

在式两端左乘 $\binom{0}{3}T)^{-1}$，并使得到等式两端矩阵的元素 r_{13}、r_{33}、r_{21}、r_{22}、r_{23} 对应相等，可得到方程组：

$$
\begin{aligned}
-c4s5 &= {}_{tool}^{4}r_{13} \\
s4s5 &= {}_{tool}^{4}r_{33} \\
c6s5 &= {}_{tool}^{4}r_{21} \\
-s6s5 &= {}_{tool}^{4}r_{22} \\
c5 &= {}_{tool}^{4}r_{23}
\end{aligned}
\tag{2.13}
$$

其中，${}_{tool}^{4}r_{ij}$ 为 $({}_{3}^{0}T)^{-1}{}_{tool}^{0}T$ 的元素，可解得：

$$\theta_5 = \pm\mathrm{atan2}(\sqrt{({}_{tool}^{4}r_{13})^2 + ({}_{tool}^{4}r_{33})^2}, {}_{tool}^{4}r_{23}) \tag{2.14}$$

因而 θ_5 存在两个解。

且当 $\theta_5 \neq 0$ 时：

$$
\begin{aligned}
\theta_4 &= -\mathrm{atan2}({}_{tool}^{4}r_{33}, {}_{tool}^{4}r_{13}) \\
\theta_6 &= -\mathrm{atan2}({}_{tool}^{4}r_{23}, {}_{tool}^{4}r_{21})
\end{aligned}
\tag{2.15}
$$

因而 θ_4、θ_6 各存在一个解。

当 $\theta_5 = 0$ 时，令步骤 4 所得等式两端矩阵的元素 r_{11}、r_{12} 对应相等，可得方程组：

$$
\begin{aligned}
c4c6 - s4s6 &= {}_{tool}^{4}r_{11} \\
-s4c6 - c4s6 &= {}_{tool}^{4}r_{12}
\end{aligned}
\tag{2.16}
$$

可解得：

$$\theta_{46} = -\mathrm{atan2}({}_{tool}^{4}r_{12}, {}_{tool}^{4}r_{11}) \tag{2.17}$$

因而此时只能求解 θ_4、θ_6 的和，而不能求出单独的解。事实上，当 $\theta_5 = 0$，机器人四轴与六轴处于同一条直线上，机器人处于奇异形位。

综合上述六个关节角度的求解过程，除在求解 θ_1 时未引入其他关节角，在求解剩余关节角度时均需要在上一关节角的基础上进行，因而已求出的关节角的多解性会给剩余关节角度带来不同结果。θ_1、θ_2、θ_5 都存在两个解，因而机器人在非奇异形位时存在八组反解。

2.3　机器人几何误差建模

机器人误差模型是机器人精度标定的基础[4-6]。机器人误差来源依照误差性质可分为系统误差与随机误差两种，前者包括几何参数误差、关节顺应变形与连杆变形等几种，后者则包括机器人齿轮间隙、环境温度与湿度变化带来的机器人组件变形等几种。随机误差具有非线性，难以获取准确数学模型，且机器人的主要误差来自系统误差，因而误差建模多针对系统误差参数；而若在构造误差模型时将全部影响因素考虑在内，会造成模型臃肿复杂，增加工作难度，因而通常在进行运动学误差建模时，仅考虑其中几何参数，进行几何参数误差模型构建。

在几何参数误差模型的构造方法上，直接对式(2.4) 关节空间到笛卡儿空间的位姿映射关系求取关节几何参数的导函数，即解析法，可获取关节空间参数误差到笛卡儿空间位姿误差的映射关系。然而，式(2.4) 所有参数考虑入内后，映射关系参数数量大，解析式复杂，直接求导函数计算数量大，计算效率低，且其中以旋转矩阵描述机器人末端姿态信息，直接取导函数无法给出显式的姿态误差映射关系。针对解析法的弊端，本节基于微分运动方法，进行机器人雅可比矩阵构建。

2.3.1　微分运动及刚体微分位姿误差建模

任取三维笛卡儿空间内某一参考坐标系下的微分运动 $\boldsymbol{D} = \begin{bmatrix} \boldsymbol{\mu}^{\mathrm{T}} & \boldsymbol{\varepsilon}^{\mathrm{T}} \end{bmatrix}^{\mathrm{T}}$，其中，$\boldsymbol{\mu}^{\mathrm{T}} = \begin{bmatrix} \mu_x & \mu_y & \mu_z \end{bmatrix}^{\mathrm{T}}$ 为微分位移量，$\boldsymbol{\varepsilon}^{\mathrm{T}} = \begin{bmatrix} \varepsilon_x & \varepsilon_y & \varepsilon_z \end{bmatrix}^{\mathrm{T}}$ 为微分旋转量，这个微分运动的齐次矩阵可表示为：

$$\boldsymbol{eT} = \begin{bmatrix} 1 & -\varepsilon_z & \varepsilon_y & \mu_x \\ \varepsilon_z & 1 & -\varepsilon_x & \mu_y \\ -\varepsilon_y & \varepsilon_x & 1 & \mu_z \\ 0 & 0 & 0 & 1 \end{bmatrix} = \begin{bmatrix} S\begin{bmatrix} \boldsymbol{\varepsilon} \end{bmatrix} + \mathbf{I}_3 & \boldsymbol{\mu} \\ \mathbf{0}_{1 \times 3} & 1 \end{bmatrix} \tag{2.18}$$

式中，$\mathbf{I}_3$ 为三阶单位矩阵；$S\begin{bmatrix} \boldsymbol{\varepsilon} \end{bmatrix}$ 为关于向量 $\boldsymbol{\varepsilon}$ 的反对称矩阵；$\mathbf{0}_{1 \times 3}$ 为 1 行 3 列零矩阵。

定义：$\mathbf{I}_n$ 为 n 阶单位矩阵；$\mathbf{0}_{i \times j}$ 为 i 行 j 列零矩阵；向量 $\boldsymbol{V} = (v_x\ v_y\ v_z)^{\mathrm{T}}$

的反对称矩阵为 $S[\boldsymbol{V}]=\begin{bmatrix} 0 & -v_z & v_y \\ v_z & 0 & -v_x \\ -v_y & v_x & 0 \end{bmatrix}$。后文同此表示。

在同一参考坐标系下，分别取微分运动 $\boldsymbol{D}_1=\begin{bmatrix} \boldsymbol{\mu}_1^T & \boldsymbol{\varepsilon}_1^T \end{bmatrix}^T$，$\boldsymbol{D}_2=\begin{bmatrix} \boldsymbol{\mu}_2^T & \boldsymbol{\varepsilon}_2^T \end{bmatrix}^T$，$\boldsymbol{D}_3=\boldsymbol{D}_1+\boldsymbol{D}_2=\begin{bmatrix} \boldsymbol{\mu}_1^T+\boldsymbol{\mu}_2^T & \boldsymbol{\varepsilon}_1^T+\boldsymbol{\varepsilon}_2^T \end{bmatrix}^T$，它们间满足：

$$\boldsymbol{eT}_1 \cdot \boldsymbol{eT}_2 = \begin{bmatrix} S[\boldsymbol{\varepsilon}_1]+\mathbf{I}_3 & \boldsymbol{\mu}_1 \\ \mathbf{0}_{1\times3} & 1 \end{bmatrix} \begin{bmatrix} S[\boldsymbol{\varepsilon}_2]+\mathbf{I}_3 & \boldsymbol{\mu}_2 \\ \mathbf{0}_{1\times3} & 1 \end{bmatrix}$$

$$= \begin{bmatrix} S[\boldsymbol{\varepsilon}_1]+S[\boldsymbol{\varepsilon}_2]+S[\boldsymbol{\varepsilon}_1]S[\boldsymbol{\varepsilon}_2]+\mathbf{I}_3 & S[\boldsymbol{\varepsilon}_1]\boldsymbol{\mu}_2+\boldsymbol{\mu}_1+\boldsymbol{\mu}_2 \\ \mathbf{0}_{1\times3} & 1 \end{bmatrix}$$

$$(2.19)$$

略去式(2.19)中高阶无穷小量，式(2.19)可进一步简化为：

$$\boldsymbol{eT}_1 \cdot \boldsymbol{eT}_2 = \begin{bmatrix} S[\boldsymbol{\varepsilon}_1+\boldsymbol{\varepsilon}_2]+\mathbf{I}_3 & \boldsymbol{\mu}_1+\boldsymbol{\mu}_2 \\ \mathbf{0}_{1\times3} & 1 \end{bmatrix} = \boldsymbol{eT}_3 \quad (2.20)$$

可见，同一参考坐标系下微分运动可叠加。

对于同一刚体上的两坐标系 $\{i\}$ 和 $\{j\}$，取坐标系 $\{i\}$ 为参考坐标系，当坐标系 $\{i\}$ 存在微分位姿误差 $^i\boldsymbol{D}$ 时，两坐标系间位姿齐次变换偏差为 $\mathrm{d}\boldsymbol{T}$；在 $^i\boldsymbol{D}$ 下，坐标系 $\{j\}$ 微分位姿误差为 $^j\boldsymbol{D}$。这里，$^i\boldsymbol{D}$ 相对静坐标系 $\{i\}$，满足"左乘原则"；$^j\boldsymbol{D}$ 相对动坐标系 $\{j\}$，满足"右乘原则"。在上述微分位姿误差下，两坐标系齐次变换矩阵满足：

$$\begin{aligned} {}_j^i\boldsymbol{T}+\mathrm{d}\boldsymbol{T} &= \boldsymbol{eT}_i \cdot {}_j^i\boldsymbol{T} \\ {}_j^i\boldsymbol{T}+\mathrm{d}\boldsymbol{T} &= {}_j^i\boldsymbol{T} \cdot \boldsymbol{eT}_j \end{aligned} \quad (2.21)$$

定义矩阵算子 $\Delta\boldsymbol{T}_k=\boldsymbol{eT}_k-\mathbf{I}_4=\begin{bmatrix} S[\boldsymbol{\varepsilon}_k] & \boldsymbol{\mu}_k \\ \mathbf{0}_{1\times3} & 0 \end{bmatrix}$，整理可得：

$$\Delta\boldsymbol{T}_j=({}_j^i\boldsymbol{T})^{-1}\Delta\boldsymbol{T}_i\,{}_j^i\boldsymbol{T} \quad (2.22)$$

展开式(2.22)，有：

$$\begin{bmatrix} S[\boldsymbol{\varepsilon}_j] & \boldsymbol{\mu}_j \\ \mathbf{0}_{1\times3} & 0 \end{bmatrix} = \begin{bmatrix} {}_j^i\boldsymbol{R} & -{}_j^i\boldsymbol{R}{}_j^i\boldsymbol{P} \\ \mathbf{0}_{1\times3} & 1 \end{bmatrix} \begin{bmatrix} S[\boldsymbol{\varepsilon}_i] & \boldsymbol{\mu}_i \\ \mathbf{0}_{1\times3} & 0 \end{bmatrix} \begin{bmatrix} {}_j^i\boldsymbol{R} & {}_j^i\boldsymbol{P} \\ \mathbf{0}_{1\times3} & 1 \end{bmatrix}$$

$$= \begin{bmatrix} {}_j^i\boldsymbol{R}^T S[\boldsymbol{\varepsilon}_i]{}_j^i\boldsymbol{R} & -{}_j^i\boldsymbol{R}^T S[{}_j^i\boldsymbol{P}]\boldsymbol{\varepsilon}_i+{}_j^i\boldsymbol{R}^T\boldsymbol{\mu}_i \\ \mathbf{0}_{1\times3} & 0 \end{bmatrix} \quad (2.23)$$

因而可求解刚体上两坐标系微分位姿误差间相互映射关系：

$$^j\boldsymbol{D}=\begin{bmatrix} {}_j^i\boldsymbol{R}^T & -{}_j^i\boldsymbol{R}^T S[{}_j^i\boldsymbol{P}] \\ \mathbf{0}_{3\times3} & {}_j^i\boldsymbol{R}^T \end{bmatrix}{}^i\boldsymbol{D} \quad (2.24)$$

2.3.2　局部连杆位姿误差建模

式(2.1)、式(2.2)分别给出了两种模型下机器人相邻关节坐标系间齐次变换通式，其反映相邻关节坐标系间齐次变换与单连杆几何参数间关系。然而，机器人杆件的制造、安装过程会带来几何参数的偏差，这也会带来齐次变换由名义值到实际值的偏差。以 $^{i-1}_i\boldsymbol{T}$、$^{i-1}_i\boldsymbol{T}'$ 分别表征局部连杆的名义变换与实际变换，这种偏差传递可表示为：

$$\mathrm{d}^{i-1}_i\boldsymbol{T}=^{i-1}_i\boldsymbol{T}'-^{i-1}_i\boldsymbol{T}=\sum_{j=1}^{k_i}\frac{\partial^{i-1}_i\boldsymbol{T}}{\partial x_j}\delta x_j \tag{2.25}$$

式中，k_i 为 i 连杆几何参数个数；x_j 为其几何参数。

另一方面，由几何参数偏差带来的局部连杆的名义变换与实际变换间的偏差可表现为关节坐标系 $\{i\}$ 的微分位姿误差：

$$\mathrm{d}^{i-1}_i\boldsymbol{T}=\Delta\boldsymbol{T}_i\cdot{}^{i-1}_i\boldsymbol{T} \tag{2.26}$$

$$\Delta\boldsymbol{T}_i=(^{i-1}_i\boldsymbol{T})^{-1}\mathrm{d}^{i-1}_i\boldsymbol{T} \tag{2.27}$$

分别在式(2.1)、式(2.2)两端同时取微分，并代入式(2.27)，求取两种模型下坐标系 $\{i\}$ 的微分位姿误差。

$$\Delta\boldsymbol{T}_{i-\mathrm{D\text{-}H}}=\begin{bmatrix} 0 & -\delta\theta_i & -s\theta_i\delta\alpha_{i-1} & c\theta_i\delta\alpha_{i-1}-d_is\theta_i\delta_{i-1} \\ \delta\theta_i & 0 & -c\theta_i\delta\alpha_{i-1} & -s\theta_i\delta\alpha_{i-1}-d_ic\theta_i\delta_{i-1} \\ s\theta_i\delta\alpha_{i-1} & c\theta_i\delta\alpha_{i-1} & 0 & \delta d_i \\ 0 & 0 & 0 & 0 \end{bmatrix} \tag{2.28}$$

$$\Delta\boldsymbol{T}_{i-\mathrm{MD\text{-}H}}=\begin{bmatrix} 0 & r_{12} & r_{13} & r_{14} \\ r_{21} & 0 & r_{23} & r_{24} \\ r_{31} & r_{32} & 0 & r_{34} \\ 0 & 0 & 0 & 0 \end{bmatrix} \tag{2.29}$$

其中

$$r_{12}=-r_{21}=-(c\beta_i\delta\theta_i+s\beta_ic\theta_i\delta\alpha_{i-1})$$
$$r_{13}=-r_{31}=\delta\beta_i-s\theta_i\delta\alpha_{i-1}$$
$$r_{23}=-r_{32}=s\beta_i\delta\theta_i-c\beta_ic\theta_i\delta\alpha_{i-1}$$
$$r_{14}=c\beta_ic\theta_i\delta\alpha_{i-1}-s\beta_i\delta d_i-d_ic\beta_is\theta_i\delta\alpha_{i-1}$$
$$r_{24}=-s\theta_i\delta\alpha_{i-1}-d_ic\theta_i\delta\alpha_{i-1}$$
$$r_{34}=s\beta_ic\theta_i\delta\alpha_{i-1}+c\beta_i\delta d_i-d_is\beta_is\theta_i\delta\alpha_{i-1}$$

由此，可以得到两种模型下关节坐标系 $\{i\}$ 的微分位姿误差与 i 连杆几何参数误差的映射关系：

$$
{}^{i}\boldsymbol{D}_{\text{D-H}} =
\begin{bmatrix}
c\theta_i & 0 & -d_is\theta_i & 0 \\
-s\theta_i & 0 & -d_ic\theta_i & 0 \\
0 & 1 & 0 & 0 \\
0 & 0 & c\theta_i & 0 \\
0 & 0 & -s\theta_i & 0 \\
0 & 0 & 0 & 1
\end{bmatrix}
\begin{bmatrix}
\delta a_{i-1} \\
\delta d_i \\
\delta \alpha_{i-1} \\
\delta \theta_i
\end{bmatrix}
=
\begin{bmatrix}
Ma_{i-1} \\
Md_i \\
M\alpha_{i-1} \\
M\theta_i
\end{bmatrix}^{\text{T}}
\begin{bmatrix}
\delta a_{i-1} \\
\delta d_i \\
\delta \alpha_{i-1} \\
\delta \theta_i
\end{bmatrix}
\tag{2.30}
$$

$$
{}^{i}\boldsymbol{D}_{\text{MD-H}} =
\begin{bmatrix}
c\beta_ic\theta_i & -s\beta_i & -d_ic\beta_is\theta_i & 0 & 0 \\
-s\theta_i & 0 & -d_ic\theta_i & 0 & 0 \\
s\beta_ic\theta_i & c\beta_i & -d_is\beta_is\theta_i & 0 & 0 \\
0 & 0 & c\beta_ic\theta_i & -s\beta_i & 0 \\
0 & 0 & -s\theta_i & 0 & 1 \\
0 & 0 & s\beta_ic\theta_i & c\beta_i & 0
\end{bmatrix}
\begin{bmatrix}
\delta a_{i-1} \\
\delta d_i \\
\delta \alpha_{i-1} \\
\delta \theta_i \\
\delta \beta_i
\end{bmatrix}
=
\begin{bmatrix}
Ma_{i-1} \\
Md_i \\
M\alpha_{i-1} \\
M\theta_i \\
M\beta_i
\end{bmatrix}^{\text{T}}
\begin{bmatrix}
\delta a_{i-1} \\
\delta d_i \\
\delta \alpha_{i-1} \\
\delta \theta_i \\
\delta \beta_i
\end{bmatrix}
$$

$$\tag{2.31}$$

式(2.31)中，若将 $\beta = 0$ 代入式(2.31)，其与式(2.30)映射关系是一致的，因而可以用式(2.31)统一描述两种模型下的映射。以 $\boldsymbol{X}_i = [a_{i-1} \ d_i \ \alpha_{i-1} \ \theta_i \ \beta_i]^{\text{T}}$ 表示 i 连杆的几何参数，以 $\boldsymbol{M}_i = [Ma_{i-1} \ Md_i \ M\alpha_{i-1} \ M\theta_i \ M\beta_i]$ 表示各几何参数偏差的系数矩阵，上述各式可统一表示为：

$$
{}^{i}\boldsymbol{D} = \boldsymbol{M}_i\delta\boldsymbol{X}_i
\tag{2.32}
$$

2.3.3　机器人几何参数误差建模

式(2.32)给出了关节坐标系 $\{i\}$ 位姿误差关于 i 连杆几何参数误差的系数矩阵，在研究单连杆几何参数误差下机器人末端的微分位姿误差时，可取连杆 $i+1 \to m$ 为一整体，其中，m 为机器人的连杆数量（即关节数量），因而可视关节坐标系 $\{i\}$ 与末端坐标系 $\{tool\}$ 为同一刚体上的两坐标系。结合式(2.24)，可得到在单连杆几何参数误差下，机器人末端坐标系 $\{tool\}$ 的微分位姿误差：

$$
{}^{tool}\boldsymbol{D}_i =
\begin{bmatrix}
{}^{i}_{tool}\boldsymbol{R}^{\text{T}} & -{}^{i}_{tool}\boldsymbol{R}^{\text{T}}S\left[{}^{i}_{tool}\boldsymbol{P}\right] \\
\boldsymbol{0}_{3\times3} & {}^{i}_{tool}\boldsymbol{R}^{\text{T}}
\end{bmatrix}
\boldsymbol{M}_i\delta\boldsymbol{X}_i
\tag{2.33}
$$

另外，式(2.20)已指出，同一参考坐标系下微分位姿误差是可以叠加的，在各连杆几何参数误差的综合作用下，机器人末端坐标系 $\{tool\}$ 的总微分位姿误差为：

$$
{}^{tool}\boldsymbol{D} = \sum_{i=1}^{m}{}^{tool}\boldsymbol{D}_i
\tag{2.34}
$$

考虑到在实际测量中，需要将采样点位姿名义值与实际值转换到同一参考坐标系下，且一般取此坐标系为机器人基坐标系，因此在构造机器人末端位姿误差模型时，亦需将末端位姿误差转换到机器人基坐标系下。依据坐标变换原则，机器人末端的微分位姿误差左乘基坐标系 $\{0\}$ 到末端坐标系 $\{tool\}$ 的旋转矩阵 ${}_{tool}^{0}\boldsymbol{R}$，可将这个位姿误差投影到基坐标系下。

$$
{}^{0}\boldsymbol{D} = \begin{bmatrix} {}_{tool}^{0}\boldsymbol{R} & {}_{tool}^{0}\boldsymbol{R} \\ \boldsymbol{0}_{3\times 3} & {}_{tool}^{0}\boldsymbol{R} \end{bmatrix} {}^{tool}\boldsymbol{D} = \sum_{i=1}^{m} \begin{bmatrix} {}_{i}^{0}\boldsymbol{R} & -{}_{i}^{0}\boldsymbol{R}S\left[{}_{tool}^{i}\boldsymbol{R}\right] \\ \boldsymbol{0}_{3\times 3} & {}_{i}^{0}\boldsymbol{R} \end{bmatrix} \boldsymbol{M}_{i}\delta\boldsymbol{X}_{i} \tag{2.35}
$$

取：

$$
\boldsymbol{Q}_{i} = \begin{bmatrix} {}_{i}^{0}\boldsymbol{R} & -{}_{i}^{0}\boldsymbol{R}S\left[{}_{tool}^{i}\boldsymbol{R}\right] \\ \boldsymbol{0}_{3\times 3} & {}_{i}^{0}\boldsymbol{R} \end{bmatrix} \tag{2.36}
$$

$$
\begin{aligned}
Ja_{i-1} &= \boldsymbol{Q}_{i}Ma_{i-1} \\
J\alpha_{i-1} &= \boldsymbol{Q}_{i}M\alpha_{i-1} \\
Jd_{i} &= \boldsymbol{Q}_{i}Md_{i} \\
J\theta_{i} &= \boldsymbol{Q}_{i}M\theta_{i} \\
J\beta_{i} &= \boldsymbol{Q}_{i}M\beta_{i}
\end{aligned} \tag{2.37}
$$

有：

$$
{}^{0}\boldsymbol{D} = \sum_{i=1}^{m} \boldsymbol{Q}_{i}\boldsymbol{M}_{i}\delta\boldsymbol{X}_{i} = \sum_{i=1}^{m} (Ja_{i-1}\delta a_{i-1} + J\alpha_{i-1}\delta\alpha_{i-1} + Jd_{i}\delta d_{i} + J\theta_{i}\delta\theta_{i} + J\beta_{i}\delta\beta_{i})
$$
$$\tag{2.38}$$

式(2.37)、式(2.38) 中，Ja_{i-1}、$J\alpha_{i-1}$、Jd_{i}、$J\theta_{i}$、$J\beta_{i}$ 为机器人末端位姿误差关于 i 连杆几何参数误差 Δa_{i-1}、$\Delta\alpha_{i-1}$、Δd_{i}、$\Delta\theta_{i}$、$\Delta\beta_{i}$ 的系数。考虑到在构建模型时，仅定义了 β_{3}，以 $\boldsymbol{X} = [a_{0}\ \alpha_{0}\ d_{1}\ \theta_{1}\cdots\ a_{m-1}\ \alpha_{m-1}\ d_{m}\ \theta_{m}\ \beta_{3}]^{\mathrm{T}}$ 表示机器人的全部连杆参数，并取 $\boldsymbol{J} = [Ja_{0}\ J\alpha_{0}\ Jd_{1}\ J\theta_{1}\cdots\ Ja_{m-1}\ J\alpha_{m-1}\ Jd_{m}\ J\theta_{m}\ J\beta_{3}]$，式(2.38) 可进一步表示为：

$$
{}^{0}\boldsymbol{D} = \boldsymbol{J}\delta\boldsymbol{X} \tag{2.39}
$$

式(2.39) 中，$\boldsymbol{J} \in \mathfrak{R}^{6\times n}$（$n$ 为机器人几何参数总数）即为机器人的雅可比矩阵，其表示的是由机器人连杆几何参数误差到机器人末端位姿误差的映射关系，它的元素是转角 $\theta = [\theta_{1}\ \cdots\ \theta_{m}]^{\mathrm{T}}$ 的函数。在 $\boldsymbol{J}$ 的行方向，$\boldsymbol{J}$ 的前三行分别对应机器人的位置误差传递系数，后三行分别对应机器人末端的姿态误差传递系数；在 $\boldsymbol{J}$ 的列方向，$\boldsymbol{J}$ 的每一列则对应每个单独参数的位姿误差系数。

2.4　机器人误差模型修正与参数冗余性分析

虽然位姿误差模型能直接给出由机器人关节空间参数误差到三维笛卡儿空间

位姿误差的映射关系，但是一方面，作为辨识观测值的位姿误差在测量时涉及一个观测数据由测量系统坐标系到机器人系统坐标系的转化过程，而当这个转化过程本身存在误差时，无疑会影响辨识参数误差的精度，因此在构建几何误差模型时需要针对此问题作出修正[7]。另一方面，所构建的机器人位姿误差模型仅考虑了其中几何参数误差的影响，未考虑到如机器人关节顺应变形等非几何参数的影响，这将导致机器人在标定区域外的精度补偿效果出现下降。最后，当误差模型中出现冗余参数时，误差系数矩阵出现奇异，会给参数辨识带来数值问题，需要识别、剔除其中的冗余参数。

2.4.1 基坐标系误差修正

机器人的位姿误差由采样点的实际位姿与名义位姿间的差值确定：机器人名义位姿由机器人的名义正向运动学模型计算求得，而实际位姿需要测量设备测量机器人末端位姿，再根据测量系统与机器人基坐标系间位姿关系转换到机器人基坐标系下[8]。在这个转换过程中，需要引入两个 MD-H 模型之外的变换：机器人法兰盘坐标系到工具坐标系间变换，测量坐标系到机器人基坐标系的变换。虽然法兰盘坐标系到工具坐标系间的位姿关系可通过在法兰盘末端安装特制夹具保证较高精度水平，实际误差可忽略不计，但机器人基坐标系与测量坐标系间位姿关系须通过测量获得，一方面会引入测量系统误差，另一方面测量本身存在原理性误差，若忽略，会影响辨识参数的精度。因此，有必要将基坐标系测量误差作为参数辨识的目标之一。

2.4.1.1 基于距离误差的基坐标系误差修正

三维笛卡儿空间内两点的距离在任何参考坐标系下具有不变性，因此可以取两采样点在测量坐标系下的距离为实际距离，如此可避免因采集数据从测量坐标系到基坐标系的转化而引入的基坐标系误差。

取任意两点 P_i、P_j，其在基坐标系下的位置误差分别为 ΔP_i、ΔP_j，以 l_{ij} 表示两点的名义距离，以 l'_{ij} 表示两点的实际距离，则两点的名义距离与实际距离分别为：

$$l_{ij}=\sqrt{(P_j-P_i)^{\mathrm{T}}(P_j-P_i)} \tag{2.40}$$

$$l'_{ij}=\sqrt{[(P_j+\Delta P_j)-(P_i+\Delta P_i)]^{\mathrm{T}}[(P_j+\Delta P_j)-(P_i+\Delta P_i)]} \tag{2.41}$$

以 $P_{\Delta ij}$ 表示两点的名义坐标差值 P_j-P_i，以 $\Delta P_{\Delta ij}$ 表示两点位置误差差值 $\Delta P_j-\Delta P_i$，代入式(2.40) 和式(2.41)，可得：

$$l_{ij}^2-l'^2_{ij}=(\Delta P_{\Delta ij})^{\mathrm{T}}P_{\Delta ij}+(P_{\Delta ij})^{\mathrm{T}}\Delta P_{\Delta ij}+(\Delta P_{\Delta ij})^{\mathrm{T}}\Delta P_{\Delta ij} \tag{2.42}$$

两点在任意参考坐标系下的空间距离具有不变性，其距离的平方自然也具有不变性，若以距离平方的差值为观测值，同样可以避免引入基坐标系测量误差。以 $\boldsymbol{S}_{ij}$ 表示两点间距离平方的误差 $l_{ij}^2 - l_{ij}'^2$，略去式(2.42)中高阶无穷小量，可得：

$$\boldsymbol{S}_{ij} = 2(\boldsymbol{P}_{\Delta ij})^{\mathrm{T}} \Delta \boldsymbol{P}_{\Delta ij} \tag{2.43}$$

结合式(2.39)中给定机器人末端位姿误差模型，两点间距离平方的误差可被映射到几何参数误差 $\delta \boldsymbol{X}$ 下，即：

$$\Delta \boldsymbol{P}_{\Delta ij} = {}^{p}\boldsymbol{J}_j \delta \boldsymbol{X} - {}^{p}\boldsymbol{J}_i \delta \boldsymbol{X} = {}^{p}\boldsymbol{J}_{\Delta ij} \delta \boldsymbol{X} \tag{2.44}$$

$$\boldsymbol{S}_{ij} = 2(\boldsymbol{P}_{\Delta ij})^{\mathrm{T}} {}^{p}\boldsymbol{J}_{\Delta ij} \delta \boldsymbol{X} \tag{2.45}$$

式(2.44)、式(2.45)中，${}^{p}\boldsymbol{J}_{\Delta ij}$ 为两点位置雅可比矩阵的差值 ${}^{p}\boldsymbol{J}_j - {}^{p}\boldsymbol{J}_i$。

取 $\boldsymbol{B}_{ij} = 2(\boldsymbol{P}_{\Delta ij})^{\mathrm{T}} {}^{p}\boldsymbol{J}_{\Delta ij}$，可得到基于距离平方差值的距离误差模型：

$$\boldsymbol{S}_{ij} = \boldsymbol{B}_{ij} \delta \boldsymbol{X} \tag{2.46}$$

2.4.1.2　基于统一辨识的基坐标系误差修正模型

虽然以距离误差或距离平方的误差作为观测值构建机器人的距离误差模型是解决机器人基坐标系测量误差的常用方法，但后续冗余参数分析中将指出其中 1 连杆的几何参数 α_0、a_0、θ_1 与 d_1 都是不可辨识的，它们的误差对机器人距离或距离平方没有影响，却会影响机器人末端位置精度。

图 2-4 为基坐标系误差示意简图，其中 $\{Base\}$ 为机器人的实际基坐标系，$\{Base'\}$ 为机器人测量基坐标系，P 为采样点的名义位姿，P' 为采样点的实际位姿。若 $\{Base'\}$ 存

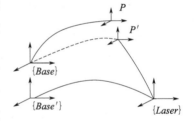

图 2-4　基坐标系误差示意简图

在一个相对 $\{Base\}$ 的微分位姿误差 ${}^{0}\boldsymbol{D}_B = \begin{bmatrix} \boldsymbol{\mu}_0^{\mathrm{T}} & \boldsymbol{\varepsilon}_0^{\mathrm{T}} \end{bmatrix}^{\mathrm{T}}$ 时，其齐次变换矩阵为：

$$
{}_{B'}^{B}\boldsymbol{T} = \begin{bmatrix} S[\boldsymbol{\varepsilon}_0] + \boldsymbol{I}_3 & \boldsymbol{\mu}_0 \\ \boldsymbol{0}_{1\times3} & 1 \end{bmatrix} \tag{2.47}
$$

在基坐标系测量误差下，采样点的实际位置的观测值与实际值分别为：

$$
\begin{bmatrix} {}_{P'}^{B'}\boldsymbol{T} \\ 1 \end{bmatrix} = {}_{L}^{B'}\boldsymbol{T} \begin{bmatrix} {}_{P'}^{L}\boldsymbol{P} \\ 1 \end{bmatrix} = \begin{bmatrix} {}_{L}^{B'}\boldsymbol{R}_{P'}^{L}\boldsymbol{P} + {}_{L}^{B'}\boldsymbol{P} \\ 1 \end{bmatrix} \tag{2.48}
$$

$$
\begin{bmatrix} {}_{P'}^{B}\boldsymbol{T} \\ 1 \end{bmatrix} = {}_{B'}^{B}\boldsymbol{T}_{L}^{B'}\boldsymbol{T} \begin{bmatrix} {}_{P'}^{L}\boldsymbol{P} \\ 1 \end{bmatrix} = \begin{bmatrix} S[\boldsymbol{\varepsilon}_0]({}_{L}^{B'}\boldsymbol{R}_{P'}^{L}\boldsymbol{P} + {}_{L}^{B'}\boldsymbol{P}) + {}_{L}^{B'}\boldsymbol{R}_{P'}^{L}\boldsymbol{P} + {}_{L}^{B'}\boldsymbol{P} + \boldsymbol{\mu}_0 \\ 1 \end{bmatrix} \tag{2.49}
$$

以 $\Delta \boldsymbol{P}_O$、$\Delta \boldsymbol{P}$ 分别代表机器人的观测位置误差与实际位置误差，它们满足：

$$\Delta \boldsymbol{P}_O = {}_{P'}^{B'}\boldsymbol{P} - {}_{P}^{B}\boldsymbol{P} \tag{2.50}$$

$$\Delta \boldsymbol{P} = S\left[\boldsymbol{\varepsilon}_0\right]_P^{B'}\boldsymbol{P} + {}_P^{B'}\boldsymbol{P} + \boldsymbol{\mu}_0 - {}_P^B\boldsymbol{P}$$
$$= -S\left[{}_P^{B'}\boldsymbol{P}\right]\boldsymbol{\varepsilon}_0 + \boldsymbol{\mu}_0 + \Delta \boldsymbol{P}_O \tag{2.51}$$

在实验测量中，$\Delta \boldsymbol{P}_O$ 的测量过程仅引入了测量系统的测量精度误差，可认为是真值，但其相对实际位置误差存在一个大小为 $-S\left[{}_P^{B'}\boldsymbol{P}\right]\boldsymbol{\varepsilon}_0 + \boldsymbol{\mu}_0$ 的差值，由基坐标系的误差与机器人末端的位置决定。在参数辨识中，若忽略基坐标系测量误差的影响，所辨识的结果都是相对于坐标系 $\{Base'\}$ 定义与计算，若要保证辨识结果的准确性，需要保证 $\{Base'\}$ 的精度；若 $\{Base'\}$ 的测量存在重大误差，则所辨识的结果是无效的；而若要保证辨识结果的通用性，即保证辨识结果在多次测量中都有效，则需要保证在多次测量中，$\{Base'\}$ 的重复性。当将机器人基坐标系误差作为辨识目标之一时，式(2.51)中，将 $\Delta \boldsymbol{P} = {}^p\boldsymbol{J}\delta\boldsymbol{X}$ 代入运算，可得：

$$\Delta \boldsymbol{P}_O = {}^p\boldsymbol{J}\delta\boldsymbol{X} + S\left[{}_P^{B'}\boldsymbol{P}\right]\boldsymbol{\varepsilon}_0 - \boldsymbol{\mu}_0 \tag{2.52}$$

取

$${}^p\boldsymbol{J}\boldsymbol{\varepsilon}_0 = \begin{bmatrix} {}^p\boldsymbol{J}\boldsymbol{\varepsilon}_{0x} & {}^p\boldsymbol{J}\boldsymbol{\varepsilon}_{0x} & {}^p\boldsymbol{J}\boldsymbol{\varepsilon}_{0x} \end{bmatrix} = S\left[{}_P^{B'}\boldsymbol{P}\right]$$

$${}^p\boldsymbol{J}\boldsymbol{\mu}_0 = \begin{bmatrix} {}^p\boldsymbol{J}\boldsymbol{\mu}_{0x} & {}^p\boldsymbol{J}\boldsymbol{\mu}_{0y} & {}^p\boldsymbol{J}\boldsymbol{\mu}_{0z} \end{bmatrix} = -\boldsymbol{I}_3 \tag{2.53}$$

即 ${}^p\boldsymbol{J}\boldsymbol{\varepsilon}_0$ 为基坐标系的姿态误差参数的误差系数，${}^p\boldsymbol{J}\boldsymbol{\mu}_0$ 为基坐标系的位置误差参数的误差系数。以 $\Delta\boldsymbol{x} = \begin{bmatrix} (\delta\boldsymbol{X})^T & \boldsymbol{\varepsilon}_0^T & \boldsymbol{\mu}_0^T \end{bmatrix}^T$ 表示包括基坐标系测量误差在内的全部几何参数误差，以 $\boldsymbol{M} = \begin{bmatrix} {}^p\boldsymbol{J} & {}^p\boldsymbol{J}\boldsymbol{\varepsilon}_0 & {}^p\boldsymbol{J}\boldsymbol{\mu}_0 \end{bmatrix}$ 为机器人的拓展误差系数矩阵，在引入机器人基坐标系误差后，机器人的统一位置误差模型为：

$$\Delta \boldsymbol{P}_O = \boldsymbol{M}\Delta\boldsymbol{x} \tag{2.54}$$

2.4.2 关节柔性变形误差辨识

无论是在构建机器人位姿误差模型，还是在构建针对机器人基坐标系误差的修正模型时，均未考虑杆件自重与负载的影响，所引入的误差参数仅为机器人在零位时的几何参数误差，参数误差 $\delta\theta_i(i=1,2,\cdots,m)$ 仅代表机器人的零位转角误差 $\delta^0\theta_i$，为一个固定值。事实上，受机器人关节变形的影响，机器人的转角误差在不同形位处并非固定，若将其简单冗余至其他几何参数误差中去，所辨识的结果只针对标定区域有效，而在未标定区域，标定、补偿效果将会下降[9-11]。

2.4.2.1 关节柔性变形误差模型

机器人杆件自重与末端负载会造成机器人关节与连杆的柔性变形，而研究表明，关节柔性变形造成末端位置误差要远强于连杆变形[12]，因此本节在分析杆件自重及末端负载对机器人末端位置精度影响时仅考虑其中关节柔性变形的影响。

在描述机器人关节柔性变形时，为简化模型，通常以线性扭簧模型代替。假设在机器人杆件自重与末端受载下，机器人关节所受的等效力矩为 τ_i（单位：N·m），在 τ_i 作用下，机器人关节变形为：

$$\delta^k\theta_i = \frac{\tau_i}{k_{\theta_i}} \tag{2.55}$$

式中，k_{θ_i} 为 i 关节的等效刚度。

考虑到本节机器人未受外载作用，机器人关节受载仅来自机器人杆件自重。对于 6R 串联机器人，机器人 1 关节轴线在重力方向上，4 关节轴线与重力线相交，因而它们的变形可忽略不变；机器人杆件自重集中在大臂与小臂上，手腕杆件自重较小，而 6 关节仅受外载作用，因而 5、6 关节变形也可忽略。因此，受机器人杆件自重带来的关节变形主要集中在 2、3 关节上，可构建下述关节柔性变形误差模型。

图 2-5 为串联机器人在机器人大臂、小臂自重下受载示意图。由于大臂下端与基座固连（仅存在绕 1 关节的旋转），可认为其底部位置是固定的。G_1、G_2 分别为大臂、小臂自重，l_1、l_2 分别为大臂、小臂的长度，d_1、d_2 分别为大臂、小臂重心与 2、3 关节的距离，若不考虑手腕杆件的影响，d_1、d_2 虽未知，但其大小不变。在大臂、小臂自重下，2、3 关节的受载分别为：

$$\tau_2 = G_1 d_1 \sin\theta_2 + G_2[l_1\sin\theta_2 + d_2\sin(0.5\pi - \theta_2 - \theta_3)] \tag{2.56}$$
$$= (G_1 d_1 + G_2 l_1)s2 + G_2 d_2 c23$$

$$\tau_3 = G_2 d_2 \sin(0.5\pi - \theta_2 - \theta_3) = G_2 d_2 c23 \tag{2.57}$$

因此，在大臂、小臂自重下，2、3 关节的变形分别为：

$$\delta^k\theta_2 = \frac{G_1 d_1 + G_2 l_1}{k_{\theta_2}}s2 + \frac{G_2 d_2}{k_{\theta_2}}c23 \tag{2.58}$$

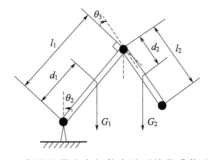

图 2-5　串联机器人在杆件自重下关节受载示意图

$$\delta^k \theta_3 = \frac{G_2 d_2}{k_{\theta_3}} c23 \tag{2.59}$$

式(2.58)、式(2.59)中，除关节转角 θ_2、θ_3 外，其他项为定值，因此，由杆件自重带来的关节变形是 θ_2、θ_3 的函数。分别以 $k_1 = \dfrac{G_1 d_1 + G_2 l_1}{k_{\theta_2}}$、$k_2 = \dfrac{G_2 d_2}{k_{\theta_2}}$、$k_3 = \dfrac{G_2 d_2}{k_{\theta_3}}$ 代表关节的变形系数，可以得到关节变形的简化模型：

$$\delta^k \theta_2 = k_1 s2 + k_2 c23$$
$$\delta^k \theta_3 = k_3 c23 \tag{2.60}$$

分别以 ΔP、ΔP_0、ΔP_k 代表机器人的总位置误差、由零位处几何参数误差带来的位置误差、由关节柔性变形带来的位置误差，它们间满足：

$$\Delta P = \Delta P_0 + \Delta P_k$$
$$\Delta P_k = J\theta_2 \delta^k \theta_2 + J\theta_3 \delta^k \theta_3 \tag{2.61}$$

式(2.61)中，$\delta^k \theta_2$、$\delta^k \theta_3$ 是一个与机器人空间形位相关的非固定值，它们无法被冗余到其他参数中去，在进行几何参数误差辨识时，需先将由 $\delta^k \theta_2$、$\delta^k \theta_3$ 造成的机器人位置误差剔除，因此，在引入关节柔性变形误差修正后，机器人几何误差模型可更新为：

$$^p J \Delta x = \Delta P - J\theta_2 (k_1 s2 + k_2 c23) - J\theta_3 (k_3 c23) \tag{2.62}$$

2.4.2.2　基于残余误差的关节柔性变形辨识方法

式(2.62)虽然给定了引入关节柔性变形的几何误差模型修正方法，但是想要剔除其中由关节柔性变形带来的机器人位置误差 ΔP_k 是相当困难的，具体表现为：机器人 2、3 关节的等效刚度 k_{θ_2}、k_{θ_3} 未知。虽然机器人大臂、小臂的自重、长度皆可在机器人技术手册中查询，但其中大臂、小臂重心位置难以测量。辨识机器人关节刚度的传统方法是通过在机器人末端加载不同负载来测量机器人的位姿变化，再由拟合算法计算出机器人的关节刚度，但这需要进行额外的实验。基于此，提出了一种基于残余误差的关节柔性变形辨识方法。

(1) 残余误差产生机理

假设机器人误差来源唯一，为机器人几何参数误差，在几何参数误差的真值 Δx_0 下，机器人位置误差为 ΔP_0，它们满足：

$$\Delta P_0 = {}^p J \Delta x_0 \tag{2.63}$$

当机器人存在关节柔性变形时，由关节变形带来的位置误差 ΔP_k 与机器人形位存在两层关联：关节变形量与形位相关，由关节变形量到机器人位置误差的映射与形位相关。在 $\Delta \boldsymbol{P}_k$ 下，几何参数误差的辨识存在一个精度误差 $\Delta \boldsymbol{x}_\triangle$，由几何参数误差和机器人关节变形带来的机器人位置误差 $\Delta \boldsymbol{P}$ 与基于辨识几何参数误差修正的机器人的位置误差 $\Delta \boldsymbol{P}'$ 分别为：

$$\Delta \boldsymbol{P} = \Delta \boldsymbol{P}_0 + \Delta \boldsymbol{P}_k \tag{2.64}$$

$$\Delta \boldsymbol{P}' = {}^p\boldsymbol{J}(\Delta \boldsymbol{x}_0 + \Delta \boldsymbol{x}_\triangle) = \Delta \boldsymbol{P}_0 + \Delta \boldsymbol{P}_\triangle \tag{2.65}$$

式（2.65）中，$\Delta \boldsymbol{P}_\triangle$ 为由 $\Delta \boldsymbol{x}_\triangle$ 带来的机器人的位置误差，由于 $\Delta \boldsymbol{x}_\triangle$ 为定值，它与机器人的空间形位只存在一层关联，即由关节变形量到机器人位置误差的映射，因而其无法抵消每个采样点处的 $\Delta \boldsymbol{P}_k$，这会导致 $\Delta \boldsymbol{P}$ 与 $\Delta \boldsymbol{P}'$ 不相等，它们之间存在一个差值，这个差值就是初次辨识后的残余误差，由式（2.66）确定。这个残余误差由机器人在不同空间形位处关节变形的不同带来，可以通过迭代算法进行辨识。

$$e = \Delta \boldsymbol{P} - \Delta \boldsymbol{P}' = \Delta \boldsymbol{P}_k - {}^p\boldsymbol{J}\Delta \boldsymbol{x}_\triangle \tag{2.66}$$

（2）基于残余误差的机器人关节柔性变形两步辨识方法

步骤 1：以未引入关节柔性变形修正的几何误差模型进行参数辨识，以辨识结果修正模型，计算采样点的残余误差。这里，在初次辨识时，若采样点选取区域较小，关节变形差异不大，这个区域内采样点的残余误差不显著，可通过在标定区域外另取采样点计算残余误差作为关节柔性辨识的观测值。

步骤 2：辨识 $\begin{bmatrix} k_1 & k_2 & k_3 \end{bmatrix}^{\mathrm{T}}$ 与 $\Delta \boldsymbol{x}_\triangle$。

取扩展系数矩阵 $\boldsymbol{M} = \begin{bmatrix} {}^p\boldsymbol{J}\theta_2 s2 & {}^p\boldsymbol{J}\theta_2 c23 & {}^p\boldsymbol{J}\theta_3 c23 & {}^p\boldsymbol{J} \end{bmatrix}$，以 $\begin{bmatrix} k_1 & k_2 & k_3 & \Delta \boldsymbol{x}_\triangle^{\mathrm{T}} \end{bmatrix}^{\mathrm{T}}$ 为辨识参数，以残余误差 e 为观测值进行参数辨识。这个过程中，在计算 $\begin{bmatrix} k_1 & k_2 & k_3 \end{bmatrix}^{\mathrm{T}}$ 的系数矩阵 $\begin{bmatrix} {}^p\boldsymbol{J}\theta_2 s2 & {}^p\boldsymbol{J}\theta_2 c23 & {}^p\boldsymbol{J}\theta_3 c23 \end{bmatrix}$ 时，若取几何参数的名义值，会引入由 $\Delta \boldsymbol{x}_0$ 带来的误差；若取辨识后参数，即以 $\Delta \boldsymbol{x}$ 修正几何参数，会引入由 $\Delta \boldsymbol{x}_\triangle$ 带来的误差。考虑到机器人关节柔性变形一般相较零位转角误差较小，由其造成的辨识参数精度误差相较参数误差真值小，实际辨识过程中选择辨识后的几何参数计算 $\begin{bmatrix} {}^p\boldsymbol{J}\theta_2 s2 & {}^p\boldsymbol{J}\theta_2 c23 & {}^p\boldsymbol{J}\theta_3 c23 \end{bmatrix}$。在完成 $\begin{bmatrix} k_1 & k_2 & k_3 & \Delta \boldsymbol{x}_\triangle^{\mathrm{T}} \end{bmatrix}^{\mathrm{T}}$ 的辨识后，可修正原始辨识的参数误差，并补偿由关节柔性变形带来的机器人位置误差。

2.4.3　误差模型参数冗余性分析

当几何误差模型中存在冗余参数时，误差系数矩阵是奇异的，这可能会造成辨识过程出现无法收敛或陷入局部最优解的情况[13]。对几何误差模型进行冗余参数分析，既有助于避免系数矩阵奇异，降低系数矩阵条件数，又有助于分析模型中几何参数对机器人末端误差的影响，根据参数的变化分析模型的适用性。因此，有必要对几何误差模型进行参数冗余分析。

根据参数误差对末端误差的影响，冗余参数可分为两类：第一类为参数间冗余，即参数误差对机器人位置误差的影响可由其冗余参数以一定系数代替；第二类为参数自身冗余，即参数自身误差对机器人位置误差没有影响。以 x_i、x_j 分别对应机器人的第 i、j 个几何参数，当存在一个非零系数 k，使式(2.67)恒成立时，参数 x_i、x_j 属于第一类冗余；而当式(2.68)恒成立时，参数 x_i 属于第二类冗余。

$$^pJx_i = k^pJx_j \tag{2.67}$$

$$^pJx_i = 0 \tag{2.68}$$

2.4.3.1　几何参数误差模型参数冗余性

将式(2.69)中 M_i 各子项代入运算，求取各单独几何参数的位姿误差系数：

$$Ja_{i-1} = \begin{bmatrix} ^0_iR & -^0_iRS\left[^i_{tool}P\right] \\ 0_{3\times3} & ^0_iR \end{bmatrix} \begin{bmatrix} c\theta_i & -s\theta_i & 0 & 0 & 0 & 0 \end{bmatrix}^T \tag{2.69}$$

$$= \begin{bmatrix} (^0_iR\begin{bmatrix} c\theta_i & -s\theta_i & 0 \end{bmatrix})^T & 0_{1\times3} \end{bmatrix}^T$$

$$Jd_i = \begin{bmatrix} ^0_iR & -^0_iRS\left[^i_{tool}P\right] \\ 0_{3\times3} & ^0_iR \end{bmatrix} \begin{bmatrix} 0 & 0 & 1 & 0 & 0 & 0 \end{bmatrix}^T \tag{2.70}$$

$$= \begin{bmatrix} ^0_ir_{13} & ^0_ir_{23} & ^0_ir_{33} & 0 & 0 & 0 \end{bmatrix}^T$$

$$J\alpha_{i-1} = \begin{bmatrix} ^0_iR & -^0_iRS\left[^i_{tool}P\right] \\ 0_{3\times3} & ^0_iR \end{bmatrix} \begin{bmatrix} -d_is\theta_i & -d_ic\theta_i & 0 & c\theta_i & -s\theta_i & 0 \end{bmatrix}^T \tag{2.71}$$

$$J\theta_i = \begin{bmatrix} ^0_iR & -^0_iRS\left[^i_{tool}P\right] \\ 0_{3\times3} & ^0_iR \end{bmatrix} \begin{bmatrix} 0 & 0 & 0 & 0 & 0 & 1 \end{bmatrix}^T \tag{2.72}$$

$$= \begin{bmatrix} ^0_iq_{13} & ^0_iq_{23} & ^0_iq_{33} & ^0_ir_{13} & ^0_ir_{23} & ^0_ir_{33} \end{bmatrix}^T$$

式中，$^0_ir_{13}$、$^0_ir_{23}$、$^0_ir_{33}$ 为 ^0_iR 的元素；$^0_iq_{13}$、$^0_iq_{23}$、$^0_iq_{33}$ 为 $-^0_iRS\left[^i_{tool}P\right]$ 的元素。

对于参数 a_{i-1}，$\begin{bmatrix} c\theta_i & -s\theta_i & 0 \end{bmatrix}$ 是参数 θ_i 的函数，而 ^0_iR 为非零矩阵，无法找到满足要求的系数 k 使 a_{i-1} 满足式(2.67)，亦不满足式(2.68)，因而参数 a_{i-1} 不存在相互冗余现象，亦不存在自身冗余。

对于参数 α_{i-1}，式中各子项性质同参数 a_{i-1}，因而 α_{i-1} 间既不存在相互冗余现象，亦不存在自身冗余。

对于参数 d_i，对于相邻关节，有：

$$^pJd_i = {}^0_{i-1}R\begin{bmatrix} 0 & -s\alpha_{i-1} & c\alpha_{i-1} \end{bmatrix}^T$$

$$^p\boldsymbol{J}d_{i+1} = {}_{i-1}^{0}\boldsymbol{R} \begin{bmatrix} c\theta_i & -s\theta_i & 0 \\ c\alpha_{i-1}s\theta_i & c\alpha_{i-1}c\theta_i & -s\alpha_{i-1} \\ s\alpha_{i-1}s\theta_i & s\alpha_{i-1}c\theta_i & c\alpha_{i-1} \end{bmatrix} \begin{bmatrix} 0 \\ -s\alpha_i \\ c\alpha_i \end{bmatrix}$$

$$= {}_{i-1}^{0}\boldsymbol{R} \begin{bmatrix} s\alpha_i s\theta_i & -c\alpha_{i-1}c\theta_i s\alpha_i - s\alpha_{i-1}c\alpha_i & -s\alpha_{i-1}c\theta_i s\alpha_i + c\alpha_{i-1}c\alpha_i \end{bmatrix}^{\mathrm{T}}$$

$$(2.73)$$

要使 $^p\boldsymbol{J}d_i$、$^p\boldsymbol{J}d_{i+1}$ 满足式(2.67)，得保证 $\begin{cases} s\alpha_i = 0 \\ c\alpha_i = 1 \end{cases}$，即要保证 $\alpha_i = 0$。对于 IRB 6700 型工业机器人，其第 2、3 关节轴线平行，$\alpha_2 = 0$，因而参数 d_2、d_3 冗余。

对于参数 θ_i、$_i^0q_{13}$、$_i^0q_{23}$、$_i^0q_{33}$ 与机器人末端在关节坐标系 $\{i\}$ 下的位置有关，即无法满足式(2.67)，因而 θ_i 相互间不存在冗余关系；对于非末端关节，机器人 TCP 至少会相对一条关节轴线产生偏移，$_{tool}^{i}\boldsymbol{P}$ 为非常量，无法满足式(2.68)，因而 θ_i 不存在自身冗余；对于末端关节，当 TCP 位于机器人末端关节轴线 z_m 上时，$_{tool}^{m}\boldsymbol{P} = \begin{bmatrix} 0 & 0 & p_z \end{bmatrix}^{\mathrm{T}}$，代入运算，可求得 $_m^0q_{13} = {}_m^0q_{23} = {}_m^0q_{33} = 0$ 是恒成立的，即 $^p\boldsymbol{J}\theta_m = \boldsymbol{0}_{3\times1}$，此时，参数 θ_m 自身冗余。因此，要保证 θ_m 的独立性，需要将 TCP 偏离末端关节轴线。

针对 MD-H 模型，将 $\alpha_2 = 0$ 代入运算，并以相同方式计算 $^p\boldsymbol{J}d_2$、$^p\boldsymbol{J}d_3$：

$$^p\boldsymbol{J}d_2 = {}_1^0\boldsymbol{R} \begin{bmatrix} 0 & 0 & 1 \end{bmatrix}^{\mathrm{T}}$$

$$^p\boldsymbol{J}d_3 = {}_1^0\boldsymbol{R} \begin{bmatrix} c\theta_3 c\beta & -s\beta & c\theta_3 s\beta \\ s\theta_3 c\beta & c\theta_3 & s\theta_3 c\beta \\ -s\beta & 0 & c\beta \end{bmatrix} \begin{bmatrix} -s\beta \\ 0 \\ c\beta \end{bmatrix}$$

$$(2.74)$$

$$= {}_1^0\boldsymbol{R} \begin{bmatrix} 0 & 0 & 1 \end{bmatrix}^{\mathrm{T}}$$

式(2.74)表明，在平行轴处引入绕 y 轴旋转的参数 β 后，$^p\boldsymbol{J}d_2 = {}^p\boldsymbol{J}d_3$ 仍成立，即引入参数 β 未能改变参数 d_2、d_3 间冗余性。

综上分析，基于 MD-H 模型构建的机器人位姿误差模型存在一个冗余参数，可辨识的独立几何参数由 25 个下降到 24 个。

2.4.3.2　距离误差模型参数冗余性

虽然在 2.4.3.1 节中已识别出其中 $^p\boldsymbol{J}$ 的冗余参数，这些冗余参数会造成 $^p\boldsymbol{J}_{\Delta ij}$ 的奇异，但注意到若 $^p\boldsymbol{J}x_k$ 为常量时，$^p\boldsymbol{J}x_{k\Delta ij} = 0$ 是恒成立的，或在参数 x_k 处，$(\boldsymbol{P}_{\Delta ij})^{\mathrm{T}}{}^p\boldsymbol{J}_{\Delta ij} = 0$ 恒成立时，距离误差模型的系数矩阵会出现降秩，模型存在参数冗余。

式(2.69) 中，对于参数 a_0：

$$^pJa_0 = {}_1^0R\begin{bmatrix} c\theta_1 & -s\theta_1 & 0 \end{bmatrix}^T = \begin{bmatrix} 1 & 0 & 0 \end{bmatrix}^T \tag{2.75}$$

式(2.70) 中，对于参数 d_1：

$$^pJd_1 = \begin{bmatrix} {}_1^0r_{13} & {}_1^0r_{23} & {}_1^0r_{33} \end{bmatrix}^T = \begin{bmatrix} 0 & 0 & 1 \end{bmatrix}^T \tag{2.76}$$

式(2.71) 中，对于参数 α_0：

$$
\begin{aligned}
^pJ\alpha_0 &= {}_1^0R\begin{bmatrix} -d_1s\theta_1 \\ -d_1c\theta_1 \\ 0 \end{bmatrix} - {}_1^0RS\begin{bmatrix} {}_{tool}^1P \end{bmatrix}\begin{bmatrix} c\theta_1 \\ -s\theta_1 \\ 0 \end{bmatrix} \\
&= \begin{bmatrix} 0 \\ -d_1 \\ 0 \end{bmatrix} + {}_1^0RS\left[\begin{bmatrix} c\theta_1 \\ -s\theta_1 \\ 0 \end{bmatrix}\right]{}_{tool}^1P \\
&= \begin{bmatrix} 0 \\ -d_1 + {}^1p_z \\ {}^1p_xs\theta_1 + {}^1p_yc\theta_1 \end{bmatrix}
\end{aligned}
\tag{2.77}
$$

式(2.72) 中，对于参数 θ_1：

$$^pJ\theta_1 = \begin{bmatrix} -({}^1p_xs\theta_1 + {}^1p_yc\theta_1) & {}^1p_xc\theta_1 - {}^1p_ys\theta_1 & 0 \end{bmatrix}^T \tag{2.78}$$

式(2.77)、式(2.78) 中，${}^1p_x$、${}^1p_y$、${}^1p_z$ 为 TCP 在坐标系 {1} 下的坐标，可将它们投影到机器人基坐标系 {0} 下，即：

$$\begin{bmatrix} {}^1p_x \\ {}^1p_y \\ {}^1p_z \end{bmatrix} = {}_1^0R^{-1}\left(\begin{bmatrix} {}^0p_x \\ {}^0p_y \\ {}^0p_z \end{bmatrix} - {}_1^0P\right) = \begin{bmatrix} {}^0p_xc\theta_1 + {}^0p_ys\theta_1 \\ -{}^0p_xs\theta_1 + {}^0p_yc\theta_1 \\ -{}^0p_z + d_1 \end{bmatrix} \tag{2.79}$$

将式(2.79) 分别代入式(2.77)、式(2.78)，可得：

$$^pJ\alpha_0 = \begin{bmatrix} 0 & -{}^0p_z & {}^0p_y \end{bmatrix}^T \tag{2.80}$$

$$^pJ\theta_1 = \begin{bmatrix} -{}^0p_y & {}^0p_x & 0 \end{bmatrix}^T \tag{2.81}$$

将式(2.80)、式(2.81) 代入 B_{ij}，可得：

$$B\alpha_0 = 2\begin{bmatrix} p_{x\Delta} & p_{y\Delta} & p_{z\Delta} \end{bmatrix}\begin{bmatrix} 0 & p_{z\Delta} & -p_{y\Delta} \end{bmatrix}^T = 0 \tag{2.82}$$

$$B\theta_1 = 2\begin{bmatrix} p_{x\Delta} & p_{y\Delta} & p_{z\Delta} \end{bmatrix}\begin{bmatrix} -p_{y\Delta} & p_{x\Delta} & 0 \end{bmatrix}^T = 0 \tag{2.83}$$

因而，当以两点距离平方的误差为观测值构建机器人的距离误差模型时，模型的冗余参数包括 a_0、α_0、d_1、θ_1 与 $d_3(d_2)$ 5个，其中，参数 a_0、α_0、d_1、θ_1 对机器人距离平方的误差没有影响，距离误差模型可辨识的独立参数降至20个。

2.4.3.3　基坐标系误差修正模型参数冗余性与预测机理

基坐标系误差修正模型是基于机器人位置误差模型引入基坐标系位姿误差作出的修正模型，其中，MD-H 参数的冗余参数已识别出，但新引入的六个基坐标系位姿误差参数相对 MD-H 参数的冗余性仍需识别、剔除。

式（2.53）中，易发现：

$$^p\boldsymbol{J}\mu_{0x} = -\begin{bmatrix} 1 & 0 & 0 \end{bmatrix}^T = -\,^p\boldsymbol{J}a_0 \tag{2.84}$$

$$^p\boldsymbol{J}\mu_{0z} = -\begin{bmatrix} 0 & 0 & 1 \end{bmatrix}^T = -\,^p\boldsymbol{J}d_1 \tag{2.85}$$

$$^p\boldsymbol{J}\varepsilon_{0x} = -\,^p\boldsymbol{J}\alpha_0 - \begin{bmatrix} 0 & \Delta\boldsymbol{p}_x & -\Delta\boldsymbol{p}_y \end{bmatrix}^T \tag{2.86}$$

$$^p\boldsymbol{J}\varepsilon_{0z} = -\,^p\boldsymbol{J}\theta_1 - \begin{bmatrix} -\Delta\boldsymbol{p}_y & \Delta\boldsymbol{p}_z & 0 \end{bmatrix}^T \tag{2.87}$$

式（2.84）与式（2.85）表明，参数 μ_{0x} 与 a_0、μ_{0z} 与 d_1 是相互冗余的；式（2.86）与式（2.87）中，Δp_x、Δp_y、Δp_z 为采样点的位置误差在 x、y、z 方向的分量，考虑到位置误差相对其位置数值很小，可以认为 $^p\boldsymbol{J}\varepsilon_{0x} = -\,^p\boldsymbol{J}\alpha_0$、$^p\boldsymbol{J}\varepsilon_{0z} = -\,^p\boldsymbol{J}\theta_1$，即可以认为参数 ε_{0x} 与 α_0、ε_{0z} 与 θ_1 相互冗余。

因而，基坐标系误差修正模型中的冗余参数包括 μ_{0x}、μ_{0z}、ε_{0x}、ε_{0z}、d_3，其中，可辨识的独立参数为 26 个。但不同于距离误差模型中的 4 个不可辨识的 1 连杆几何参数，这 4 个参数会对机器人末端位置误差造成影响，其影响被冗余到 1 连杆的 4 个几何参数中去。分别以 Δa_0、$\Delta \alpha_0$、Δd_1、$\Delta \theta_1$ 表示 1 连杆几何参数误差的真值，以 $\Delta a_0'$、$\Delta \alpha_0'$、$\Delta d_1'$、$\Delta \theta_1'$ 表示其相应的辨识值，它们间满足：

$$\begin{bmatrix} \Delta a_0' \\ \Delta \alpha_0' \\ \Delta d_1' \\ \Delta \theta_1' \end{bmatrix} = \begin{bmatrix} \Delta a_0 \\ \Delta \alpha_0 \\ \Delta d_1 \\ \Delta \theta_1 \end{bmatrix} - \begin{bmatrix} \mu_{0x} \\ \varepsilon_{0x} \\ \mu_{0z} \\ \varepsilon_{0z} \end{bmatrix} \tag{2.88}$$

式（2.88）中，机器人 1 连杆的几何参数误差真值 Δa_0、$\Delta \alpha_0$、Δd_1、$\Delta \theta_1$ 是固定不变的，因而参数 μ_{0x}、ε_{0x}、μ_{0z}、ε_{0z} 的变化会导致 1 连杆几何参数误差辨识值产生相同的变化，即虽然无法辨识出基坐标系位姿误差中 4 个冗余参数的准确值，但却能通过 1 连杆辨识参数的变化准确预测这 4 个冗余参数的变化，加上机器人位姿误差模型中可辨识的参数 μ_{0y}、ε_{0y} 两个分量，基坐标系误差修正模型能够准确预测基坐标系位姿误差的变化。

2.5　机器人误差辨识和补偿试验

参数辨识是机器人运动学标定过程中误差估计与补偿的基础，如何通过观测数据估计模型中参数误差值对后续参数补偿具有重要意义[14-16]。误差模型仿真则是判断模型准确性及适用范围的最简便而有效的手段，对开展实验研究具有指导意义。本节设计适用于机器人运动学标定的辨识算法与流程，并在此基础上进行误差模型的数值仿真[17]。

2.5.1 参数辨识与 MATLAB 仿真

误差模型给定了由机器人参数误差到机器人位置误差的映射关系，实际标定过程中，需要以测量得到的位置误差为观测值代入误差模型进行参数误差值求解。取 n 为误差模型中需辨识的参数个数，取 m 为采样点个数，当以机器人末端位姿误差为观测值时，可获取等式方程总数 N 为 $6m$，而当仅以机器人末端位置误差或末端姿态误差为观测值时，可获取等式方程总数为 $3m$。根据未知数个数与等式方程个数的不同关系，方程组的解有不同的分布特征：

$$\begin{cases} N<n \text{ 时，方程欠定，有无数解} \\ N=n \text{ 时，方程适定，有唯一解} \\ N>n \text{ 时，方程超定，有唯一最小二乘解} \end{cases}$$

因此，在参数辨识中，要保证辨识结果准确性，需要保证方程组的个数不少于辨识参数的个数，即要求在以位姿误差为观测值时，采样点个数 $m \geqslant n/6$，而在以位置误差或姿态误差为观测值时，采样点个数 $m \geqslant n/3$。

以 $f(x)=Ax-b$ 描述上述方程组，其中，$A \in \Re^{N \times n}$ 为方程组的系数矩阵，是由各采样点处误差系数矩阵组合而成；$x \in \Re^{n \times 1}$ 为需要辨识的参数偏差值；$b \in \Re^{N \times 1}$ 为观测值，由每个采样点对应的观测值组成。实际测量中，观测值数据越多，辨识参数精度越高，因而上述辨识过程本质上是一个求解超定方程的过程。取 $F(x)=f^{\mathrm{T}}f$，问题可进一步转化为求解极小值过程，即 $x=\min F(x)$。分别取 $F(x)$ 的一次、二次导函数，可以获得最优化模型 $x=\min F(x)$ 的雅可比矩阵 $J(x)$ 与海森矩阵 $H(x)$：

$$\begin{cases} J(x)=2A^{\mathrm{T}}Ax-2A^{\mathrm{T}}b \\ H(x)=2A^{\mathrm{T}}A \end{cases} \tag{2.89}$$

式(2.89)中，当误差系数矩阵 A 奇异时，海森矩阵 $H(x)$ 半正定；当 A 非奇异时，$H(x)$ 正定。另一方面，虽然在构建几何误差模型时，能剔除其中的冗余参数，系数矩阵 A 非奇异，但当矩阵 A 条件数过大，即系数矩阵 A 病态时，观测值细微扰动即会带来辨识参数的巨大变化，其具体表现为海森矩阵 $H(x)$ 的行列式接近 0，通过如高斯-牛顿法的迭代算法可能会造成辨识参数精度下降。L-M 算法在迭代速度上介于梯度法与高斯-牛顿法之间，并能在一定程度上避免系数矩阵病态问题，因而可采用 L-M 算法求解上述非线性优化过程，其具体流程如图 2-6 所示。图中，$iter$ 为迭代次数，ΔE 为残余误差，μ 为权因子，σ_1、σ_2 分别为关于点距与残余误差的收敛精度。

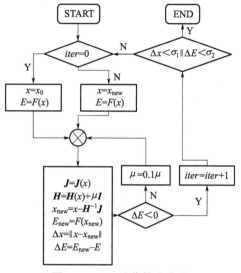

图 2-6　L-M 迭代算法流程

在构建机器人运动学模型时，无论是机器人正、逆向运动学模型，还是机器人误差模型，都涉及大量的矩阵运算与分析，而在参数辨识过程中更是需要大量矩阵迭代运算。MATLAB 作为一款常用的数学软件，在矩阵运算、矩阵分析及数据可视化上功能强大而便捷，且可基于其 GUI 功能实现标定交互界面设计，适用于机器人运动学标定过程中的数值处理工作。图 2-7 为基于 GUI 开发的适用于 6R 串联机器人的标定软件主界面，其包括三部分：

输入区，用于输入 MD-H 名义值及仿真误差值、选择机器人类型、输入机器人基坐标系与工具坐标系、显示辨识值等。其中，机器人类型的选择是针对存在平行四边形连杆结构的机器人，如 IRB 4400 系列机器人，其 θ_2、θ_3 存在耦合，需要特殊处理。

数据加载与功能区，能在计算机文件系统中读取机器人六轴角度、激光跟踪仪采集数据等 txt 文件，实现数据处理、辨识与补偿等功能，并能将数据处理结果与辨识结果保存为 .txt 文件与 .mat 文件。

显示区，用于数据可视化，包括原始位置误差、辨识过程中残余误差变化、补偿效果显示等。

对于数据处理、辨识、补偿等程序，由于机器人运动学模型、几何误差模型最终都表现为六个关节转角的函数，可将之设计成以 MD-H 参数、角度矩阵等为输入的脚本函数，将之结果作为 L-M 算法脚本函数的输入，最终通过相应功能的回调函数实现功能。

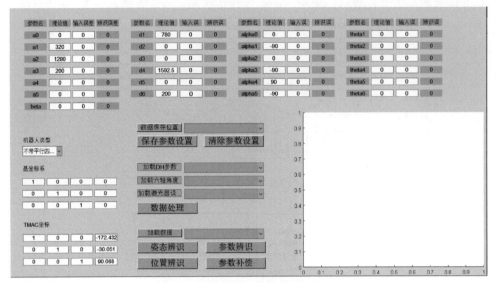

图 2-7　基于 GUI 的标定交互界面

2.5.2　几何误差和关节柔性误差仿真

2.5.2.1　几何参数误差模型仿真

判断一个误差模型的准确性，最直观的方式是给定一个名义仿真值，如表 2-2 所示，进行误差数值仿真。另外，2.4.3.1 节中已指出，当工具坐标系位于第 6 关节轴线上时，若以位置误差为观测值，关节角 θ_6 无法辨识，因此需要使工具坐标系偏离法兰盘轴线。这里，取工具坐标系位置为 $\begin{bmatrix} 10 & 10 & 10 \end{bmatrix}^T$，姿态与法兰盘坐标系一致。

表 2-2　机器人名义仿真参数误差表

连杆编号 i	$\Delta\alpha_{i-1}/(°)$	$\Delta a_{i-1}/\text{mm}$	$\Delta d_i/\text{mm}$	$\Delta\theta_i/(°)$	$\beta/(°)$
1	−0.02	0.50	−1.20	0.01	—
2	−0.04	1.10	0.10	−0.08	—
3	0.03	−0.60	0.30	0.02	0.002
4	−0.05	0.40	−1.00	−0.04	—
5	0.06	−0.20	0.20	0.05	—
6	−0.08	0.12	0.30	−0.06	—

同时，为了保证仿真结果的普适性，在取样上，采取在关节空间内随机取点的方式：在给定的每个关节角的取样范围内分别随机取 20 个值，再顺序组合成

20 个组合，如表 2-3 和表 2-4 所示。当以采样点位置误差为观测值时，20 个采样点可以输出 60 个等式方程，满足辨识需求。

表 2-3　机器人关节运动范围

关节角	θ_1	θ_2	θ_3	θ_4	θ_5	θ_6
角度范围/(°)	[−170,170]	[−65,85]	[−180,70]	[−300,300]	[−130,130]	[−360,360]
取样范围/(°)	[−160,160]	[−60,80]	[−160,60]	[−240,240]	[−120,120]	[−300,300]

表 2-4　仿真采样点

编号	θ_1	θ_2	θ_3	θ_4	θ_5	θ_6
1	−99.59	34.12	−0.08	−196.07	28.86	17.62
2	−159.62	0.41	−77.75	55.02	24.06	197.99
3	−58.75	37.22	−32.05	−234.73	−78.57	215.26
4	63.88	−24.05	−134.45	35.16	−98.32	173.42
5	40.08	−58.63	−147.32	139.07	−58.74	−109.30
6	13.78	14.52	55.55	−127.02	86.06	−28.68
7	−19.51	−20.89	−97.34	−24.95	98.66	151.34
8	−68.02	72.47	−29.11	33.29	47.91	−234.08
9	0.53	66.9	51.68	−210.53	54.04	−234.15
10	83.69	−5.02	−119.13	−1.78	−64.83	−138.07
11	83.97	−56.52	−117.53	68.31	18.25	14.78
12	24.34	34.00	−84.84	−133.79	74.55	283.59
13	79.25	57.20	45.24	161.79	−23.08	126.25
14	46.57	76.01	−74.05	226.12	117.23	−112.88
15	−120.57	−52.03	−99.89	166.26	−98.40	−125.13
16	1.41	3.05	−126.57	2.88	−42.97	210.21
17	−48.88	21.55	−72.64	−106.14	2.74	246.99
18	−130.51	36.13	−77.56	118.38	−105.45	83.57
19	−112.69	40.72	−131.15	−126.27	54.17	−146.78
20	−96.59	31.01	−64.29	219.53	13.57	−246.80

取收敛精度 $\sigma_1=1.0e^{-5}$、$\sigma_2=1.0e^{-7}$，取初始迭代权因子 $\mu=0.1$，取迭代初值 $x=0_{n\times1}$，其中，n 为模型需辨识参数个数。以采样点角度为输入，计算在引入名义仿真参数误差后的机器人末端位置误差，并将之作为观测值，分别进行未剔除、剔除冗余参数后的参数误差辨识。

表 2-5 为未剔除冗余参数时的实际仿真参数误差，对比表中名义值，容易发现其中参数 d_2、d_3 辨识结果与名义值不一致，其结果相等，这表明它们对机器人末端位置误差的影响是一致的，与参数冗余分析中 ${}^pJd_2 = {}^pJd_3$ 结论相同。当剔除冗余参数 d_3 后，辨识结果如表 2-6 所示，容易发现，除参数 d_2 外，其他参数的辨识结果相同，而剔除冗余参数后的参数 d_2 与未剔除冗余参数时 d_2、d_3 的和相等，进一步对比发现，这个结果也与 d_2、d_3 名义值的和几乎相等。对比剔除冗余参数前后的辨识结果可知，虽然模型中参数 d_2、d_3 相互冗余，但这两个参数的冗余不会对其他参数的辨识造成影响；参数辨识过程中虽无法准确辨识出 d_2、d_3 的准确误差，但却能准确辨识出它们的综合影响，这也从侧面表明辨识算法的有效性。在实际标定中，既然剔除冗余参数前后均只能识别两个冗余参数的误差和，可以选择剔除参数 d_3，保证误差系数矩阵非奇异，避免出现潜在的数值问题。

表 2-5　未剔除冗余参数的位置误差模型参数误差辨识结果

连杆编号 i	$\Delta\alpha_{i-1}/(°)$	$\Delta a_{i-1}/\text{mm}$	$\Delta d_i/\text{mm}$	$\Delta\theta_i/(°)$	$\beta/(°)$
1	-0.01999	0.4999	-1.1997	0.01005	—
2	-0.03996	1.0986	0.2003	-0.07990	—
3	0.03000	-0.6002	0.2003	0.02005	0.001999
4	-0.05001	0.4016	-1.0031	-0.04002	—
5	0.06020	-0.1998	0.1970	0.05109	—
6	-0.07952	0.1233	0.2983	-0.05982	—

表 2-6　剔除冗余参数的位置误差模型参数误差辨识结果

连杆编号 i	$\Delta\alpha_{i-1}/(°)$	$\Delta a_{i-1}/\text{mm}$	$\Delta d_i/\text{mm}$	$\Delta\theta_i/(°)$	$\beta/(°)$
1	-0.01999	0.4999	-1.1997	0.01005	—
2	-0.03996	1.0986	0.4006	-0.07990	—
3	0.03000	-0.6002		0.02005	0.001999
4	-0.05001	0.4016	-1.0031	-0.04002	—
5	0.06020	-0.1998	0.1970	0.05109	—
6	-0.07952	0.1233	0.2983	-0.05982	—

另一方面，机器人基坐标系的误差对采样点的空间距离没有影响，因而可以直接采用表中名义仿真值与表中采样点进行仿真分析。当空间内存在 m 个采样点时，能获取空间距离个数 $N = C_m^2 = 2m(m-1)/2$；对于 20 个采样点，可输出 190 个等式方程，远多于需辨识的 20 个参数个数。取其中 $S_{1k}(k=3,4,\cdots,20)$、$S_{2k}(k=3,4,\cdots,20)$ 共 36 个距离平方的差值为观测值，进行距离误差模型

仿真。

表 2-7 为基于距离误差模型的仿真参数辨识结果，结果表明，以距离平方差值为观测值的距离误差模型能准确辨识出模型中几何参数误差，但却会丢失 1 连杆的全部几何参数。进一步修正机器人的正向运动学模型，重新计算采样点的位置误差，如图 2-8 所示，虽然距离误差模型能在一定程度上减少机器人的位置误差，但对比位置误差模型，补偿效果一般；若标定是以提升机器人绝对位置精度为目的，仅基于距离误差构建误差模型显然达不到标定需求。相对于提升机器人绝对位置精度，距离误差模型在验证辨识参数的精度上更有意义。

表 2-7　距离误差模型参数辨识结果

连杆编号 i	$\Delta a_{i-1}/(°)$	$\Delta a_{i-1}/mm$	$\Delta d_i/mm$	$\Delta \theta_i/(°)$	$\beta/(°)$
1	—	—	—	—	—
2	−0.04003	1.1069	0.4062	−0.0801	
3	0.030086	−0.6099	—	0.0190	0.001999
4	−0.05141	0.3964	−0.9603	−0.0407	
5	0.059204	−0.2004	0.2017	0.0489	
6	−0.08156	0.1245	0.3121	−0.0584	

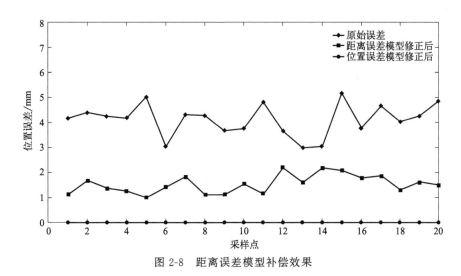

图 2-8　距离误差模型补偿效果

2.5.2.2　基坐标系误差扰动仿真

为了验证 2.4.3.2 节中基坐标系误差修正模型准确性，给定机器人基坐标系一个仿真位姿误差扰动 ${}^0\boldsymbol{D}_B = [-0.30 \ -0.35 \ -0.40 \ -0.006 \ 0.008 \ 0.007]^T$；

在仿真环境下，将测量坐标系与基坐标系取为一致，则机器人基坐标系仿真位姿为：

$$
{}_{B'}^{L}\boldsymbol{T} = \begin{bmatrix} 1 & -0.0001222 & 0.0001396 & -0.30 \\ 0.0001222 & 1 & 0.0001047 & -0.35 \\ -0.0001396 & -0.0001047 & 1 & -0.40 \\ 0 & 0 & 0 & 1 \end{bmatrix} \quad (2.90)
$$

将式(2.90) 中机器人基坐标系的仿真位置代入模型，重新计算机器人的位置误差，即机器人的观测位置误差，如图 2-9 所示。对比机器人的真实位置误差，观测位置在 X、Y、Z 向误差及综合位置误差均存在一定数值的差量；将这个差量代入式(2.51)，辨识其中的基坐标系位姿误差，结果如表 2-8 所示，与给定的值一致。

表 2-8　基坐标系误差辨识结果

参数	μ_{0x}/mm	μ_{0y}/mm	μ_{0z}/mm	$\varepsilon_{0x}/(°)$	$\varepsilon_{0y}/(°)$	$\varepsilon_{0z}/(°)$
辨识值	-0.3000	-0.3500	-0.4000	-0.005999	0.007998	0.007002

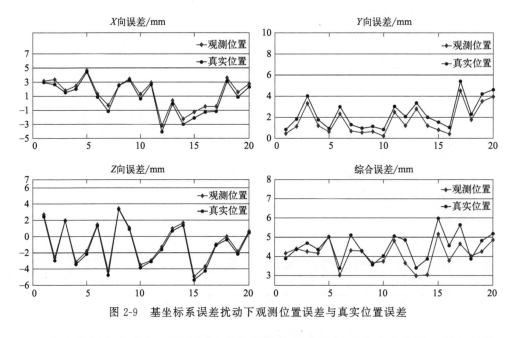

图 2-9　基坐标系误差扰动下观测位置误差与真实位置误差

在本体标定实验中，因为无法获取机器人的基坐标系的真实位置，所以仅能获取采样点的观测位置误差。将图 2-9 中观测位置误差代入到未引入基坐标系误差的位置误差模型中进行参数辨识，可得到如表 2-9 所示结果。易发现，在基坐标系位姿误差下，辨识参数的精度会出现不同程度的下降，且分布随机，无法准确预测。

表 2-9　基坐标系误差扰动下普通位置误差模型参数辨识结果

连杆编号 i	$\Delta\alpha_{i-1}/(°)$	$\Delta a_{i-1}/\text{mm}$	$\Delta d_i/\text{mm}$	$\Delta\theta_i/(°)$	$\beta/(°)$
1	−0.02516	0.2211	−1.6220	0.01009	—
2	−0.03664	1.0719	0.6445	−0.07917	—
3	0.02942	−0.5759	—	0.01931	0.001989
4	−0.05416	0.3587	−1.0838	−0.07298	—
5	0.10169	−0.2777	−1.0538	0.03555	—
6	0.20116	0.1168	−0.2470	−0.11515	—

在同一组基坐标系位姿误差下，将观测位置误差代入 2.4.1.2 节中基坐标系误差修正模型中，重新进行参数辨识。辨识结果中除 1 连杆的几何参数的辨识值出现精度下降外，其他几何参数几乎未发生变化。计算表 2-10 中 1 连杆几何参数误差的差值，以式（2.88）为基坐标系误差赋值，结合可直接辨识的两个误差参数，预测基坐标系误差，如表 2-11 所示，模型能够准确辨识出基坐标系误差的变化，与前面构建模型时分析一致。

表 2-10　基坐标系误差修正模型参数辨识结果

连杆编号 i	$\Delta\alpha_{i-1}/(°)$	$\Delta a_{i-1}/\text{mm}$	$\Delta d_i/\text{mm}$	$\Delta\theta_i/(°)$	$\beta/(°)$
1	−0.02598	0.1991	−1.5997	0.01704	—
2	−0.03995	1.0986	0.4012	0.0799	—
3	0.03000	−0.6002	—	0.02008	0.001999
4	0.05003	0.4023	−1.0035	0.04004	—
5	0.06029	−0.1998	0.1970	0.05085	—
6	−0.07953	0.1224	0.2984	0.06029	—
基坐标系	μ_{0x}/mm	μ_{0y}/mm	μ_{0z}/mm	$\varepsilon_{0x}/(°)$	$\varepsilon_{0y}/(°)$	$\varepsilon_{0z}/(°)$
	—	−0.3499	—	—	0.007990	—

表 2-11　统一辨识下的基坐标系辨识值

参数	μ_{0x}/mm	μ_{0y}/mm	μ_{0z}/mm	$\varepsilon_{0x}/(°)$	$\varepsilon_{0y}/(°)$	$\varepsilon_{0z}/(°)$
辨识值	−0.3009	−0.3499	−0.3997	−0.005980	0.007990	0.007040

综合几何参数误差模型的数值仿真结果，易发现本节基于微分运动方法构建的位置误差模型能准确识别机器人几何参数误差，但其在基坐标系存在误差扰动时辨识参数精度会出现下降。传统基于距离误差的基坐标系误差修正方法能避免引入基坐标系误差，且能准确辨识大部分几何参数误差，但其对机器人绝对定位精度的总体补偿效果不佳。本节基于统一辨识思想的基坐标系修正模型，能在基坐标系误差扰动下同时准确辨识出几何参数误差与基坐标系误差，相对普通位置误差模型与距离误差模型更具优势。

2.5.2.3 关节柔性变形误差修正模型仿真

在机器人磨抛加工过程中，过程力是影响加工表面质量好坏的主要因素之一，接触力过大会产生过磨现象，接触力过小则会产生欠磨现象，因此必须对加工过程中的接触力进行控制，从而保证加工质量。但是机器人系统在加工过程中只能按照规划好的路径来进行运动，接触力无法得到控制，其变化大小主要与机器人系统坐标系的标定精度和路径规划的精度有关。因此，仅仅依靠机器人系统自身来实现对加工过程中的接触力实时监控与调整是行不通的，只能通过加载外部传感器来对接触力进行感知，从而与机器人加工系统建立通信，实现对加工过程中的接触力实时控制，满足机器人加工需求，提高工件表面加工质量。

为了验证 2.4.2 节中关节柔性变形误差模型与其辨识方法的准确性，同时为了观察在不同数量级 k_1、k_2、k_3 下辨识方法的辨识精度，给定 k_1、k_2、k_3 五个数量级下的五组仿真值：

$$\boldsymbol{K}_1 = \begin{bmatrix} k_1 & k_2 & k_3 \end{bmatrix} = \begin{bmatrix} 5\mathrm{e}^{-4} & 2\mathrm{e}^{-4} & 4\mathrm{e}^{-4} \end{bmatrix}$$

$$\boldsymbol{K}_2 = \begin{bmatrix} k_1 & k_2 & k_3 \end{bmatrix} = \begin{bmatrix} 5\mathrm{e}^{-5} & 2\mathrm{e}^{-5} & 4\mathrm{e}^{-5} \end{bmatrix}$$

$$\boldsymbol{K}_3 = \begin{bmatrix} k_1 & k_2 & k_3 \end{bmatrix} = \begin{bmatrix} 5\mathrm{e}^{-6} & 2\mathrm{e}^{-6} & 4\mathrm{e}^{-6} \end{bmatrix}$$

$$\boldsymbol{K}_4 = \begin{bmatrix} k_1 & k_2 & k_3 \end{bmatrix} = \begin{bmatrix} 5\mathrm{e}^{-7} & 2\mathrm{e}^{-7} & 4\mathrm{e}^{-7} \end{bmatrix}$$

$$\boldsymbol{K}_5 = \begin{bmatrix} k_1 & k_2 & k_3 \end{bmatrix} = \begin{bmatrix} 5\mathrm{e}^{-8} & 2\mathrm{e}^{-8} & 4\mathrm{e}^{-8} \end{bmatrix}$$

在 2.5.2.1 节的采样点下，以 2.4.3.2 节中的基于残余误差的两步辨识方法进行参数辨识，结果如表 2-12 所示。

表 2-12　基于残余误差的关节柔性变形仿真辨识结果

设定	仿真值			辨识值			辨识精度/%		
	k_1	k_2	k_3	k_1	k_2	k_3	k_1	k_2	k_3
$\boldsymbol{K}_1/\mathrm{e}^{-4}$	5	2	4	4.9866	2.2601	3.5039	99.73	87.00	87.60
$\boldsymbol{K}_2/\mathrm{e}^{-5}$	5	2	4	4.9840	2.2549	3.5126	99.68	87.26	87.82
$\boldsymbol{K}_3/\mathrm{e}^{-6}$	5	2	4	4.9729	2.2200	3.5584	99.46	89.00	88.96
$\boldsymbol{K}_4/\mathrm{e}^{-7}$	5	2	4	4.8630	1.8725	4.0117	97.26	93.63	99.71
$\boldsymbol{K}_5/\mathrm{e}^{-8}$	5	2	4	3.7601	−1.6021	8.5441	75.20	−80.10	−113.60

分析表 2-12 中辨识结果，发现 $\begin{bmatrix} k_1 & k_2 & k_3 \end{bmatrix}$ 的辨识值在 e^{-6} 数量级以上时有着相同的辨识精度分布特征，在 e^{-7} 数量级时出现改变，在 e^{-8} 数量级时辨识精度出现严重下降，辨识结果出现重大偏差，这是因为当 $\begin{bmatrix} k_1 & k_2 & k_3 \end{bmatrix}$ 过小，即机器人的关节刚度足够大时，机器人关节柔性变形过小，由其造成机器人位置

误差相对几何参数误差带来的位置误差过小，经过初次辨识后残余误差接近零（e^{-8} 数量级时 20 个采样点残余误差和为 $1.3e^{-5}$），因而无法辨识出 $[k_1 \quad k_2 \quad k_3]$ 的准确值。事实上，当 $[k_1 \quad k_2 \quad k_3]$ 处于 e^{-4} 数量级时，由关节柔性变形带来的机器人位置误差在 1.0mm 级；当处于 e^{-5} 数量级时，机器人位置误差为 0.1mm 级；当处于 e^{-6} 数量级时，机器人位置误差为 0.01mm 级。因此，当 $[k_1 \quad k_2 \quad k_3]$ 低于 e^{-6} 数量级时，已没有了标定的必要。另一方面，前三个数量级的辨识结果中，容易发现 k_1 的辨识精度都保持较高水平，而 k_2、k_3 辨识精度相较一般，这是因为 k_2、k_3 的系数矩阵有着相似的结构，若取 k_2、k_3 辨识结果的和作为观测指标，发现辨识精度分别为 96.07、96.13、96.31，都能保持较高水平，即 k_2、k_3 存在一定的相关性。综合辨识结果表明，本节所作的关节柔性变形简化模型及其基于残余误差的辨识方法是有效的。

参 考 文 献

[1]　熊有伦，李文龙，陈文斌，等. 机器人学：建模、控制与视觉 [M]. 2 版. 武汉：华中科技大学出版社，2020.

[2]　Gao G，Sun G，Na J，et al. Structural parameter identification for 6 DOF industrial robots [J]. Mechanical Systems and Signal Processing，2018，113：145-155.

[3]　Yu C，Xi J. Simultaneous and on-line calibration of a robot-based inspecting system [J]. Robotics and computer-integrated manufacturing，2018，49：349-360.

[4]　Xie H，Li W，Zhu D H，et al. A systematic model of machining error reduction in robotic grinding [J]. IEEE/ASME Transactions on Mechatronics，2020，25（6）：2961-2972.

[5]　李文龙，谢核，尹周平，等. 机器人加工几何误差建模研究：Ⅰ 空间运动链与误差传递 [J]. 机械工程学报，2021，57（7）：154-168.

[6]　李文龙，谢核，尹周平，等. 机器人加工几何误差建模研究：Ⅱ 参数辨识与位姿优化 [J]. 机械工程学报，2021，57（7）：169-184.

[7]　Xie H，Li W，Jiang C，et al. Pose error estimation using a cylinder in scanner-based robotic belt grinding [J]. IEEE/ASME Transactions on Mechatronics，2020，26（1）：515-526.

[8]　倪华康，杨泽源，杨一帆，等. 考虑基坐标系误差的机器人运动学标定方法 [J]. 中国机械工程，2022，33（6）：647-655.

[9]　Jiang Z，Huang M，Tang X，et al. A new calibration method for joint-dependent geometric errors of industrial robot based on multiple identification spaces [J]. Robotics and Computer-Integrated Manufacturing，2021，71：102175.

[10]　Boby R A. Identification of elasto-static parameters of an industrial robot using monocular camera [J]. Robotics and Computer-Integrated Manufacturing，2022，74：102276.

[11]　Tan S，Yang J，Ding H. A prediction and compensation method of robot tracking error considering pose-dependent load decomposition [J]. Robotics and Computer-Integrated Manufacturing，2023，80：102476.

[12]　Gong C，Yuan J，Ni J. Nongeometric error identification and compensation for robotic system by

inverse calibration [J]. International Journal of Machine Tools and Manufacture, 2000, 40 (14): 2119-2137.

[13] Zhao H, Li X, Ge K, et al. A contour error definition, estimation approach and control structure for six-dimensional robotic machining tasks [J]. Robotics and Computer-Integrated Manufacturing, 2022, 73: 102235.

[14] Wu J, Wang J, You Z. An overview of dynamic parameter identification of robots [J]. Robotics andComputer-Integrated Manufacturing, 2010, 26 (5): 414-419.

[15] Jin J, Gans N. Parameter identification for industrial robots with a fast and robust trajectory design approach [J]. Robotics and Computer-Integrated Manufacturing, 2015, 31: 21-29.

[16] Boby R A, Klimchik A. Combination of geometric and parametric approaches for kinematic identification of an industrial robot [J]. Robotics and Computer-Integrated Manufacturing, 2021, 71: 102142.

[17] 陈新渡. 基于误差模型的机器人定位精度补偿技术研究 [D]. 武汉：华中科技大学，2020.

关键技术篇

第**3**章

机器人磨抛系统标定技术

机器人磨抛系统是结合机器人技术、信息技术与曲面加工技术的柔性加工系统。为了保证磨抛系统加工精度，加工前需对加工系统进行精确标定以减少相对误差[1]。由于工具坐标系标定和机器人本体标定技术方法发展较成熟，本章主要针对手眼标定和工件坐标系标定展开分析。

3.1 机器人磨抛系统手眼标定

机器视觉设备已广泛用于机器人领域实现目标的空间定位，其中手眼标定是建立机器人末端工具坐标系（"手"）与视觉设备坐标系（"眼"）的纽带，也是实现视觉引导机器人定位的必要条件[2-5]。对大型车身定位时，需将视觉设备固定于机器人末端。本节针对传统方法在手眼标定时需要机器人位姿信息，引入机器人绝对运动误差的问题，提出了基于机器人末端工具坐标系 $\{Tool0\}$ 下相对运动的手眼标定方法。该方法在手眼标定过程中无需机器人位姿信息，避免了手眼矩阵中累积机器人绝对运动误差，同时采用随机采样一致性（Random Sample Consensus，RANSAC）算法剔除机器人重定位运动和线性运动中的误差较大点，进一步减小手眼矩阵中机器人重复运动误差的累积。最后，引入旋转矩阵正交化方法，对旋转矩阵进行正交化处理，极大地提高了手眼矩阵的标定精度。

3.1.1 手眼标定原理

视觉设备根据种类不同可分为被动式和主动式两类。被动式包括单目、双目相机等，其定位精度不高，常用于避障、目标识别及缺陷检测等场景；主动式包括激光位置传感器和结构光扫描仪等，其定位精度高，常用于复杂精密工件的空间定位与3D测量。考虑到大型车身型面复杂且对定位精度要求高，本节选用主动式传感器中的面结构光扫描仪作为视觉设备。如图 3-1 所示，手眼标定根据视觉传感器与机器人的位置不同，分为眼在手下（eye-to-hand）和眼在手上（eye-in-hand）两种。其中 eye-to-hand 表示视觉传感器固定于机器人外部，机器人可夹持工件在视觉传感器视幅内测量，适用于小型工件；eye-in-hand 表示视觉传感器固定于机器人末端的情形，视觉传感器可跟随机器人移动测量，适用于大型工件。以大型车身工件为例，本章针对 eye-in-hand 的手眼标定方法展开研究。

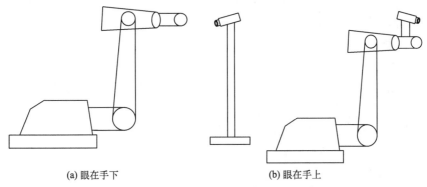

(a) 眼在手下　　　　　　　　　　　　　(b) 眼在手上

图 3-1　手眼标定分类

图 3-2 为眼在手上的机器人视觉设备及坐标系转换关系示意图，主要包括机器人基坐标系 $\{B\}$、机器人末端工具坐标系 $\{Tool0\}$ 及扫描仪坐标系 $\{S\}$。机器人基坐标系的原点位于机器人安装基座的中心，x 轴正方向为安装基座正前方，z 轴正方向垂直于安装基座竖直向上，y 轴可由 x 轴叉乘 z 轴得到；$\{Tool0\}$ 的原点位于六轴法兰中心，xy 轴构成的平面为末端法兰平面，z 轴垂直于法兰平面向外；$\{S\}$ 为描述物体三维坐标信息的视觉设备坐标系。

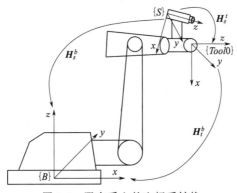

图 3-2　眼在手上的坐标系转换

$\boldsymbol{H}_s^b$ 表示 $\{S\}$ 到 $\{B\}$ 的转换矩阵，$\boldsymbol{H}_s^t$ 表示 $\{S\}$ 到 $\{Tool0\}$ 的转换矩阵，$\boldsymbol{H}_t^b$ 表示 $\{Tool0\}$ 到 $\{B\}$ 的转换矩阵，对于 eye-in-hand，手眼标定的本质是求解 $\boldsymbol{H}_s^t$。对 $\{S\}$ 中的任意一点 $\boldsymbol{p}(x,y,z)$ 转换为 $\{B\}$ 中的对应点 $\boldsymbol{q}(x,y,z)$，可

由式（3.1）计算得到。

$$(x,y,z,1)^{\mathrm{T}}=\boldsymbol{H}_t^b \boldsymbol{H}_s^t (x,y,z,1)^{\mathrm{T}} \tag{3.1}$$

手眼标定的误差来源于机器人本体误差、测量设备误差、数据处理误差等。

① 机器人本体误差：包括绝对运动误差和重复运动误差。前者指机器人指令位置与实到位置的最大偏差；后者指多次重复指令位置时，多次实到位置之间的最大偏差。本研究所使用的工业机器人型号为 IRB6700-200/2.6，绝对/重复运动/轨迹运动最大误差分别为 0.35mm/0.05mm/0.05mm。

② 测量设备误差：测量设备采用的是惟景三维公司的拍照式面结构光扫描仪，型号为 PowerScan-Pro2.3M，单幅测量最大误差为 0.025mm。

③ 数据处理误差：扫描仪投射出的蓝光呈一定宽度，球面接收蓝光的角度不同，在局部区域存在过曝光和散光的现象，该区域生成的三维点云容易产生噪点和异常点，噪点和异常点在球心拟合的过程中会影响球心计算精度；机器人重复运动误差较大的数据会影响拟合精度。

④ 手眼标定误差评价：由于手眼标定的误差无法直接计算获得，目前普遍采用对标准物多角度测量获取测量点云，通过手眼矩阵拼接，将拼接后的测量点云与标准物对比作为手眼标定误差评价标准，文献通过绕六轴旋转的方式采集三角度球面点云，并将拼接后的球半径与标准球半径的差值作为手眼标定误差评价指标。因此，本研究也采用这一评价指标，并以拼接球球面测点到标准球面的距离均方根误差（Root Mean Square，RMS）作为辅助评价指标。

3.1.2　基于 {Tool0} 下相对运动的手眼标定方法

在手眼标定的过程中，机器人本体误差和测量设备误差是无可避免的，但避免手眼标定中累积机器人绝对运动误差，同时减小数据误差对手眼标定的影响是切实可行的。传统手眼标定方法主要采用在机器人基坐标系下做 m 次平移，n 次旋转，示教 $m+n$ 次机器人位姿，将 $m+n$ 次位姿转换为 $m+n$ 个 $\boldsymbol{H}_t^b$，进而求解手眼矩阵，其中示教位置与扫描仪测量到的实际位置为绝对运动误差，导致手眼标定精度不高。基于上述考虑，提出了一种基于 {Tool0} 下相对运动的手眼标定方法，其流程如图 3-3 所示，在标定过程中无须借助机器人位姿信息，同时采用 RANSAC 算法结合最小二乘法的模型拟合方法增强数据拟合的鲁棒性及准确性，最后引入基于迭代微分旋量的非标准矩阵正交化方法对旋转矩阵正交化处理，提高手眼标定精度。

3.1.2.1　基于 RANSAC 算法的离群点剔除

RANSAC 算法相较于最小二乘法对噪点和异常点的鲁棒性更好，而最小二乘法在不存在噪点和异常点的情况下，充分考虑了每个点的贡献。因此，先采用

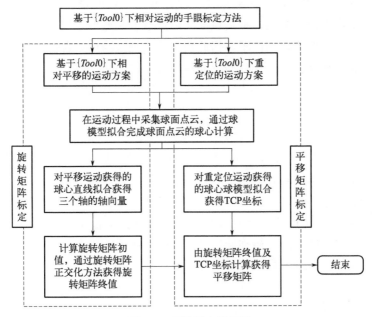

图 3-3　手眼标定流程图

RANSAC 算法对拟合数据前处理，剔除拟合数据中的噪点和异常点，提高模型拟合的鲁棒性，然后对剩余点进行最小二乘拟合提高拟合精度。在手眼标定数据拟合中涉及直线和球心的拟合，如图 3-4 所示。

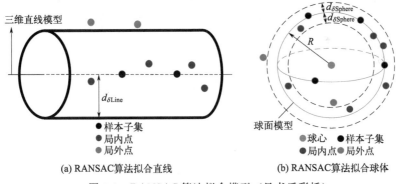

(a) RANSAC算法拟合直线　　　　(b) RANSAC算法拟合球体

图 3-4　RANSAC 算法拟合模型（见书后彩插）

① RANSAC 算法拟合直线模型：空间直线方程见式(3.2)，在一次迭代过程中，选取两个点作为样本子集可直接求取单位空间向量 e，见式(3.3)；选取两点中的任意一点记为 A，记样本中除样本子集外的点为 B_i，则 B_i 到空间向量的距离 $d_{i\text{Line}}$ 可由式(3.4) 计算，如果满足 $d_{i\text{Line}} < d_{\delta\text{Line}}$，则该样本点属于模型内样本点，简称局内点，否则为模型外样本点，简称局外点，记录下当前内点

个数 n_i，然后重复这一过程，每重复一次，都记录当前最佳模型，即内点数最多的模型。每次迭代的末尾，根据最大局内点数、误差率、当前迭代次数、总样本个数，计算迭代结束评判因子，据此判断迭代是否结束，迭代结束后最佳模型即为模型的参数估计值，最佳模型下的局外点将被剔除。

$$(x-x_0)/a=(y-y_0)/b=(z-z_0)/c \quad (3.2)$$

$$e=(a/\sqrt{a^2+b^2+c^2},b/\sqrt{a^2+b^2+c^2},c/\sqrt{a^2+b^2+c^2}) \quad (3.3)$$

$$d_{i\,\text{Line}}=\|\boldsymbol{AB}_i\times\boldsymbol{e}\| \quad (3.4)$$

② RANSAC 算法拟合球体模型：空间球面方程见式(3.5)，在一次迭代中，选取四个点作为样本子集，使用最小方差估计算法计算球面模型参数，包括球心 (x_0,y_0,z_0) 和半径 R，记样本中除样本子集外的点为 (x_i,y_i,z_i)，则到球心的距离 $d_{i\,\text{Sphere}}$ 可由式(3.6) 计算，如果满足 $\|d_{i\,\text{Sphere}}-R\|<d_{\delta\text{Sphere}}$，则该样本点属于模型内样本点，简称局内点，否则为模型外样本点，简称局外点；与直线拟合相同，最后可获得最佳模型并剔除局外点。

$$(x_i-x_0)^2+(y_i-y_0)^2+(z_i-z_0)^2=R^2 \quad (3.5)$$

$$d_{i\,\text{Sphere}}=\sqrt{(x_i-x_0)^2+(y_i-y_0)^2+(z_i-z_0)^2} \quad (3.6)$$

3.1.2.2 基于最小二乘法的模型拟合

RANSAC 算法虽然对异常点具有很强的鲁棒性，但在模型计算时仅通过较少的局内点估计模型参数，没有考虑全部局内点对模型参数的贡献，是部分局内点的最优化；通过 RANSAC 算法剔除局外点后，可有效克服最小二乘法鲁棒性差的问题，同时最小二乘法在计算模型参数时考虑了全部局内点的贡献，是全部局内点的最优化求解。

(1) 最小二乘法拟合直线模型

平面的二维直线可通过最小二乘法拟合模型参数，但三维空间直线的方程是非线性关系，需要对直线方程进行转换。

式(3.2) 可改写为：

$$\begin{cases}x=dz+e\\y=fz+g\end{cases} \quad (3.7)$$

式中，$d=a/c$；$e=x_0-az_0/c$；$f=b/c$；$g=y_0-bz_0/c$。

将式(3.7) 写为矩阵形式可得：

$$\begin{bmatrix}x\\y\end{bmatrix}=\begin{bmatrix}z&1&0&0\\0&0&1&z\end{bmatrix}\begin{bmatrix}d&e&f&g\end{bmatrix}^{\text{T}} \quad (3.8)$$

根据最小二乘理论中的间接平差模型 $S_{\min}=\boldsymbol{E}\hat{X}-\boldsymbol{F}$，式(3.8) 可写作：

$$S_{\min}=\boldsymbol{E}\hat{X}-\boldsymbol{F}=\begin{bmatrix}z&1&0&0\\0&0&1&z\end{bmatrix}\begin{bmatrix}\hat{d}&\hat{e}&\hat{f}&\hat{g}\end{bmatrix}^{\text{T}}-\begin{bmatrix}x\\y\end{bmatrix} \quad (3.9)$$

同理，对式(3.7) 方程组改写，可得方程组：

$$\begin{cases} S_{x\min} = \sum_{i=1}^{n} [x_i - (dz_i + e)]^2 \\ S_{y\min} = \sum_{i=1}^{n} [y_i - (fz_i + g)]^2 \end{cases} \quad (3.10)$$

通过最小化 $S_{x\min}$ 和 $S_{y\min}$ 即可求得模型参数 d、e、f、g，对式(3.10) 中的两个方程分别求导令其值等于 0，可得：

$$\begin{cases} en + d\sum_{i=1}^{n} z_i = \sum_{i=1}^{n} x_i \\ e\sum_{i=1}^{n} z_i + d\sum_{i=1}^{n} z_i^2 = \sum_{i=1}^{n} x_i z_i \end{cases} \quad (3.11)$$

$$\begin{cases} gn + f\sum_{i=1}^{n} z_i = \sum_{i=1}^{n} y_i \\ g\sum_{i=1}^{n} z_i + f\sum_{i=1}^{n} z_i^2 = \sum_{i=1}^{n} y_i z_i \end{cases} \quad (3.12)$$

令 $\boldsymbol{Z} = \begin{bmatrix} z_1 & \cdots & z_n \\ 1 & \cdots & 1 \end{bmatrix}$，$\boldsymbol{X} = \begin{bmatrix} x_1 & \cdots & x_n \end{bmatrix}^{\mathrm{T}}$，$\boldsymbol{Y} = \begin{bmatrix} y_1 & \cdots & y_n \end{bmatrix}^{\mathrm{T}}$，$\boldsymbol{A} = \begin{bmatrix} d & e \end{bmatrix}^{\mathrm{T}}$，$\boldsymbol{B} = \begin{bmatrix} f & g \end{bmatrix}^{\mathrm{T}}$，则式(3.11) 和式(3.12) 可转换为矩阵方程组：

$$\begin{cases} \boldsymbol{ZZ}^{\mathrm{T}}\boldsymbol{A} = \boldsymbol{ZX} \\ \boldsymbol{ZZ}^{\mathrm{T}}\boldsymbol{B} = \boldsymbol{ZY} \end{cases} \quad (3.13)$$

对式(3.13) 求解可求得矩阵 $\boldsymbol{A}$、$\boldsymbol{B}$，即模型参数 d、e、f、g，则空间直线可表示为 $(d, f, 1)$，对空间直线单位化可得单位空间直线向量即为所求。

(2) 最小二乘法拟合球体模型

对于球面上的点 (x_i, y_i, z_i)，$i = 1, \cdots, n$，其中 n 为球面上点的数量，满足：

$$(x_i - x_0)^2 + (y_i - y_0)^2 + (z_i - z_0)^2 = R^2 \quad (3.14)$$

式中，R 为球半径；(x_0, y_0, z_0) 为球心。对式(3.14) 构造最小化函数如下：

$$F(x_0, y_0, z_0, R) = \sum_{i=1}^{n} [(x_i - x_0)^2 + (y_i - y_0)^2 + (z_i - z_0)^2 - R^2]^2 \quad (3.15)$$

通过最小化上述函数即可求得模型参数 (x_0, y_0, z_0, R)。式(3.15) 分别对四个参数 (x_0, y_0, z_0, R) 求偏导可得：

$$\frac{\partial F}{\partial x_0} = \frac{\partial F}{\partial y_0} = \frac{\partial F}{\partial z_0} = \frac{\partial F}{\partial R} = 0 \tag{3.16}$$

利用球心坐标差值将式(3.17)代入式(3.16)，可得式(3.18)：

$$\begin{cases} q_i = x_i - \overline{x} \\ w_i = y_i - \overline{y} \\ e_i = z_i - \overline{z} \end{cases} \tag{3.17}$$

$$\begin{cases} (\sum q_i^2) q_0 + (\sum q_i w_i) w_0 + (\sum q_i e_i) e_0 = \dfrac{\sum (q_i^3 + q_i w_i^2 + q_i e_i^2)}{2} \\[4mm] (\sum q_i w_i) q_0 + (\sum w_i^2) w_0 + (\sum w_i e_i) e_0 = \dfrac{\sum (q_i^2 w_i + w_i^3 + w_i e_i^2)}{2} \\[4mm] (\sum q_i e_i) q_0 + (\sum w_i e_i) w_0 + (\sum e_i^2) e_0 = \dfrac{\sum (q_i^2 e_i + w_i^2 e_i + e_i^3)}{2} \end{cases} \tag{3.18}$$

式中，$\overline{x}$、$\overline{y}$、$\overline{z}$ 分别为球面上所有点的坐标 x_i、y_i、z_i 求均值。求解式(3.18)可得到坐标 (q_0, w_0, e_0)，代入式(3.17)可以得到球心坐标 (x_0, y_0, z_0)。

3.1.2.3 基于 {Tool0} 下平移运动的旋转矩阵标定方法

① 固定扫描仪于机器人末端，固定标准球于机器人外部，使机器人携带扫描仪运动到一合适位置 a，保证扫描仪可以拍摄到标准球，记该位置球面点云为 $\boldsymbol{Q}_1$，通过对球面点云 $\boldsymbol{Q}_1$ 球体拟合得到球心 $\boldsymbol{q}_1$。

② 将机器人运动坐标系设为 {Tool0}，使机器人携带扫描仪沿 {Tool0} 下 x 轴负方向移动一段距离 d_x，这一过程中始终保证标准球在扫描仪的视幅内，记该位置球面点云为 $\boldsymbol{Q}_2$，球体拟合得到球心 $\boldsymbol{q}_2$。

③ 如图 3-5 所示，由于标准球固定不动，仅机器人在 {Tool0} 下沿 x 轴负方向平移，可视为 {Tool0} 不动，标准球球心在 {Tool0} 下沿 x 轴正方向平移了一段距离 d_x，根据相对运动原理可得球心在 {Tool0} 下沿 x 轴的单位平移向量 $\boldsymbol{\alpha}_1 = (1,0,0)^{\mathrm{T}}$。

④ 使机器人携带扫描仪沿 x 轴方向移动 n（$n > 1$）次，对扫描仪坐标系下的 n 个球面点云球体拟合得 n 个球心，对 n 个球心直线拟合得扫描仪坐标系下与 $\boldsymbol{\alpha}_1$ 对应的单位平移向量 $\boldsymbol{\beta}_1$，该平移向量方向具有二义性，$\boldsymbol{\beta}_1$ 与向量 $\boldsymbol{q}_1\boldsymbol{q}_2$ 的点积为正，则 $\boldsymbol{\beta}_1$ 不变，否则 $\boldsymbol{\beta}_1 = -\boldsymbol{\beta}_1$。求解空间向量的封闭解至少需要 2 个点，在精度要求不高的情况下追求效率可取 $n = 2$；当对精度要求高时，可通过增大 n 以数据拟合的方式求解，n 越大，拟合精度越稳定，但效率会下降，可视具体情形取 n。

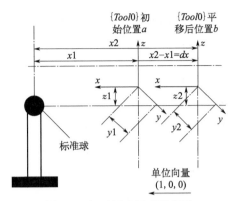

图 3-5　相对运动原理示意图

⑤ 同理，使机器人携带扫描仪在 $\{Tool0\}$ 下沿 y 轴、z 轴负方向分别移动一段距离 d_y、d_z，重复上述操作，可得球心在 $\{Tool0\}$ 下沿 y 轴、z 轴的单位平移向量 $\boldsymbol{\alpha}_2 = (0,1,0)^{\mathrm{T}}$、$\boldsymbol{\alpha}_3 = (0,0,1)^{\mathrm{T}}$，可得扫描仪坐标系下分别与 $\boldsymbol{\alpha}_2$、$\boldsymbol{\alpha}_3$ 对应的单位平移向量 $\boldsymbol{\beta}_2$、$\boldsymbol{\beta}_3$。

⑥ 由 $\boldsymbol{\alpha}_1$、$\boldsymbol{\alpha}_2$、$\boldsymbol{\alpha}_3$ 可构建矩阵 $\boldsymbol{V}_t$，由 $\boldsymbol{\beta}_1$、$\boldsymbol{\beta}_2$、$\boldsymbol{\beta}_3$ 可构建矩阵 $\boldsymbol{V}_s$，其中 $\boldsymbol{V}_t$ 和 $\boldsymbol{V}_s$ 表示为：

$$\begin{cases} \boldsymbol{V}_t = [\boldsymbol{\alpha}_1, \boldsymbol{\alpha}_2, \boldsymbol{\alpha}_3] \\ \boldsymbol{V}_s = [\boldsymbol{\beta}_1, \boldsymbol{\beta}_2, \boldsymbol{\beta}_3] \end{cases} \tag{3.19}$$

记由 $\{S\}$ 到 $\{Tool0\}$ 的旋转矩阵为 $\boldsymbol{R}_s^t$，可知 $\boldsymbol{R}_s^t$ 与 $\boldsymbol{V}_s$ 和 $\boldsymbol{V}_t$ 应满足式(3.20)，则 $\boldsymbol{R}_s^t$ 可表示为式(3.21)。

$$\boldsymbol{V}_t = \boldsymbol{R}_s^t \boldsymbol{V}_s \tag{3.20}$$

$$\boldsymbol{R}_s^t = \boldsymbol{V}_t (\boldsymbol{V}_s)^{-1} = [\boldsymbol{\alpha}_1, \boldsymbol{\alpha}_2, \boldsymbol{\alpha}_3]([\boldsymbol{\beta}_1, \boldsymbol{\beta}_2, \boldsymbol{\beta}_3])^{-1} \tag{3.21}$$

3.1.2.4　基于迭代微分旋量的旋转矩阵正交化

受机器人运动学误差影响，所求旋转矩阵为非正交矩阵，引用非标准矩阵正交化方法对旋转矩阵进行正交化处理。施密特正交化求解的结果依赖于初始轴的选取，具有随机性，而该方法可以将 x、y、z 轴的误差迭代至最小，以 x、y、z 轴中的任意轴为初始轴，均可得到相同的正交矩阵，分两步完成：

① 用施密特正交化方法求得 $\boldsymbol{R}_s^t$ 的一个正交矩阵 $\boldsymbol{R}_1^{\perp}$。

② 设 $\boldsymbol{R}_1^{\perp}$ 到 $\boldsymbol{R}_s^t$ 的微分旋转矩阵为 $\boldsymbol{C}$，则满足：

$$\boldsymbol{C} \boldsymbol{R}_1^{\perp} = \boldsymbol{R}_s^t \tag{3.22}$$

其中，$\boldsymbol{C} = \begin{bmatrix} 1 & -\delta_z & \delta_y \\ \delta_z & 1 & -\delta_x \\ -\delta_y & \delta_x & 1 \end{bmatrix}$，$\boldsymbol{R}_1^{\perp} = \begin{bmatrix} r_{11} & r_{12} & r_{13} \\ r_{21} & r_{22} & r_{23} \\ r_{31} & r_{32} & r_{33} \end{bmatrix}$，$\boldsymbol{R}_s^t =$

$$\begin{bmatrix} r'_{11} & r'_{12} & r'_{13} \\ r'_{21} & r'_{22} & r'_{23} \\ r'_{31} & r'_{32} & r'_{33} \end{bmatrix}。$$

将上述参数代入式(3.22)可得：

$$\begin{bmatrix} 1 & -\delta_z & \delta_y \\ \delta_z & 1 & -\delta_x \\ -\delta_y & \delta_x & 1 \end{bmatrix} \begin{bmatrix} r_{11} & r_{12} & r_{13} \\ r_{21} & r_{22} & r_{23} \\ r_{31} & r_{32} & r_{33} \end{bmatrix} = \begin{bmatrix} r'_{11} & r'_{12} & r'_{13} \\ r'_{21} & r'_{22} & r'_{23} \\ r'_{31} & r'_{32} & r'_{33} \end{bmatrix} \qquad (3.23)$$

为求解微分旋转矩阵 $\boldsymbol{C}$，对式(3.23)向量化可得：

$$\boldsymbol{A\delta} = \boldsymbol{B} \qquad (3.24)$$

其中，矩阵 $\boldsymbol{A}$ 见式(3.25)，$\boldsymbol{\delta} = \begin{bmatrix} \delta_x & \delta_y & \delta_z \end{bmatrix}^{\mathrm{T}}$，矩阵 $\boldsymbol{B}$ 见式(3.26)。

$$\boldsymbol{A} = \begin{bmatrix} 0 & 0 & 0 & -r_{31} & -r_{32} & -r_{33} & r_{21} & r_{22} & r_{23} \\ r_{31} & r_{32} & r_{33} & 0 & 0 & 0 & -r_{11} & -r_{12} & -r_{13} \\ -r_{21} & -r_{22} & -r_{23} & r_{11} & r_{12} & r_{13} & 0 & 0 & 0 \end{bmatrix}^{\mathrm{T}}$$

$$(3.25)$$

$$\boldsymbol{B} = \begin{bmatrix} r'_{11} - r_{11} & r'_{12} - r_{12} & r'_{13} - r_{13} & r'_{21} - r_{21} & r'_{22} - r_{22} & r'_{23} - r_{23} & r'_{31} - r_{31} & r'_{32} - r_{32} & r'_{33} - r_{33} \end{bmatrix}^{\mathrm{T}}$$

$$(3.26)$$

则 $\boldsymbol{\delta}$ 为：

$$\boldsymbol{\delta} = \begin{bmatrix} \delta_x & \delta_y & \delta_z \end{bmatrix}^{\mathrm{T}} = (\boldsymbol{A}^{\mathrm{T}}\boldsymbol{A})^{-1}\boldsymbol{A}^{\mathrm{T}}\boldsymbol{B} \qquad (3.27)$$

最佳正交矩阵 $\boldsymbol{R}_{\perp}^{*}$ 为：

$$\boldsymbol{R}_{\perp}^{*} = \boldsymbol{C}\boldsymbol{R}_{1}^{\perp} = \begin{bmatrix} r_{11}^{\perp} & r_{12}^{\perp} & r_{13}^{\perp} \\ r_{21}^{\perp} & r_{22}^{\perp} & r_{23}^{\perp} \\ r_{31}^{\perp} & r_{32}^{\perp} & r_{33}^{\perp} \end{bmatrix} \qquad (3.28)$$

上述求解可迭代多次以提高正交矩阵 $\boldsymbol{R}_{\perp}^{*}$ 的精度。

对上述旋转矩阵求解过程分析误差可知，旋转矩阵求解过程仅含有机器人轨迹运动误差、扫描仪测量误差；通过 RANSAC 算法剔除离群点后结合整体最小二乘法拟合可提高 x、y、z 轴的鲁棒性及拟合精度，最后针对扫描仪坐标系下的三个非正交轴向量正交化处理可进一步减少机器人轨迹运动误差及测量误差对旋转矩阵的影响，提高旋转矩阵的标定精度。

3.1.2.5 基于 {Tool0} 下重定位的平移矩阵标定方法

基于 {Tool0} 下重定位的平移矩阵标定方法，具体步骤如下：

① 调整机器人运动坐标系为 {Tool0}，运动模式为重定位运动，重定位中心点为 {Tool0} 的工具中心点（Tool Center Point，TCP），重定位运动即机器

人绕 TCP 的定点变位姿运动。

②　如图 3-6(a)，通过重定位运动改变机器人姿态使扫描仪以不同的姿态扫描并拍摄标准球，得到 n（$n>3$）个姿态下的球面点云，采用 RANSAC 算法结合最小二乘法球体拟合得 n 个球心坐标。求解空间球心的封闭解至少需要 4 个点，在精度要求不高的情况下追求效率可取 $n=4$；同理，n 越大，拟合精度越稳定，但效率会降低，可视具体情形取 n。

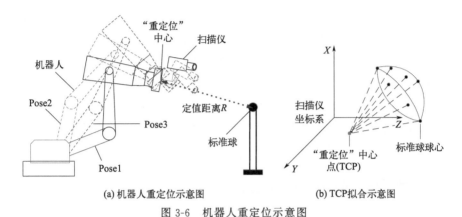

(a) 机器人重定位示意图　　　　　　(b) TCP拟合示意图

图 3-6　机器人重定位示意图

③　如图 3-6(a)，扫描仪固定于机器人末端为刚性连接，TCP 在扫描仪坐标系下的坐标 $\boldsymbol{Q}(x_{\text{tcp}}^{s}$，$y_{\text{tcp}}^{s}$，$z_{\text{tcp}}^{s})$ 为定值，标准球球心与 TCP 之间的距离为定值 R；如图 3-6(b)，在扫描仪坐标系下，不同姿态下标准球球心分布于以 TCP 为球心，R 为半径的球面上，球体拟合即可求解坐标 $\boldsymbol{Q}(x_{\text{tcp}}^{s}$，$y_{\text{tcp}}^{s}$，$z_{\text{tcp}}^{s})$。

④　移动机器人到 m（$m>2$）个位置，为追求效率 m 可取 3，m 越大效率越低但拟合精度越稳定，可视具体情形取 m。重复步骤①～③m 次，得到 m 个 $\boldsymbol{Q}_i$ $(x_{\text{tcp}}^{si}$，y_{tcp}^{si}，$z_{\text{tcp}}^{si})$，m 个坐标值理论上相同，但受机器人运动误差影响，m 个坐标值不相同，具体处理步骤如下：

计算 m 个 $\boldsymbol{Q}_i$ 的均值可得 $\overline{\boldsymbol{Q}}$：

$$\overline{\boldsymbol{Q}} = \sum_{i=1}^{m} \boldsymbol{Q}_i / m = (\overline{x}_{\text{tcp}}^{s}, \overline{y}_{\text{tcp}}^{s}, \overline{z}_{\text{tcp}}^{s}) \tag{3.29}$$

分别计算 m 个 $\boldsymbol{Q}_i$ 与 $\overline{\boldsymbol{Q}}$ 的距离 d_i：

$$d_i = \sqrt{(x_{\text{tcp}}^{si} - \overline{x}_{\text{tcp}}^{s})^2 + (y_{\text{tcp}}^{si} - \overline{y}_{\text{tcp}}^{s})^2 + (z_{\text{tcp}}^{si} - \overline{z}_{\text{tcp}}^{s})^2} \tag{3.30}$$

设定一阈值 δ_{tcp}，如果满足 $d_i < \delta_{\text{tcp}}$，则保留 $\boldsymbol{Q}_i$，否则剔除 $\boldsymbol{Q}_i$；如式(3.31)，对剩余 m_2 个 $\boldsymbol{Q}_i$ 取均值即可得到最终的 TCP 在扫描仪坐标系下坐标 $\boldsymbol{Q}(x_{\text{tcp}}^{s}, y_{\text{tcp}}^{s}, z_{\text{tcp}}^{s})$。

$$\boldsymbol{Q} = \sum_{i=1}^{m_2} \boldsymbol{Q}_i / m_2 = (x_{\text{tcp}}^{s}, y_{\text{tcp}}^{s}, z_{\text{tcp}}^{s}) \tag{3.31}$$

⑤ 设 $\boldsymbol{T}_s^t$ 为 $\{S\}$ 到 $\{Tool0\}$ 的平移矩阵，TCP 为 $\{Tool0\}$ 的原点，因此 TCP 在 $\{Tool0\}$ 下的坐标为 $\boldsymbol{q}(x_{\mathrm{tcp}}^t, y_{\mathrm{tcp}}^t, z_{\mathrm{tcp}}^t)=(0,0,0)$ 是真实且不含误差的；TCP 在扫描仪坐标系下的坐标为 $\boldsymbol{Q}(x_{\mathrm{tcp}}^s, y_{\mathrm{tcp}}^s, z_{\mathrm{tcp}}^s)$，根据坐标转换关系，$\boldsymbol{q}$ 和 $\boldsymbol{Q}$ 应满足：

$$\boldsymbol{R}_{\perp}^*(x_{\mathrm{tcp}}^s, y_{\mathrm{tcp}}^s, z_{\mathrm{tcp}}^s)+\boldsymbol{T}_s^t=(x_{\mathrm{tcp}}^t, y_{\mathrm{tcp}}^t, z_{\mathrm{tcp}}^t)=(0,0,0) \tag{3.32}$$

解式(3.32)，可得：

$$\boldsymbol{T}_s^t=-\boldsymbol{R}_{\perp}^*\left[x_{\mathrm{tcp}}^s, y_{\mathrm{tcp}}^s, z_{\mathrm{tcp}}^s\right]^{\mathrm{T}}=\left[x_s^t, y_s^t, z_s^t\right]^{\mathrm{T}} \tag{3.33}$$

由式(3.33)可求平移矩阵 $\boldsymbol{T}_s^t$，其中 $\boldsymbol{R}_{\perp}^*$ 为上述所求最佳正交旋转矩阵。

对上述平移矩阵求解过程分析误差可知，基于 $\{Tool0\}$ 下重定位的平移矩阵求解仅含有扫描仪测量误差、机器人重复运动误差及旋转矩阵的累积误差，有效规避了传统方法需借助机器人位姿信息求解平移矩阵引入机器人绝对运动误差的问题；通过 RANSAC 算法剔除离群点结合最小二乘拟合的方式，可进一步提高平移矩阵的鲁棒性及精度。

3.1.3 大型车身构件测量点云拼接

大型车身构件固定于机器人外部，在机器人基坐标系 $\{B\}$ 下的位姿是固定的，当机器人携带扫描仪拍摄多帧测量点云时，由于车身构件在扫描仪坐标系 $\{S\}$ 下的位姿是非固定的，多帧测量点云在 $\{S\}$ 下的分布是随机的，因此需要通过手眼矩阵 $\boldsymbol{H}_s^t$、$\{Tool0\}$ 到 $\{B\}$ 的转换矩阵 $\boldsymbol{H}_t^b$ 将 $\{S\}$ 下的多帧测量点云转换到 $\{B\}$ 下，完成拼接定位。

手眼矩阵 $\boldsymbol{H}_s^t$ 可由旋转矩阵 $\boldsymbol{R}_{\perp}^*$ 和平移矩阵 $\boldsymbol{T}_s^t$ 表示：

$$\boldsymbol{H}_s^t=\begin{bmatrix} & \boldsymbol{R}_{\perp}^* & & \boldsymbol{T}_s^t \\ 0 & 0 & 0 & 1 \end{bmatrix}=\begin{bmatrix} r_{11}^{\perp} & r_{12}^{\perp} & r_{13}^{\perp} & x_s^t \\ r_{21}^{\perp} & r_{22}^{\perp} & r_{23}^{\perp} & y_s^t \\ r_{31}^{\perp} & r_{32}^{\perp} & r_{33}^{\perp} & z_s^t \\ 0 & 0 & 0 & 1 \end{bmatrix} \tag{3.34}$$

矩阵 $\boldsymbol{H}_t^b$ 可由旋转矩阵 $\boldsymbol{R}_t^b$ 和平移矩阵 $\boldsymbol{T}_t^b$ 表示。$\boldsymbol{T}_t^b$ 可直接从示教点的位置信息中读取，旋转矩阵可由四元数转换得到，该四元数可直接从示教器的姿态信息中读取。四元数可以表示为 $\boldsymbol{q}=[w,v]$，其中 w 为标量，v 为矢量，v 可以表示为 $v=(x,y,z)$。旋转矩阵 $\boldsymbol{R}_t^b$ 为：

$$\boldsymbol{R}_t^b=\begin{bmatrix} 1-2(y^2+z^2) & 2xy-2wz & 2wy+2xz \\ 2xy+2sz & 1-2(x^2+z^2) & -2wx+2yz \\ -2wy+2xz & 2wx+2yz & 1-2(x^2+y^2) \end{bmatrix} \tag{3.35}$$

矩阵 $\boldsymbol{H}_t^b$ 可由上述所求旋转矩阵 $\boldsymbol{R}_t^b$ 和平移矩阵 $\boldsymbol{T}_t^b$ 表示，见式(3.36)。对机

器人任意一位姿下拍摄的测量点云 $\boldsymbol{Q}_{is}$，均可计算该位姿下的矩阵 $\boldsymbol{H}_{it}^{b}$，由式(3.37) 可将 $\boldsymbol{Q}_{is}$ 转换到 $\{B\}$ 下得 $\boldsymbol{Q}_{ib}$；如图 3-7 所示，对所有姿态下拍摄的测量点云均进行上述转换即可获得 $\{B\}$ 下的车身构件拼接点云。

$$\boldsymbol{H}_{t}^{b}=\begin{bmatrix} \boldsymbol{R}_{t}^{b} & \boldsymbol{T}_{t}^{b} \\ 0 \quad 0 \quad 0 & 1 \end{bmatrix}=\begin{bmatrix} 1-2(y^2+z^2) & 2xy-2wz & 2wy+2xz & x_t^b \\ 2xy+2sz & 1-2(x^2+z^2) & -2wx+2yz & y_t^b \\ -2wy+2xz & 2wx+2yz & 1-2(x^2+y^2) & z_t^b \\ 0 & 0 & 0 & 1 \end{bmatrix}$$

(3.36)

$$\boldsymbol{Q}_{ib}=\boldsymbol{H}_{it}^{b}\boldsymbol{H}_{s}^{t}\boldsymbol{Q}_{is}$$

(3.37)

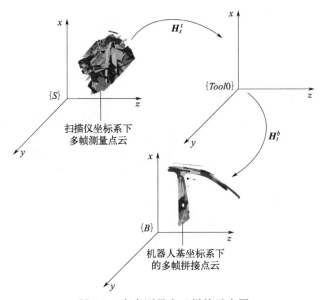

图 3-7　车身测量点云拼接示意图

机器人离线编程技术已广泛应用于加工制造领域，CAD 模型在机器人基坐标系下的位姿与车身实体在机器人基坐标系下的位姿存在偏差，将基于 CAD 模型的加工轨迹应用于车身实体依赖于精确的工件标定。点云匹配目前已广泛用于复杂曲面工件标定，将离散的 CAD 点云与拼接后的车身实体点云进行匹配，可获得由 CAD 模型到车身实体的转换矩阵，从而将 CAD 模型上的加工轨迹准确移植到车身实体上。针对拼接后的测量点云存在正负余量测点及异常测点导致传统算法匹配倾斜，且海量点云导致匹配效率低的问题，在粗匹配阶段采用优化四点一致性（4-Points Congruent Sets，4PCS）算法[6]，以提高匹配效率并为精匹配提供良好的位置；在精匹配阶段提出了一种加权正负余量方差最小化（Weighted Plus-and-Minus Allowance Variance Minimization，WPMAVM）算法[7]，可有效解决匹配倾斜问题并实现高效匹配。

3.2　机器人磨抛系统工件标定

3.2.1　工件标定原理

如图 3-8(a) 所示，将 CAD 模型导入 RobotStudio 后，工件坐标系 {wobject0} 与机器人基坐标系 {B} 重合，而实际工件坐标系 {wobject1} 如图 3-8(b) 所示，工件标定的实质就是使 CAD 模型与车身实体重合并求得由 {wobject0} 到 {wobject1} 的转换矩阵 H_{w3}，如图 3-8(c) 所示，通过 H_{w3} 对 CAD 模型进行转换，将 CAD 模型尽可能地放置于实际车身在机器人基坐标系下的位置，进而将基于 CAD 模型的仿真轨迹移植到车身实体上，工件标定的精度直接决定了仿真轨迹能否准确移植到车身实体上并影响最终的磨抛质量。

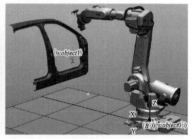

(a) 校准前的工件坐标系　　　(b) 实际的工件坐标系　　　(c) 校准后的工件坐标系

图 3-8　工件坐标系示意图

本节采用点云匹配的方法完成工件标定，其本质是通过 CAD 点云与车身测量点云精准对齐的方式计算转换矩阵。目前，点云匹配方法主要通过粗匹配和精匹配两步完成。粗匹配主要用来大幅度缩小两片点云的位置和姿态差异，使两片点云粗略对齐，为精匹配提供良好的初始位置并得到粗转换矩阵 H_{w1}；精匹配主要用来进一步缩小两片点云的位置和姿态差异，尽可能使两片点云高度重合，从而得到精转换矩阵 H_{w2}。最终转换矩阵 H_{w3} 可表示为：

$$H_{w3} = H_{w2}H_{w1} \tag{3.38}$$

常用的粗匹配方法包括基于特征描述符的方法，如快速点特征直方图（Fast Point Feature Histogram，FPFH），以及基于全局搜索的方法，如四点一致性 4PCS；常用的精匹配算法包括迭代最近点算法（Iterative Closest Points，ICP）及其一系列改进算法，以及基于概率密度分布的方法如（Normal Distribution Transform，NDT）及其一系列变种方法。考虑到大型车身点云存在海量噪点，存在正负余量测点及异常测点，在粗匹配阶段选择基于关键点的 4PCS 算法，保留鲁棒性的同时提高匹配效率；在精匹配阶段提出了一种 WPMAVM 算法，并对算法架构进行了优化，在存在负余量测点和异常余量测点的情况下均不会匹配倾斜，无须手动删减背景点，提高效率的同时可以保证匹配精度。

图 3-9 为基于点云匹配的工件标定流程图，对于优化 4PCS 算法，首先对测量点云和 CAD 点云采样并计算法向量，通过"局部最高最低点"提取测量点云和 CAD 点云的关键点，对测量点云和 CAD 点云中的关键点应用 4PCS 算法求取初始转换矩阵并转换测量点云。对于 WPMAVM 算法，首先对测量点云采样至 1% 降低复杂度，然后通过双向 Kdtree 搜索确定对应点对；对于确定的对应点对，建立 WPMAVM 算法的目标函数，对目标函数推导获得收敛条件，应用收敛条件转换测量点云。重复上述过程，反复迭代转换，可输出最终的转换矩阵，完成工件标定。

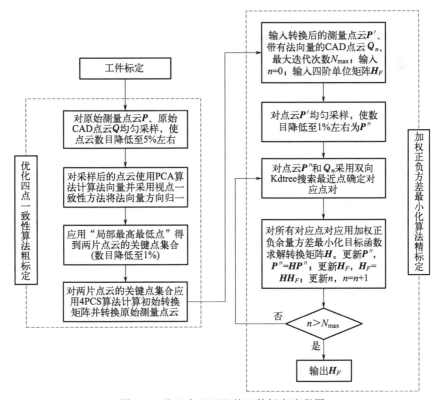

图 3-9　基于点云匹配的工件标定流程图

3.2.2　基于优化 4PCS 算法的车身点云粗匹配

粗匹配是在车身测量点云和 CAD 点云相对位置偏移量大的情况下，将两组点云通过刚体变换大致统一到同一坐标系的过程。粗匹配可使两组点云偏移量减小，为精匹配提供良好初始位置。Aiger 等[6] 提出的 4PCS 算法具有简便、复杂度低、抗噪性强等特点，其本质是在匹配时选取目标点云中近似共面的四点作为基础点，通过四点的对角线交点将两条对角线分成四条线段，根据四条线段的长度、比例在刚体变换中的不变性，在源点云中寻找四个对应的共面点，计算转换矩阵；最后基于 RANSAC 算法选取多组点计算误差，确定最佳转换矩阵，采用最佳转换矩阵转换拼接后的测量点云。

3.2.2.1 "局部最高最低点"关键点提取

Theiler 等[8,9] 提出了基于关键点的 4PCS 算法，该算法先对原始数据进行关键点提取，然后使用提取的关键点代替原始点云进行匹配，可降低搜索点的规模，提高匹配效率。本节采用这一思路，通过提取关键点降低车身测量点云和 CAD 点云的规模，提高 4PCS 算法的匹配效率。

① 点云预处理：对于给定的初始点云 Q，均匀采样滤波至 5% 左右得 Q' 以降低点云数量和复杂度，然后采用主成分分析（Principal Components Analysis，PCA）算法计算 Q' 的法向量，最后采用"局部最高最低点"提取 Q' 的关键点。

② "局部最高最低点"关键点：对点云 Q' 中的任意一点 $q_i \in Q'$，记其法向量为 $q_{inormal}$，搜索半径 R 以内的近邻点记为 $\{q_{i1}, q_{i2}, \cdots, q_{in}\}$，如图 3-10 所示。

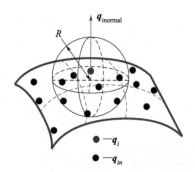

图 3-10 "局部最高最低"搜索邻域示意图

对于 q_i 的任意近邻点 q_{ij}，计算向量 q_i、q_{ij} 与法向量 $q_{inormal}$ 的点积，若满足式(3.39)，如图 3-11(a) 所示，则视为局部最高点保留；若满足式(3.40)，如图 3-11(b) 所示，则视为局部最低点保留，否则剔除该点。遍历点云 Q'，完成"局部最高最低点"关键点提取。其中，关键点提取数量可由半径 R 调整，R 越大，保留关键点数量越少；R 越小，保留关键点数量越多。

$$\forall \boldsymbol{q}_{ij} \in \{\boldsymbol{q}_{i1}, \boldsymbol{q}_{i2}, \cdots, \boldsymbol{q}_{in}\}, \boldsymbol{q}_{\text{inormal}}\boldsymbol{q}_i\boldsymbol{q}_{ij} = \|\boldsymbol{q}_{\text{inormal}}\| \times \|\boldsymbol{q}_i\boldsymbol{q}_{ij}\| \times \cos\alpha < 0$$

$$(3.39)$$

$$\forall \boldsymbol{q}_{ij} \in \{\boldsymbol{q}_{i1}, \boldsymbol{q}_{i2}, \cdots, \boldsymbol{q}_{in}\}, \boldsymbol{q}_{\text{inormal}}\boldsymbol{q}_i\boldsymbol{q}_{ij} = \|\boldsymbol{q}_{\text{inormal}}\| \times \|\boldsymbol{q}_i\boldsymbol{q}_{ij}\| \times \cos\alpha > 0$$

$$(3.40)$$

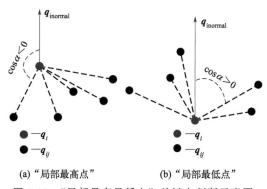

(a)"局部最高点"　　　　(b)"局部最低点"

图 3-11　"局部最高最低点"关键点判断示意图

3.2.2.2　4PCS 算法粗匹配

对源点云和目标点云分别提取"局部最高最低点"关键点得到点云集合 S 和点云集合 T，对源点云关键点集合 S 和目标点云关键点集合 T 应用 4PCS 算法计算初始转换矩阵，具体步骤如下：

在 T 中随机寻找近似共面四点 a、b、c、d 组成一个共面四点基，如图 3-12 (a) 所示，线段 ab 和线段 cd 的交点为 e；如图 3-12(b) 所示，在集合 S 中选取对应的四个近似共面四点 a'、b'、c'、d'，线段 $a'b'$ 和线段 $c'd'$ 的交点为 e'。设交点分割线段比分别为 k_1 和 k_2，由线段长度和线段比在刚体变换中的不变性可得：

$$\begin{cases} l_1 = \|a - b\| \\ l_2 = \|c - d\| \end{cases}$$

$$(3.41)$$

$$\begin{cases} k_1 = \dfrac{\|a - e\|}{\|a - b\|} = \dfrac{\|a' - e'\|}{\|a' - b'\|} \\[2mm] k_2 = \dfrac{\|c - e\|}{\|c - b\|} = \dfrac{\|c' - e'\|}{\|c' - b'\|} \end{cases}$$

$$(3.42)$$

集合 T 中共面四点线段长度已知，由式(3.43)可在集合 S 中筛选候选点。

$$|\,\|a'b'\| - \|ab\|\,| < \delta$$

$$(3.43)$$

式中，δ 为线段 $a'b'$ 和线段 ab 的偏差阈值。由 k_1 和 k_2 确定对应线段交

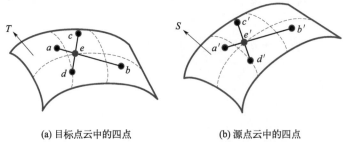

(a) 目标点云中的四点　　　　　(b) 源点云中的四点

图 3-12　目标点云和源点云中的共面四点

点 e'：

$$\begin{cases} e'_1 = \boldsymbol{q}_1 + k_1(\boldsymbol{q}_2 - \boldsymbol{q}_1) \\ e'_2 = \boldsymbol{q}_1 + k_2(\boldsymbol{q}_2 - \boldsymbol{q}_1) \end{cases} \tag{3.44}$$

式中，$\boldsymbol{q}_1$、$\boldsymbol{q}_2$ 为在集合 S 中找到的与线段 l_1、l_2 长度相符的候选点，近似相等交点的对应点即为集合 S 中的对应共面四点集合。选择集合中的每一个元素与基对应，求解刚性转换矩阵并计算匹配误差，求得所有刚性转换矩阵，将匹配误差最小的作为最佳刚性转换矩阵。

3.2.3　精匹配算法分析

当采用机器人加工汽车冲压构件时，应将冲压件固定装夹，由于冲压件存在显著的柔性特点，边缘装夹区域易变形，需要考虑变形区域对匹配算法的影响，同时在采集测量点云时不可避免地会采到背景点。车身理论上与 CAD 模型一致，受限于热冲压工艺，车身与 CAD 模型存在正负偏差导致测量点云存在正负余量测点，且边缘存在局部变形导致测量点云存在异常余量测点（测点到 CAD 模型的距离远大于正负余量均值的绝对值）。图 3-13 为车身测量点云与 CAD 点云的理想匹配情况，测量点云均匀分布于曲面两侧，正负余量测点互不倾斜且不受异常测点影响；测量点云的实际正余量测点均值为 $\overline{d_+}$，点云数量为 n_+，实际负余量测点均值为 $\overline{d_-}$，点云数量为 n_-；其中 $\overline{d_+}$、$\overline{d_-}$ 的数值及分布区域均未知，n_+、n_- 亦未知。

在大型车身构件复杂余量匹配场景中，当存在正负余量测点和异常余量测点时，距离函数 F_d 可以简化为：

$$F_d = \sum_{c=1}^{m_1} d_{c+}^2 + \sum_{v=1}^{n_1} d_{v-}^2 + \sum_{ca=m_1+1}^{m_1+m_2} d_{ca+}^2 + \sum_{va=n_1+1}^{n_1+n_2} d_{va-}^2 = \sum_{y=1}^{m_1+n_1} d_y^2 + \sum_{ya=m_1+n_1+1}^{m_1+n_1+m_2+n_2} d_{ya}^2$$

$$\tag{3.45}$$

当不含有异常余量测点只含有正负余量测点时，距离函数 F_d 可以简化为：

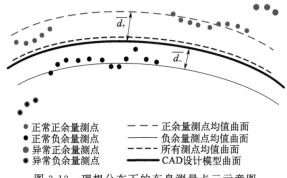

● 正常正余量测点　　- - - 正余量测点均值曲面
● 正常负余量测点　　——— 负余量测点均值曲面
● 异常正余量测点　　- - - 所有测点均值曲面
● 异常负余量测点　　——— CAD设计模型曲面

图 3-13　理想分布下的车身测量点云示意图

$$F_d = \sum_{c=1}^{m_1} d_{c+}^2 + \sum_{v=1}^{n_1} d_{v-}^2 \tag{3.46}$$

式中，c 为正常正余量测点的下标；v 为正常负余量测点的下标；ca 为异常正余量测点的下标；va 为异常负余量测点的下标；y 表示所有正常测点的下标；ya 表示所有异常测点的下标。其中，$\sum\limits_{c=1}^{m_1} d_{c+}^2$ 表示正常正余量测点的距离平方和，$\sum\limits_{v=1}^{n_1} d_{v-}^2$ 表示正常负余量测点的距离平方和，$\sum\limits_{ca=m_1+1}^{m_1+m_2} d_{ca+}^2$ 表示异常正余量测点的距离平方和，$\sum\limits_{va=n_1+1}^{n_1+n_2} d_{va-}^2$ 表示异常负余量测点的距离平方和，$\sum\limits_{ya=m_1+n_1+1}^{m_1+n_1+m_2+n_2} d_{ya}^2$ 表示所有异常测点的距离平方和，m_1 表示正常正余量测点个数，m_2 表示异常正余量测点个数，n_1 表示正常负余量测点个数，n_2 表示异常负余量测点个数。

从点云分布的理想位置来看，当存在异常测点和负余量测点时，通过最小化 F_d 求解理想转换矢量 $\boldsymbol{\xi}$ 时应尽可能不受异常测点影响，在保证求解基本不受异常测点影响后，正负余量测点应尽可能均匀分布于实际正负余量测点均值附近，方差可以表示其分布的均匀程度，方差越小，说明正负余量测点的分布越接近实际正负余量测点均值；$\sum\limits_{c=1}^{m_1} d_{c+}^2$ 可表示为 $\sum\limits_{c=1}^{m_1} (d_{i+} - \overline{d_+})^2$，同理 $\sum\limits_{v=1}^{n_1} d_{v-}^2$ 可以表示为 $\sum\limits_{v=1}^{n_1} (d_{l-} - \overline{d_-})^2$。

当含有正负余量测点和异常余量测点时，F_d 可以表示为：

$$F_d = \sum_{c=1}^{m_1} (d_{c+} - \overline{d_+})^2 + \sum_{v=1}^{n_1} (d_{v-} - \overline{d_-})^2 + \sum_{ya=m_1+n_1+1}^{m_1+n_1+m_2+n_2} d_{ya}^2 \tag{3.47}$$

$d_{c+} = \| \boldsymbol{R}\boldsymbol{p}_c + \boldsymbol{T} - \boldsymbol{q}_j \|$，$\overline{d_+} = \sum\limits_{c=1}^{m_1} d_{c+} / m_1$，$d_{c+}$ 表示正常正余量测点到最近

点的距离；$d_{v-}=\|\boldsymbol{R}\boldsymbol{p}_v+\boldsymbol{T}-\boldsymbol{q}_j\|$，$\overline{d_-}=\sum\limits_{v=1}^{n_1}d_{v-}/n_1$，$d_{v-}$ 表示正常负余量测点到最近点的距离。

当含有正负余量测点且不含异常测点时，F_d 可以表示为：

$$F_d=\sum_{c=1}^{m_1}(d_{c+}-\overline{d_+})^2+\sum_{v=1}^{n_1}(d_{v-}-\overline{d_-})^2 \tag{3.48}$$

在保证异常测点不影响转换矢量 $\boldsymbol{\xi}$ 计算的前提下，通过最小化 F_d 得到理想的转换矢量 $\boldsymbol{\xi}$。转换向量 $\boldsymbol{\xi}$ 可以使正负余量测点均匀分布在正负余量均值附近。通过连续迭代求解，可以无限接近理想位置，用 $f(\boldsymbol{\xi})=e^{[\xi]}$ 来表示刚体变换矩阵。

3.2.3.1 ICP 算法

ICP 算法[10] 是目前最流行的匹配算法之一，广泛用于复杂曲面的点云匹配。其求解方式常采用奇异值分解法和四元数法，收敛速度慢、效率低是它的显著弊端，其目标函数见式(3.49)。ICP 算法的目标函数为标量距离平方和最小化，在存在负余量测点和异常余量测点的情况下，易匹配失真。

$$\min F(\boldsymbol{R},\boldsymbol{T})=\sum_{i=1}^{m}(\boldsymbol{R}\boldsymbol{p}_i+\boldsymbol{T}-\boldsymbol{q}_j)^2 \tag{3.49}$$

下面对 ICP 算法在存在负余量测点和异常余量测点的情况下做具体分析，其距离函数 $F_{d\mathrm{ICP}}$ 用 F_d 形式可以表示为：

$$F_{d\mathrm{ICP}}=\sum_{c=1}^{m_1}(d_{c+}-0)^2+\sum_{v=1}^{n_1}(d_{v-}-0)^2+\sum_{ya=m_1+n_1+1}^{m_1+n_1+m_2+n_2}d_{ya}^2 \tag{3.50}$$

首先讨论异常测点对 $F_{d\mathrm{ICP}}$ 求解的影响，先取特殊情况 $\overline{d_+}=\overline{d_-}=0$，保证除 $\sum\limits_{ya=m_1+n_1+1}^{m_1+n_1+m_2+n_2}d_{ya}^2$ 外满足 $F_{d\mathrm{ICP}}=F_d$；在含有 $\sum\limits_{ya=m_1+n_1+1}^{m_1+n_1+m_2+n_2}d_{ya}^2$ 项的情况下，对 $F_{d\mathrm{ICP}}$ 求导得最小化转换矢量 $\boldsymbol{\xi}_{\mathrm{ICP}}$，$\boldsymbol{\xi}_{\mathrm{ICP}}$ 不受异常测点影响的条件是 $\sum\limits_{ya=m_1+n_1+1}^{m_1+n_1+m_2+n_2}d_{ya}^2$ 对 $\boldsymbol{\xi}_{\mathrm{ICP}}$ 求导后与异常测点 $\boldsymbol{p}_{ia}$ 无关，但 d_{ya} 可以表示为：

$$d_{ya}=\left\|f(\boldsymbol{\xi}_{\mathrm{ICP}})\begin{bmatrix}\boldsymbol{p}_{ia}\\1\end{bmatrix}-\begin{bmatrix}\boldsymbol{q}_{ja}\\1\end{bmatrix}\right\| \tag{3.51}$$

式中，$f(\boldsymbol{\xi}_{\mathrm{ICP}})$ 表示 ICP 算法中的刚体转换矩阵；$\boldsymbol{p}_{ia}$ 表示异常测点；$\boldsymbol{q}_{ja}$ 表示 $\boldsymbol{p}_{ia}$ 在 CAD 点云中对应的最近点。显然，$\sum\limits_{ya=m_1+n_1+1}^{m_1+n_1+m_2+n_2}d_{ya}^2$ 对 $\boldsymbol{\xi}_{\mathrm{ICP}}$ 求导后与 $\boldsymbol{p}_{ia}$ 相关，因此 $\boldsymbol{p}_{ia}$ 会参与 $\boldsymbol{\xi}_{\mathrm{ICP}}$ 的求解，且 $\boldsymbol{p}_{ia}$ 越大，对 $\boldsymbol{\xi}_{\mathrm{ICP}}$ 的求解影响越大，匹配

结束后与理想位置的偏差越大。

当不存在异常测点，只存在正负余量测点时，$F_{d\,\mathrm{ICP}}$ 可以表示为：

$$F_{d\mathrm{ICP}} = \sum_{c=1}^{m_1} (d_{c+} - 0)^2 + \sum_{v=1}^{n_1} (d_{v-} - 0)^2 \tag{3.52}$$

可知，$F_{d\mathrm{ICP}} = F_d$ 的条件是 $\overline{d_+} = \overline{d_-} = 0$，将条件进一步展开，可得：

$$\sum_{c=1}^{m_1} d_{c+} / m_1 = \sum_{v=1}^{n_1} d_{v-} / n_1 = 0 \tag{3.53}$$

只有当正负余量测点均值都为 0 时，$F_{d\mathrm{ICP}} = F_d$，ICP 求解可以将测量点云转换到理想位置，实际上，$\sum_{c=1}^{m_1} d_{c+} / m_1 > 0$ 且 $\sum_{v=1}^{n_1} d_{v-} / n_1 < 0$，因此 ICP 求解会使正负余量测点偏离理想位置。

3.2.3.2　VMM 算法

Xie 等[11,12] 提出了一种方差最小化迭代匹配（Variance-Minimization Iterative Matching，VMM）算法，并与 ICP 算法、TDM 算法做了对比，在存在高斯噪声、点云不封闭、点云密度分布不均的情况下均优于以上两种算法，且求解方法等价于牛顿法，具有二阶收敛速度，但该算法的目标函数并未区分正负测点，且对异常测点未加限制，其目标函数如下：

$$\min F(\boldsymbol{R}, \boldsymbol{T}) = \sum_{i=1}^{m} (d_{i\mathrm{TDM}} - \overline{d})^2 \tag{3.54}$$

式中，$d_{i\mathrm{TDM}} = \boldsymbol{n}_j^{\mathrm{T}}(\boldsymbol{R}\boldsymbol{p}_i + \boldsymbol{T} - \boldsymbol{q}_j)$；$\overline{d} = \sum_{i=1}^{m} d_{i\mathrm{TDM}} / m$；$d_{i\mathrm{TDM}}$ 表示单步迭代后测点到切平面的距离。下面对 VMM 算法在存在正负余量测点和异常余量测点的情况做具体分析，其距离函数 $F_{d\mathrm{VMM}}$ 用 F_d 形式可以表示为：

$$F_{d\mathrm{VMM}} = \sum_{c=1}^{m_1} (d_{c\mathrm{TDM}} - \overline{d})^2 + \sum_{v=1}^{n_1} (d_{v\mathrm{TDM}} - \overline{d})^2 + \sum_{ya=m_1+n_1+1}^{m_1+n_1+m_2+n_2} d_{ya}^2 \tag{3.55}$$

式中，$d_{c\mathrm{TDM}} = \boldsymbol{n}_j^{\mathrm{T}}(\boldsymbol{R}\boldsymbol{p}_c + \boldsymbol{T} - \boldsymbol{q}_j)$，$d_{c\mathrm{TDM}}$ 表示正常正余量测点到最近点处的切平面距离，满足 $d_{c\mathrm{TDM}} \approx d_{c+}$；$d_{v\mathrm{TDM}} = \boldsymbol{n}_j^{\mathrm{T}}(\boldsymbol{R}\boldsymbol{p}_v + \boldsymbol{T} - \boldsymbol{q}_j)$，$d_{v\mathrm{TDM}}$ 表示正常负余量测点到最近点处的切平面距离，满足 $d_{v\mathrm{TDM}} \approx d_{v-}$。

首先讨论异常测点对 $F_{d\mathrm{VMM}}$ 的影响，先取特殊情况 $\overline{d_+} = \overline{d_-} = \overline{d}$，保证除 $\sum_{ya=m_1+n_1+1}^{m_1+n_1+m_2+n_2} d_{ya}^2$ 外，满足 $F_{d\mathrm{VMM}} = F_d$，在含有 $\sum_{ya=m_1+n_1+1}^{m_1+n_1+m_2+n_2} d_{ya}^2$ 项的情况下，对 $F_{d\mathrm{VMM}}$ 求导得转换矢量 $\boldsymbol{\xi}_{\mathrm{VMM}}$，$\boldsymbol{\xi}_{\mathrm{VMM}}$ 不受异常测点影响的条件是 $\sum_{ya=m_1+n_1+1}^{m_1+n_1+m_2+n_2} d_{ya}^2$ 对

$\boldsymbol{\xi}_{\mathrm{VMM}}$ 求导后与 $\boldsymbol{p}_{ya}$ 无关，但 d_{ya} 可以表示为：

$$d_{ya} = \left[f(\boldsymbol{\xi}_{\mathrm{VMM}})\begin{bmatrix}\boldsymbol{p}_{ya}\\1\end{bmatrix} - \begin{bmatrix}\boldsymbol{q}_{ja}\\1\end{bmatrix}\right]^{\mathrm{T}}\begin{bmatrix}\boldsymbol{n}_{ja}\\1\end{bmatrix} -$$

$$\frac{\displaystyle\sum_{y=1}^{m_1+n_1}\left[f(\boldsymbol{\xi}_{\mathrm{VMM}})\begin{bmatrix}\boldsymbol{p}_y\\1\end{bmatrix} - \begin{bmatrix}\boldsymbol{q}_j\\1\end{bmatrix}\right]^{\mathrm{T}}\begin{bmatrix}\boldsymbol{n}_j\\1\end{bmatrix} + \displaystyle\sum_{ya=m_1+n_1+1}^{m_1+n_1+m_2+n_2}\left[f(\boldsymbol{\xi}_{\mathrm{VMM}})\begin{bmatrix}\boldsymbol{p}_{ya}\\1\end{bmatrix} - \begin{bmatrix}\boldsymbol{q}_{ja}\\1\end{bmatrix}\right]^{\mathrm{T}}\begin{bmatrix}\boldsymbol{n}_{ja}\\1\end{bmatrix}}{m_1+m_2+n_1+n_2}$$

$$(3.56)$$

式中，$f(\boldsymbol{\xi}_{\mathrm{VMM}})$ 表示 VMM 算法中的刚体转换矩阵；$\boldsymbol{n}_j$ 表示 $\boldsymbol{q}_j$ 处的法向量；$\boldsymbol{p}_y$ 表示正常测点；$\boldsymbol{q}_j$ 表示 $\boldsymbol{p}_y$ 在 CAD 点云中的最近点；$\boldsymbol{n}_{ja}$ 表示 $\boldsymbol{q}_{ja}$ 处的法向量；$\boldsymbol{p}_{ya}$ 表示异常测量点；$\boldsymbol{q}_{ja}$ 表示 $\boldsymbol{p}_{ya}$ 在 CAD 点云中的最近点。将 d_{ya} 对 $\boldsymbol{\xi}_{\mathrm{VMM}}$ 求导后与 $\boldsymbol{p}_{ya}$ 相关，$\boldsymbol{p}_{ya}$ 会参与 $\boldsymbol{\xi}_{\mathrm{VMM}}$ 的求解导致匹配失真。

当没有异常测点，只有正负余量测点时，$F_{d\mathrm{VMM}}$ 可表示为：

$$F_{d\mathrm{VMM}} = \sum_{c=1}^{m_1}(d_{c\mathrm{TDM}} - \overline{d})^2 + \sum_{v=1}^{n_1}(d_{v\mathrm{TDM}} - \overline{d})^2 \qquad (3.57)$$

可知，$F_{d\mathrm{VMM}} = F_d$ 的条件是 $\overline{d_+} = \overline{d_-} = \overline{d}$，将条件进一步展开，可得：

$$\sum_{c=1}^{m_1}d_{c+}/m_1 = \sum_{v=1}^{n_1}d_{v-}/n_1 = \left(\sum_{c=1}^{m_1}d_{c+} + \sum_{v=1}^{n_1}d_{v-}\right)/(m_1+n_1) \qquad (3.58)$$

因为正余量测点的和 $\displaystyle\sum_{c=1}^{m_1}d_{c+} > 0$，负余量测点的和 $\displaystyle\sum_{v=1}^{n_1}d_{v-} < 0$，所以 $\displaystyle\sum_{c=1}^{m_1}d_{c+}/m_1$、$\displaystyle\sum_{v=1}^{n_1}d_{v-}/n_1$ 和 $\left(\displaystyle\sum_{c=1}^{m_1}d_{c+}/m_1 + \displaystyle\sum_{v=1}^{n_1}d_{v-}\right)/(m_1+n_1)$ 满足式(3.59)；当 $\displaystyle\sum_{c=1}^{m_1}d_{c+} = 0$ 且 $\displaystyle\sum_{v=1}^{n_1}d_{v-} = 0$ 时满足式(3.58)，$F_{d\mathrm{VMM}} = F_d$，存在负余量测点的情况下 $F_{d\mathrm{VMM}} \neq F_d$，即 $\boldsymbol{\xi}_{\mathrm{VMM}} \neq \boldsymbol{\xi}$，VMM 算法求解的转换矢量不能将测量点云转换到理想位置。

$$\sum_{c=1}^{m_1}d_{c+}/m_1 >= \left(\sum_{c=1}^{m_1}d_{c+} + \sum_{v=1}^{n_1}d_{v-}\right)/(m_1+n_1) >= \sum_{v=1}^{n_1}d_{v-}/n_1 \qquad (3.59)$$

3.2.4 基于 WPMAVM 算法的车身点云精匹配

3.2.4.1 算法架构优化

车身为大型工件，庞大的点云数目使得精匹配效率低下。距离迭代式精匹配算法要求一片点云是另一片点云的子集，车身 CAD 设计模型为全局点云而车身测量点云为局部点云，因此在迭代前先对测量点云进行均匀采样，使测量点云数目降低至 1% 左右，提高效率。实际测量点云中的噪声可分为高斯噪声和离群噪声，VMM 方法可有效抑制高斯噪声，但不能抑制离群噪声。针对测量点云密度分布不均匀造成匹配倾斜，采样可提高效率，但加重倾斜趋势且离群噪声难以抑制的问题，采用双向 Kdtree 搜索抑制点云密度不均匀及离群噪声引起的匹配倾斜，Kdtree[13] 常用于大规模高维数据空间的最近邻查找，可有效降低时间复杂度。

对扫描点云采用 Kdtree 在 CAD 点云中搜索最近点，得到对应关系如图 3-14 (a) 所示，高密度区域测量点云在 CAD 点云中寻找最近点时会出现"多对一"的对应关系，改变了不同区域在目标函数中的权重；由于缺乏对离群噪点的判断方法，离群噪点亦可以在 CAD 点云中搜索到最近点构成错误对应关系。采用双向 Kdtree，对扫描点云中的任一点记其索引为 i，在 CAD 点云中，采用 Kdtree 搜索其最近点记其索引为 $target\_indices[0]$，对于 CAD 点云中索引为 $target\_indices[0]$ 的点，在扫描点云中利用 Kdtree 搜索其最近点记其索引为 $source\_indices[0]$，如图 3-14(b) 所示。如果满足式(3.60)，则视为正确对应点，如果满足式(3.61)，则剔除该对对应点，遍历整个源点云，获得最终的对应关系如图 3-14(c) 所示。

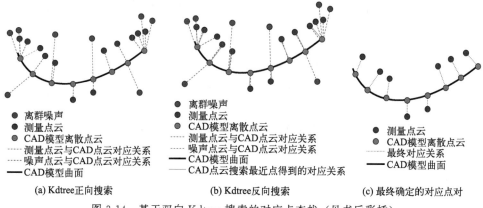

(a) Kdtree 正向搜索　(b) Kdtree 反向搜索　(c) 最终确定的对应点对

图 3-14　基于双向 Kdtree 搜索的对应点查找（见书后彩插）

$$i = source\_indices[0] \tag{3.60}$$

$$i\,!= source\_indices[0] \tag{3.61}$$

即通过判断式(3.60) 和式(3.61) 确定保留或剔除对应点对。其中，$i \in [0, source.size()]$，$source.size()$ 为源点云数目的最大索引。

3.2.4.2　目标函数建立

如图 3-15 所示，测点分为正余量测点 $\boldsymbol{p}_i$ 和负余量测点 $\boldsymbol{p}_l$，点 $\boldsymbol{q}_j$ 为移动点

p_i 和 p_l 在 CAD 模型曲面上的最近点，n_j 为曲面在 q_j 处的法向量，τ 为曲面在 q_j 处的切平面，p_t 为 p_{i+} 和 p_{l+} 在 τ 上的投影点，p_{i+} 和 p_{l+} 为 $F(R,T)$ 转换后的更新点，其中 p_i 满足 $n_j^T(p_i-q_j)>0$，p_l 满足 $n_j^T(p_l-q_j)<0$。

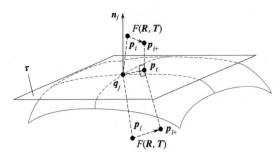

图 3-15　测点单步转换示意图

为了解决点云正负余量和异常余量引起的匹配失真问题，在 VMM 算法的基础上，将目标函数由余量正负细分为正负余量方差最小化的和；异常点云的余量、数目均为未知量，但离加权正负均值的距离越远，测点越趋于异常值，故以点到加权正负均值的距离函数作为权重项 w。

当正余量测点 p_i 与其最近点 q_j 及 q_j 处法向量 n_j 满足 $n_j^T(p_i-q_j)>0$ 时，定义加权正偏差距离 $d_{iw_i\text{VM}+}$ 如下：

$$d_{iw_i\text{VM}+}=w_i d_{i\text{TDM}}-\overline{d_{w+}} \tag{3.62}$$

式中，$d_{i\text{TDM}}$ 表示单步转换后正余量测点到最近点处的切平面距离；$\overline{d_{w+}}=\sum_{i=1}^{m} w_i d_{i\text{TDM}} / \sum_{i=1}^{m} w_i$ 为单步转换后正余量测点到最近点处的加权切平面距离均值；w_i 为正余量点云权重函数，见式(3.63)，其中，$k\in[0,+\infty)$ 为自适应调整因子，本研究取 2，可视具体情况调节。

$$w_i=\begin{cases} 1 & \|d_{it}-\overline{d_{t+}}\|\leqslant\|\overline{d_{t+}}\| \\[2mm] \mathrm{e}^{\frac{\|\overline{d_{t+}}\|-\|d_{it}-\overline{d_{t+}}\|}{k\|\overline{d_{t+}}\|}} & \|d_{it}-\overline{d_{t+}}\|\geqslant\|\overline{d_{t+}}\| \end{cases} \tag{3.63}$$

式中，$d_{it}=n_j^T(p_i-q_j)$ 为当前位置的正余量测点到最近点处的切平面距离；$\overline{d_{t+}}=\sum_{i=1}^{m} w_i d_{it} / \sum_{i=1}^{m} w_i$ 为当前位置的正余量测点到最近点处的加权切平面距离均值；m 为满足 $n_j^T(p_i-q_j)>0$ 的测点数目，$i\in[1,m]$。

当负余量测点 $\boldsymbol{p}_l$ 与其最近点 $\boldsymbol{q}_j$ 及 $\boldsymbol{q}_j$ 处法向量 $\boldsymbol{n}_j$ 满足 $\boldsymbol{n}_j^{\mathrm{T}}(\boldsymbol{p}_l-\boldsymbol{q}_j)<0$ 时，定义加权负偏差距离 $d_{lw_l\mathrm{VM}-}$ 如下：

$$d_{lw_l\mathrm{VM}-}=w_l d_{l\mathrm{TDM}}-\overline{d_{w-}} \tag{3.64}$$

$$w_l=\begin{cases} 1 & \|d_{lt}-\overline{d_{t-}}\|\leqslant\|\overline{d_{t-}}\| \\ \mathrm{e}^{\dfrac{\|\overline{d_{t-}}\|-\|d_{lt}-\overline{d_{t-}}\|}{k\|\overline{d_{t-}}\|}} & \|d_{lt}-\overline{d_{t-}}\|\geqslant\|\overline{d_{t-}}\| \end{cases} \tag{3.65}$$

式中，$d_{l\mathrm{TDM}}$ 表示单步转换后负余量测点到最近点处的切平面距离；$\overline{d_{w-}}=\sum_{l=1}^{n}w_l d_{l\mathrm{TDM}}/\sum_{l=1}^{n}w_l$ 为单步转换后负余量测点到最近点处的加权切平面距离均值；w_l 为负余量点云权重函数，见式(3.66)，其中，$k\in[0,+\infty)$ 为自适应调整因子，本节取 2，可视具体情况调节，$d_{lt}=\boldsymbol{n}_j^{\mathrm{T}}(\boldsymbol{p}_l-\boldsymbol{q}_j)$ 为当前位置的负余量测点到最近点处的切平面距离；$\overline{d_{t-}}=\sum_{l=1}^{n}w_l d_{lt}/\sum_{l=1}^{n}w_l$ 为当前位置的负余量测点到最近点处的加权切平面距离均值；n 为满足 $\boldsymbol{n}_j^{\mathrm{T}}(\boldsymbol{p}_l-\boldsymbol{q}_j)<0$ 的测点数目，$l\in[1,n]$。

由上述定义的加权正偏差距离和加权负偏差距离可建立目标函数如下：

$$\begin{aligned} \min\quad F(\boldsymbol{R},\boldsymbol{T})&=\sum_{i=1}^{m}d_{iw_i\mathrm{VM}+}^2+\sum_{l=1}^{n}d_{lw_l\mathrm{VM}-}^2 \\ &=\sum_{i=1}^{m}(w_i d_{i\mathrm{TDM}}-\overline{d_{w+}})^2+\sum_{l=1}^{n}(w_l d_{l\mathrm{TDM}}-\overline{d_{w-}})^2 \end{aligned} \tag{3.66}$$

其中，k 取 2 时 w_i、w_l 变化如图 3-16 所示。

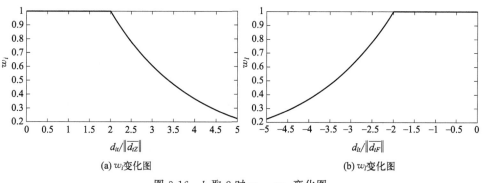

(a) w_i 变化图　　　　　　　　　　(b) w_l 变化图

图 3-16　k 取 2 时 w_i、w_l 变化图

3.2.4.3 收敛条件推导

以式(3.66)为目标函数，正余量点云会收敛于加权正均值 $\overline{d_{w+}}$，负余量点云会收敛于加权负均值 $\overline{d_{w-}}$，使正负余量互不倾斜；权重 w_i、w_l 减小了异常测点对匹配的影响。下面对目标函数做系统的简化与推导，获得收敛条件。

由单步转换的微分旋转 $\boldsymbol{\delta}=[\delta x \quad \delta y \quad \delta z]^{\mathrm{T}}$ 和微分平移 $\boldsymbol{t}=[\Delta x \quad \Delta y \quad \Delta z]^{\mathrm{T}}$ 可构成一组转换矢量 $\boldsymbol{\xi}=[\Delta x \quad \Delta y \quad \Delta z \quad \delta x \quad \delta y \quad \delta z]^{\mathrm{T}}$，则单步转换的微分运动[14] 可表示为：

$$\begin{cases} \Delta \boldsymbol{p}_i = \boldsymbol{p}_{i+} - \boldsymbol{p}_i = \boldsymbol{\delta} \times \boldsymbol{p}_i + \boldsymbol{t} \\ \Delta \boldsymbol{p}_l = \boldsymbol{p}_{l+} - \boldsymbol{p}_l = \boldsymbol{\delta} \times \boldsymbol{p}_l + \boldsymbol{t} \end{cases} \tag{3.67}$$

首先讨论当正余量测点 $\boldsymbol{p}_i$ 与其最近点 $\boldsymbol{q}_j$ 及 $\boldsymbol{q}_j$ 处法向量 $\boldsymbol{n}_j$ 满足 $\boldsymbol{n}_j^{\mathrm{T}}(\boldsymbol{p}_i - \boldsymbol{q}_j) > 0$ 时，对加权正偏差距离平方和化简可得：

$$\begin{aligned} \sum_{i=1}^{m} d_{iw_i \mathrm{VM}+}^2 &= \sum_{i=1}^{m} (w_i d_{i\mathrm{TDM}} - \overline{d_{w+}})^2 \\ &= \sum_{i=1}^{m} (w_i d_{i\mathrm{TDM}})^2 - 2\sum_{i=1}^{m} w_i d_{i\mathrm{TDM}} \overline{d_{w+}} + \sum_{i=1}^{m} (\overline{d_{w+}})^2 \\ &= \sum_{i=1}^{m} (w_i d_{i\mathrm{TDM}})^2 - 2(\overline{d_{w+}})^2 \sum_{i=1}^{m} w_i + m(\overline{d_{w+}})^2 \\ &= \sum_{i=1}^{m} (w_i d_{i\mathrm{TDM}})^2 - (2\sum_{i=1}^{m} w_i - m)(\overline{d_{w+}})^2 \\ &= \sum_{i=1}^{m} (w_i d_{i\mathrm{TDM}})^2 - (2\sum_{i=1}^{m} w_i - m)(\sum_{i=1}^{m} w_i d_{i\mathrm{TDM}})^2 \Big/ (\sum_{i=1}^{m} w_i)^2 \end{aligned} \tag{3.68}$$

单步转换后的正余量测点到最近点处切平面距离 $d_{i\mathrm{TDM}}$ 可表示为：

$$d_{i\mathrm{TDM}} = \boldsymbol{n}_j^{\mathrm{T}}(\boldsymbol{p}_{i+} - \boldsymbol{q}_j) = \boldsymbol{n}_j^{\mathrm{T}}(\boldsymbol{p}_i + \boldsymbol{t} + \boldsymbol{\delta} \times \boldsymbol{p}_i - \boldsymbol{q}_j) = d_{it} + \boldsymbol{n}_j^{\mathrm{T}}(\boldsymbol{t} + \boldsymbol{\delta} \times \boldsymbol{p}_i) \tag{3.69}$$

对式(3.69)化简可得：

$$d_{i\mathrm{TDM}} = d_{it} + \begin{bmatrix} \boldsymbol{n}_j^{\mathrm{T}} & (\boldsymbol{p}_i \times \boldsymbol{n}_j)^{\mathrm{T}} \end{bmatrix} \begin{pmatrix} \boldsymbol{t} \\ \boldsymbol{\delta} \end{pmatrix} = d_{it} + \boldsymbol{A}_i \boldsymbol{\xi} \tag{3.70}$$

式中，$\boldsymbol{A}_i$ 为 1×6 矩阵；$\boldsymbol{\xi}$ 为运动矢量 6×1 矩阵。

为了求解运动矢量 $\boldsymbol{\xi}$，需要对式(3.68)进一步化简，将其简化为转换矢量 $\boldsymbol{\xi}$ 的函数。将式(3.70)代入式(3.68)可得：

$$\begin{aligned} \sum_{i=1}^{m} d_{iw_i \mathrm{VM}+}^2 &= \sum_{i=1}^{m} (w_i d_{i\mathrm{TDM}} - \overline{d_{w+}})^2 \\ &= \sum_{i=1}^{m} (w_i d_{i\mathrm{TDM}})^2 - (2\sum_{i=1}^{m} w_i - m)(\sum_{i=1}^{m} w_i d_{i\mathrm{TDM}})^2 \Big/ (\sum_{i=1}^{m} w_i)^2 \end{aligned}$$

$$= \sum_{i=1}^{m} \left[w_i (d_{it} + \boldsymbol{A}_i \boldsymbol{\xi}) \right]^2 - \left(2\sum_{i=1}^{m} w_i - m \right) \left[\sum_{i=1}^{m} w_i (d_{it} + \boldsymbol{A}_i \boldsymbol{\xi}) \right]^2 / \left(\sum_{i=1}^{m} w_i \right)^2$$

$$= \sum_{i=1}^{m} (w_i^2 d_{it}^2 + 2 w_i^2 d_{it} \boldsymbol{A}_i \boldsymbol{\xi} + w_i^2 \boldsymbol{\xi}^{\mathrm{T}} \boldsymbol{A}_i^{\mathrm{T}} \boldsymbol{A}_i \boldsymbol{\xi}) -$$

$$\left(2\sum_{i=1}^{m} w_i - m \right) \left[\left(\sum_{i=1}^{m} w_i d_{it} \right)^2 + 2 \left(\sum_{i=1}^{m} w_i d_{it} \right) \left(\sum_{i=1}^{m} w_i \boldsymbol{A}_i \boldsymbol{\xi} \right) + \left(\sum_{i=1}^{m} w_i \boldsymbol{A}_i \boldsymbol{\xi} \right)^2 \right] / \left(\sum_{i=1}^{m} w_i \right)^2$$

$$= \left[\sum_{i=1}^{m} w_i^2 d_{it}^2 - \left(2\sum_{i=1}^{m} w_i - m \right) \overline{d_{t+}}^2 \right] + 2 \left[\sum_{i=1}^{m} w_i^2 d_{it} \boldsymbol{A}_i - \left(2\sum_{i=1}^{m} w_i - m \right) \overline{d_{t+}}\, \overline{\boldsymbol{A}_{w+}} \right] \boldsymbol{\xi} +$$

$$\boldsymbol{\xi}^{\mathrm{T}} \left[\sum_{i=1}^{m} (w_i^2 \boldsymbol{A}_i^{\mathrm{T}} \boldsymbol{A}_i) - \left(2\sum_{i=1}^{m} w_i - m \right) \overline{\boldsymbol{A}_{w+}}^{\mathrm{T}} \overline{\boldsymbol{A}_{w+}} \right] \boldsymbol{\xi}$$

$$= D_1 + 2 \boldsymbol{F}_1^{\mathrm{T}} \boldsymbol{\xi} + \boldsymbol{\xi}^{\mathrm{T}} \boldsymbol{E}_1 \boldsymbol{\xi} \tag{3.71}$$

式中，D_1 为标量；$\boldsymbol{E}_1$ 为 6×6 矩阵；$\boldsymbol{F}_1$ 为 6×1 矩阵；$\overline{\boldsymbol{A}_{w+}}$ 为加权正平均线矢量：

$$\overline{\boldsymbol{A}_{w+}} = \sum_{i=1}^{m} w_i \boldsymbol{A}_i \Big/ \sum_{i=1}^{m} w_i \tag{3.72}$$

当负余量测点 $\boldsymbol{p}_l$ 与其最近点 $\boldsymbol{q}_j$ 及 $\boldsymbol{q}_j$ 处法向量 $\boldsymbol{n}_j$ 满足 $\boldsymbol{n}_j^{\mathrm{T}} (\boldsymbol{p}_l - \boldsymbol{q}_j) < 0$ 时，可得化简后的点到切平面距离 $d_{l\mathrm{TDM}}$：

$$d_{l\mathrm{TDM}} = d_{lt} + \left[\boldsymbol{n}_j^{\mathrm{T}} \quad (\boldsymbol{p}_l \times \boldsymbol{n}_j)^{\mathrm{T}} \right] \begin{pmatrix} \boldsymbol{t} \\ \boldsymbol{\delta} \end{pmatrix} = d_{lt} + \boldsymbol{A}_l \boldsymbol{\xi} \tag{3.73}$$

同理，将式（3.35）代入 $\displaystyle\sum_{l=1}^{n} d_{lw_l\mathrm{VM}-}^2$ 并化简可得：

$$\sum_{l=1}^{n} d_{lw_l\mathrm{VM}-}^2 = \sum_{l=1}^{n} (w_l d_{l\mathrm{TDM}} - \overline{d_{w-}})^2$$

$$= D_2 + 2 \boldsymbol{F}_2^{\mathrm{T}} \boldsymbol{\xi} + \boldsymbol{\xi}^{\mathrm{T}} \boldsymbol{E}_2 \boldsymbol{\xi} \tag{3.74}$$

故 WPMAVM 算法的目标函数可化简为：

$$\min \quad F(\boldsymbol{\xi}) = \sum_{i=1}^{m} d_{iw_i\mathrm{VM}+}^2 + \sum_{l=1}^{n} d_{lw_l\mathrm{VM}-}^2$$

$$= (D_1 + 2 \boldsymbol{F}_1^{\mathrm{T}} \boldsymbol{\xi} + \boldsymbol{\xi}^{\mathrm{T}} \boldsymbol{E}_1 \boldsymbol{\xi}) + (D_2 + 2 \boldsymbol{F}_2^{\mathrm{T}} \boldsymbol{\xi} + \boldsymbol{\xi}^{\mathrm{T}} \boldsymbol{E}_2 \boldsymbol{\xi})$$

$$= D + 2 \boldsymbol{F}^{\mathrm{T}} \boldsymbol{\xi} + \boldsymbol{\xi}^{\mathrm{T}} \boldsymbol{E} \boldsymbol{\xi} \tag{3.75}$$

由式（3.75）对转换矢量 $\boldsymbol{\xi}$ 求导可得：

$$\boldsymbol{F} + \boldsymbol{E} \boldsymbol{\xi} = 0 \tag{3.76}$$

求解线性方程组，转换矢量 $\boldsymbol{\xi}$ 表示如下：

$$\boldsymbol{\xi} = -\boldsymbol{E}^{-1} \boldsymbol{F} \tag{3.77}$$

经求解，转换矢量 $\boldsymbol{\xi}$ 的收敛结果为：

$$\boldsymbol{\xi} = -\left\{\left[\sum_{i=1}^{m}(w_i^2\boldsymbol{A}_i^{\mathrm{T}}\boldsymbol{A}_i) - (2\sum_{i=1}^{m}w_i - m)\overline{\boldsymbol{A}_{w+}}^{\mathrm{T}}\overline{\boldsymbol{A}_{w+}}\right] + \right.$$

$$\left[\sum_{l=1}^{n}(w_l^2\boldsymbol{A}_l^{\mathrm{T}}\boldsymbol{A}_l) - (2\sum_{l=1}^{n}w_l - n)\overline{\boldsymbol{A}_{w-}}^{\mathrm{T}}\overline{\boldsymbol{A}_{w-}}\right]\right\}^{-1} \times \qquad (3.78)$$

$$\left\{\left[\sum_{i=1}^{m}w_i^2 d_{it}\boldsymbol{A}_i^{\mathrm{T}} - (2\sum_{i=1}^{m}w_i - m)\overline{d_{t+}}\ \overline{\boldsymbol{A}_{w+}}^{\mathrm{T}}\right) + \right.$$

$$\left[\sum_{l=1}^{n}w_l^2 d_{lt}\boldsymbol{A}_l^{\mathrm{T}} - (2\sum_{i=1}^{n}w_l - n)\overline{d_{t-}}\ \overline{\boldsymbol{A}_{w-}}^{\mathrm{T}}\right]\right\}$$

式中，$\overline{\boldsymbol{A}_{w-}}$ 为加权负平均线矢量：

$$\overline{\boldsymbol{A}_{w-}} = \sum_{l=1}^{n}w_l\boldsymbol{A}_l \bigg/ \sum_{l=1}^{n}w_l \qquad (3.79)$$

由转换矢量 $\boldsymbol{\xi}$ 可得旋转矢量 $\boldsymbol{\delta}$ 和平移矢量 $\boldsymbol{t}$，故旋转矩阵 $\boldsymbol{R}$ 和平移矩阵 $\boldsymbol{T}$ 为：

$$\begin{cases} \boldsymbol{R} = \mathrm{e}^{\hat{\delta}} \\ \boldsymbol{T} = \boldsymbol{t} \end{cases} \qquad (3.80)$$

3.2.4.4 几何收敛性分析

下面分析 WPMAVM 算法的几何收敛性，包括收敛正定性、二阶收敛性及算法鲁棒性。

(1) 收敛正定性

由非线性优化理论[15] 可知，当矩阵 $\boldsymbol{E}$ 为非正定矩阵时，转换矢量 $\boldsymbol{\xi}$ 易错误收敛甚至发散。加权正负余量方差最小化算法的二次型如式(3.81)。由公式 e_s 可知 $e_s \geqslant 0$ 始终成立，当且仅当所有的正余量测点为同一测点且所有的负余量测点为同一测点时满足 $e_s = 0$，由点云非同一测点可知 $e_s > 0$ 恒成立，因此矩阵 $\boldsymbol{E}$ 满足正定性要求。

$$e_s = \boldsymbol{\xi}^{\mathrm{T}}\boldsymbol{E}\boldsymbol{\xi} = \boldsymbol{\xi}^{\mathrm{T}}\left\{\left[\sum_{i=1}^{m}(w_i^2\boldsymbol{A}_i^{\mathrm{T}}\boldsymbol{A}_i) - (2\sum_{i=1}^{m}w_i - m)\overline{\boldsymbol{A}_{w+}}^{\mathrm{T}}\overline{\boldsymbol{A}_{w+}}\right] + \right.$$

$$\left[\sum_{l=1}^{n}(w_l^2\boldsymbol{A}_l^{\mathrm{T}}\boldsymbol{A}_l) - (2\sum_{l=1}^{n}w_l - n)\overline{\boldsymbol{A}_{w-}}^{\mathrm{T}}\overline{\boldsymbol{A}_{w-}}\right]\right\}\boldsymbol{\xi}$$

$$= \left[\sum_{i=1}^{m}(w_i\boldsymbol{A}_i\boldsymbol{\xi})^2 - (2\sum_{i=1}^{m}w_i - m)(\overline{\boldsymbol{A}_{w+}}\boldsymbol{\xi})^2\right] + $$

$$\left[\sum_{l=1}^{n}(w_l\boldsymbol{A}_l\boldsymbol{\xi})^2 - (2\sum_{l=1}^{n}w_l - n)(\overline{\boldsymbol{A}_{w-}}\boldsymbol{\xi})^2\right] \qquad (3.81)$$

$$= \sum_{i=1}^{m} \left[(w_i \boldsymbol{A}_i \boldsymbol{\xi})^2 - 2(w_i \boldsymbol{A}_i \boldsymbol{\xi})(\overline{\boldsymbol{A}_{w+}} \, \boldsymbol{\xi}) + (\overline{\boldsymbol{A}_{w+}} \, \boldsymbol{\xi})^2 \right] +$$

$$\sum_{l=1}^{n} \left[(w_l \boldsymbol{A}_l \boldsymbol{\xi})^2 - 2(w_l \boldsymbol{A}_l \boldsymbol{\xi})(\overline{\boldsymbol{A}_{w-}} \, \boldsymbol{\xi}) + (\overline{\boldsymbol{A}_{w-}} \, \boldsymbol{\xi})^2 \right]$$

$$= \sum_{i=1}^{m} (w_i \boldsymbol{A}_i \boldsymbol{\xi} - \overline{\boldsymbol{A}_{w+}} \, \boldsymbol{\xi})^2 + \sum_{l=1}^{n} (w_l \boldsymbol{A}_l \boldsymbol{\xi} - \overline{\boldsymbol{A}_{w-}} \, \boldsymbol{\xi})^2$$

（2）二阶收敛性

由式（3.68）和式（3.69）可知，加权正负余量方差最小化算法的目标函数等价于：

$$F = \frac{1}{2} \sum_{i=1}^{m} (w_i (d_{it} + \boldsymbol{A}_i \boldsymbol{\xi}))^2 - \frac{1}{2} \left(2 \sum_{i=1}^{m} w_i - m \right) \left(\sum_{i=1}^{m} w_i (d_{it} + \boldsymbol{A}_i \boldsymbol{\xi}) \right)^2 \Big/ \left(\sum_{i=1}^{m} w_i \right)^2 +$$

$$\frac{1}{2} \sum_{l=1}^{n} (w_l (d_{lt} + \boldsymbol{A}_l \boldsymbol{\xi}))^2 - \frac{1}{2} \left(2 \sum_{l=1}^{n} w_l - n \right) \left(\sum_{l=1}^{n} w_l (d_{lt} + \boldsymbol{A}_l \boldsymbol{\xi}) \right)^2 \Big/ \left(\sum_{l=1}^{n} w_l \right)^2$$

$$= \frac{1}{2} \sum_{i=1}^{m} ((w_i d_{it} - \overline{d_{t+}}) + (w_i \boldsymbol{A}_i - \overline{\boldsymbol{A}_{w+}}) \boldsymbol{\xi})^2 + \frac{1}{2} \sum_{l=1}^{n} ((w_l d_{lt} - \overline{d_{t-}}) + (w_l \boldsymbol{A}_l - \overline{\boldsymbol{A}_{w-}}) \boldsymbol{\xi})^2$$

$$(3.82)$$

这里定义函数 F 在初始转换矢量 $\boldsymbol{\xi}_1$ 处的梯度和海森矩阵分别为 $\nabla F(\boldsymbol{\xi}_1)$ 和 $\nabla^2 F(\boldsymbol{\xi}_1)$，在算法迭代过程中，每次迭代都会更新测量点的位置，并将更新后的位置作为当前初始位置，所以初始位置下运动矢量 $\boldsymbol{\xi}_1 = 0$。采用牛顿法求解转换矢量见式（3.83），牛顿法求解的结果与式（3.78）一致，因此，WPMAVM 算法求解转换矢量的过程等价于牛顿法，具有二阶收敛速度。

（3）算法鲁棒性

所提算法的目标函数为 VMM 算法目标函数的细分优化，具有正定性和二阶收敛性，其收敛稳定性与 VMM 算法相近，对不封闭点云、噪声点云及密度不均匀点云等复杂场景均具有很好的适用性，对正负余量测点和异常余量测点具有鲁棒性，下面给出详细的分析。

$$\boldsymbol{\xi}_N = -[\nabla^2 F(\boldsymbol{\xi}_1)]^{-1} \nabla F(\boldsymbol{\xi}_1)$$

$$= -\left[\sum_{i=1}^{m} (w_i \boldsymbol{A}_i - \overline{\boldsymbol{A}_{w+}})^{\mathrm{T}} (w_i \boldsymbol{A}_i - \overline{\boldsymbol{A}_{w+}}) + \sum_{l=1}^{n} (w_l \boldsymbol{A}_l - \overline{\boldsymbol{A}_{w-}})^{\mathrm{T}} (w_l \boldsymbol{A}_l - \overline{\boldsymbol{A}_{w-}}) \right]^{-1}$$

$$\left[\sum_{i=1}^{m} (w_i \boldsymbol{A}_i - \overline{\boldsymbol{A}_{w+}})^{\mathrm{T}} (w_i d_{it} - \overline{d_{t+}}) + \sum_{l=1}^{n} (w_l \boldsymbol{A}_l - \overline{\boldsymbol{A}_{w-}})^{\mathrm{T}} (w_l d_{lt} - \overline{d_{t-}}) \right]$$

$$= -\left\{ \left[\sum_{i=1}^{m} (w_i^2 \boldsymbol{A}_i^{\mathrm{T}} \boldsymbol{A}_i) - \left(2 \sum_{i=1}^{m} w_i - m \right) \overline{\boldsymbol{A}_{w+}}^{\mathrm{T}} \overline{\boldsymbol{A}_{w+}} \right] + \right.$$

$$\left. \left[\sum_{l=1}^{n} (w_l^2 \boldsymbol{A}_l^{\mathrm{T}} \boldsymbol{A}_l) - \left(2 \sum_{l=1}^{n} w_l - n \right) \overline{\boldsymbol{A}_{w-}}^{\mathrm{T}} \overline{\boldsymbol{A}_{w-}} \right] \right\}^{-1} \times$$

$$\left\{\left[\sum_{i=1}^{m}w_i^2 d_{it}\boldsymbol{A}_i^{\mathrm{T}}-\left(2\sum_{i=1}^{m}w_i-m\right)\overline{d_{t+}}\ \overline{\boldsymbol{A}_{w+}^{\mathrm{T}}}\right]+\right.$$
$$\left.\left[\sum_{l=1}^{n}w_l^2 d_{lt}\boldsymbol{A}_l^{\mathrm{T}}-\left(2\sum_{i=1}^{n}w_l-n\right)\overline{d_{t-}}\ \overline{\boldsymbol{A}_{w-}^{\mathrm{T}}}\right]\right\} \tag{3.83}$$

构建理想距离函数 F_d 的难点在于如何精准区分异常测点和正常测点，但测点离均值曲面的距离越远越趋向于异常测点，因此在 3.2.4.2 节中提出了距离权重系数函数 w_i 和 w_l，同样 w_i 和 w_l 可由系数 k 调节以适应多种复杂曲面匹配场景，使构造的目标函数尽可能接近 F_d。当正余量测点接近加权正均值时，$w_c \approx 1$，当正余量测点远离加权正均值时，$w_{ca} \approx 0$；当负余量测点接近加权正均值时，$w_v \approx 1$，当负余量测点远离加权正均值时，$w_{va} \approx 0$。

其距离函数 $F_{d\,\mathrm{WPMAVM}}$ 转换为 F_d 形式可以表示为：

$$F_{d\,\mathrm{WPMAVM}}=\sum_{c=1}^{m_1}(w_c d_{c\,\mathrm{TDM}}-\overline{d_{w+}})^2+\sum_{v=1}^{n_1}(w_v d_{v\,\mathrm{TDM}}-\overline{d_{w-}})^2+\sum_{ya=m_1+n_1+1}^{m_1+n_1+m_2+n_2}d_{ya}^2 \tag{3.84}$$

将 $w_c \approx 1$，$w_{ca} \approx 0$，代入 $\overline{d_{w+}}$ 可得：

$$\overline{d_{w+}}=\sum_{i=1}^{m}w_i d_{i\,\mathrm{TDM}}\Big/\sum_{i=1}^{m}w_i=\left(\sum_{c=1}^{m_1}w_c d_{c\,\mathrm{TDM}}+\sum_{ca=m_1}^{m_1+m_2}w_{ca}d_{ca\,\mathrm{TDM}}\right)\Big/\left(\sum_{c=1}^{m_1}w_c+\sum_{ca=m_1}^{m_1+m_2}w_{ca}\right)$$
$$\approx\left(\sum_{c=1}^{m_1}1\times d_{c\,\mathrm{TDM}}+\sum_{ca=m_1}^{m_1+m_2}0\times d_{ca\,\mathrm{TDM}}\right)\Big/\left(\sum_{c=1}^{m_1}1+\sum_{ca=m_1}^{m_1+m_2}0\right) \tag{3.85}$$
$$=\sum_{c=1}^{m_1}d_{c\,\mathrm{TDM}}\Big/m_1\approx\sum_{c=1}^{m_1}d_{c+}\Big/m_1=\overline{d_+}$$

同理，将 $w_v \approx 1$，$w_{va} \approx 0$，代入 $\overline{d_{w-}}$ 可得：

$$\overline{d_{w-}}\approx\overline{d_-} \tag{3.86}$$

在 WPMAVM 算法中，将 $\overline{d_{w+}}\approx\overline{d_+}$，$\overline{d_{w-}}\approx\overline{d_-}$，$w_{ca}\approx 0$，和 $w_{va}\approx 0$ 代入 d_{ya}，d_{ya} 化简可得式(3.87)，受权重系数的限制，d_{ya} 与正余量异常测点 $\boldsymbol{p}_{ca}$ 和负余量异常测点 $\boldsymbol{p}_{va}$ 近似无关，$\boldsymbol{p}_{ca}$ 和 $\boldsymbol{p}_{va}$ 距离正负余量均值无穷远时，$\boldsymbol{p}_{ca}$ 和 $\boldsymbol{p}_{va}$ 会使 ICP 算法、VMM 算法产生严重的匹配倾斜，但对 WPMAVM 算法而言，此时 d_{ya} 近似等价于正负余量测点均值距离，而最小化正负余量测点均值距离的结果是使点云靠近 CAD 模型曲面，这与匹配的目的是一致的，因此 WPMAVM 算法的目标函数对异常测点起到了很好的限制作用。

$$d_{ya}=\begin{cases}w_i d_{i\,\mathrm{TDM}}-\overline{d_{w+}}\\ w_l d_{l\,\mathrm{TDM}}-\overline{d_{w-}}\end{cases}\approx\begin{cases}w_i d_{i\,\mathrm{TDM}}-\overline{d_+}\\ w_l d_{l\,\mathrm{TDM}}-\overline{d_-}\end{cases}$$

$$\begin{aligned}
=& \begin{cases}
w_{ca}\left(f(\boldsymbol{\xi}_{\text{WPMAVM}})\begin{bmatrix}\boldsymbol{p}_{ca}\\1\end{bmatrix}-\begin{bmatrix}\boldsymbol{q}_{ja}\\1\end{bmatrix}\right)^{\text{T}}\begin{bmatrix}\boldsymbol{n}_{ja}\\1\end{bmatrix}-\sum_{c=1}^{m_1}\left\|\left(f(\boldsymbol{\xi}_{\text{WPMAVM}})\begin{bmatrix}\boldsymbol{p}_{c}\\1\end{bmatrix}-\begin{bmatrix}\boldsymbol{q}_{j}\\1\end{bmatrix}\right)\right\|\Big/m_1 \\
w_{va}\left(f(\boldsymbol{\xi}_{\text{WPMAVM}})\begin{bmatrix}\boldsymbol{p}_{va}\\1\end{bmatrix}-\begin{bmatrix}\boldsymbol{q}_{ja}\\1\end{bmatrix}\right)^{\text{T}}\begin{bmatrix}\boldsymbol{n}_{ja}\\1\end{bmatrix}-\sum_{v=1}^{n_1}\left\|\left(f(\boldsymbol{\xi}_{\text{WPMAVM}})\begin{bmatrix}\boldsymbol{p}_{v}\\1\end{bmatrix}-\begin{bmatrix}\boldsymbol{q}_{j}\\1\end{bmatrix}\right)\right\|\Big/n_1
\end{cases} \\
\approx& \begin{cases}
-\sum_{c=1}^{m_1}\left\|\left(f(\boldsymbol{\xi}_{\text{WPMAVM}})\begin{bmatrix}\boldsymbol{p}_{c}\\1\end{bmatrix}-\begin{bmatrix}\boldsymbol{q}_{j}\\1\end{bmatrix}\right)\right\|\Big/m_1 \\
-\sum_{v=1}^{n_1}\left\|\left(f(\boldsymbol{\xi}_{\text{WPMAVM}})\begin{bmatrix}\boldsymbol{p}_{v}\\1\end{bmatrix}-\begin{bmatrix}\boldsymbol{q}_{j}\\1\end{bmatrix}\right)\right\|\Big/n_1
\end{cases}=\begin{cases}
-\overline{d_+} & [\boldsymbol{n}_{ja}^{\text{T}}(\boldsymbol{p}_{ca}-\boldsymbol{q}_{ja})>0] \\
-\overline{d_-} & [\boldsymbol{n}_{ja}^{\text{T}}(\boldsymbol{p}_{va}-\boldsymbol{q}_{ja})<0]
\end{cases}
\end{aligned}$$

$$\tag{3.87}$$

当不存在异常余量测点时，$F_{d\,\text{WPMAVM}}$ 可表示为：

$$F_{d\text{WPMAVM}}=\sum_{c=1}^{m_1}(w_{c}d_{c\,\text{TDM}}-\overline{d_{w+}})^2+\sum_{v=1}^{n_1}(w_{v}d_{v\,\text{TDM}}-\overline{d_{w-}})^2 \tag{3.88}$$

将 $\overline{d_{w+}}\approx\overline{d_+}$，$\overline{d_{w-}}\approx\overline{d_-}$，$w_c\approx1$，$w_v\approx1$，$d_{c\,\text{TDM}}\approx d_{c+}$，$d_{v\,\text{TDM}}\approx d_{v+}$ 代入式（3.88）可得：

$$F_{d\text{WPMAVM}}\approx\sum_{c=1}^{m_1}(d_{c+}-\overline{d_+})^2+\sum_{v=1}^{n_1}(d_{v-}-\overline{d_-})^2=F_d \tag{3.89}$$

当存在负余量测点时，WPMAVM 算法的距离函数 $F_{d\,\text{WPMAVM}}$ 近似等价于理想距离函数 F_d，因此，最小化 WPMAVM 算法的目标函数可以使正常的正负余量测点均匀分布于正负余量的均值附近，不会造成匹配倾斜。

3.2.4.5　误差评价指标

① 在仿真实验中，测量点云的标准位置是先验已知的，可以求取转换后的测量点云与标准位置处的测量点云的偏差（Deviation）作为误差评价指标，如下：

$$Deviation=\sqrt{\sum_{i=1}^{m}(\boldsymbol{p}_i-\boldsymbol{q}_j)^2/m} \tag{3.90}$$

式中，$\boldsymbol{p}_i$ 表示匹配后的点；$\boldsymbol{q}_j$ 表示 $\boldsymbol{p}_i$ 从标准位置点云中搜到的最近点；m 表示点云个数。

② 在实际匹配标定实验中，当存在异常测点时，匹配的理想结果是不受异常测点影响，因此应减小异常测点对误差评价的影响；正余量测点应尽可能均匀分布于实际正均值附近，负余量测点应均匀分布于实际负均值附近，定义如下误差评价函数：

$$\text{wRMSE} = \sqrt{\left[\sum_{i=1}^{m}(w_i d_{it} - \overline{d_{t+}})^2 + \sum_{l=1}^{n}(w_l d_{lt} - \overline{d_{t-}})^2\right] \bigg/ \left(\sum_{i=1}^{m}w_i + \sum_{l=1}^{n}w_l\right)}$$

$$(3.91)$$

式中，$\overline{d_+} = \sum\limits_{i=1}^{m} d_{it}/m$ 为正余量点云均值；$\overline{d_-} = \sum\limits_{l=1}^{n} d_{lt}/n$ 为负余量点云均值；m 为正余量测点个数；n 为负余量点云个数；w_i 和 w_l 分别为正负余量测点的权重系数，分别满足式（3.63）和式（3.65）；$d_{it} = \boldsymbol{n}_j^{\mathrm{T}}(\boldsymbol{p}_i - \boldsymbol{q}_j)$ 为当前位置的正余量测点到切平面距离；$d_{lt} = \boldsymbol{n}_j^{\mathrm{T}}(\boldsymbol{p}_l - \boldsymbol{q}_j)$ 为当前位置的负余量测点到切平面距离。

为了使评价指标独立于算法的目标函数，采用 Imageware 软件中的点云偏差来评价匹配误差，可以设置参与误差计算的上下限，计算上下限内的点云匹配误差，作为第三方评价标准。

3.2.5 车身构件点云匹配仿真

(1) 负余量仿真实验

对车身 CAD 点云框选 28% 的区域负方向偏置，使其余量分别为 −0.2mm、−0.3mm、−0.4mm、−0.5mm、−0.6mm，剩余点云正方向偏置，使其余量为 0.4mm，其标准位置是已知的；应用三种算法分别对偏置后的测量点云与 CAD 点云匹配，各算法 *Deviation* 随车身负余量变化如表 3-1 所示，其变化规律如图 3-17 所示。当负余量为 0.6mm 时，三种算法对应的色谱图如图 3-18 所示。可知，ICP 算法与 VMM 算法出现了严重侧倾，余量分布杂乱；WPMAVM 算法只有微小的侧倾，保持在正余量 0.4mm、负余量 0.6mm 附近。

表 3-1　三种算法在不同车身负余量下的 *Deviation*

车身负余量/mm	−0.2	−0.3	−0.4	−0.5	−0.6
ICP	0.23267	0.20609	0.18751	0.17463	0.19671
VMM	0.18734	0.16877	0.15641	0.15919	0.20052
WPMAVM	0.14047	0.12164	0.12223	0.14031	0.17471

(2) 异常余量仿真实验

对车身 CAD 点云框选 7% 的区域正方向距离偏置作为异常点云，使其余量分别为 1.5mm、1.8mm、2.1mm、2.4mm、2.7mm，剩余点云余量为 0mm，其标准位置是已知的。应用三种算法分别对偏置后的测量点云与 CAD 点云匹配，各算法 *Deviation* 随车身异常余量变化如表 3-2 所示，其变化规律如图 3-19

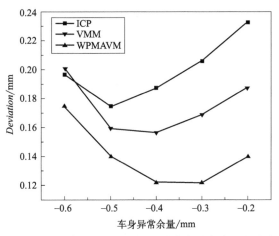

图 3-17　三种算法的 *Deviation* 随车身异常余量的变化

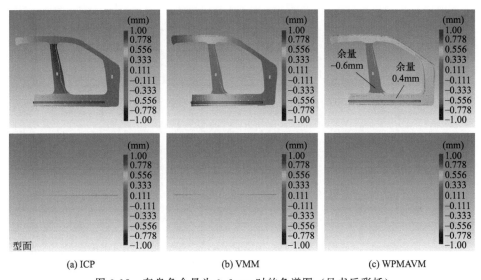

图 3-18　车身负余量为 0.6mm 时的色谱图（见书后彩插）

所示。其中异常余量为 2.1mm 时的色谱图如图 3-20 所示。可知，ICP 算法、VMM 算法均出现了侧倾，WPMAVM 算法除异常点云外剩余点云余量保持在 0mm 附近。

表 3-2　三种算法在不同车身异常余量下的 *Deviation*

车身异常余量/mm	1.5	1.8	2.1	2.4	2.7
ICP	0.05427	0.07799	0.09778	0.10271	0.12037
VMM	0.06183	0.08815	0.11553	0.14268	0.16914
WPMAVM	0.00020	4.6E-05	0.00022	7.8E-05	6.9E-05

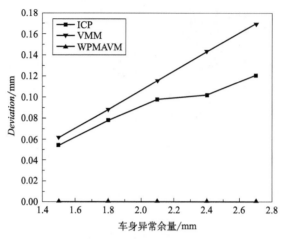

图 3-19　三种算法的 *Deviation* 随车身负余量的变化

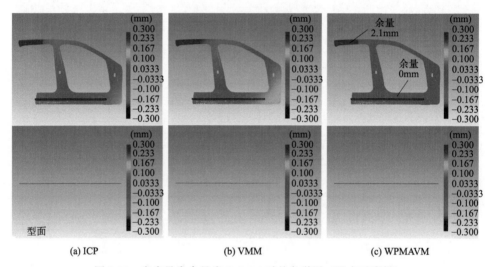

图 3-20　车身异常余量为 2.1mm 时的色谱图（见书后彩插）

3.3　机器人磨抛系统自动化标定软件

在 3.1、3.2 节中分别介绍了手眼标定及工件标定的原理，上述方法均通过 C++语言编程实现。为了方便非专业人员操作，根据现有平台的硬件和软件基础，开发了车身构件机器人磨抛系统自动化标定软件[16]，将手眼标定与车身标定的功能模块集成到软件中，用于实际工程。

3.3.1　软件开发环境

车身构件机器人磨抛系统自动化标定软件在上位机上安装使用，考虑到上位机为 Windows 操作系统，同时受限于软件开发的难度和效率，软件的开发环境选择了 Windows 操作系统下的 VisualStudio2017。Windows 操作系统是当下比较流行的操作系统之一，众多工业软件以及开源库都可以在该系统下开发集成，因此在该系统下开发软件具有很强的普适性及拓展性，Windows 环境对大多数使用者较为友好。在软件开发过程中，利用现有的开源库及开发框架可有效提高开发效率、降低开发难度，软件中涉及 PCL 点云库、Eigen 矩阵库、VTK 可视化库及 Qt 开发框架，具体涉及 PCL1.8.1、Eigen3、VTK8.0 及 Qt5.9.1。下面对涉及的开源库及开发框架做简单的介绍。

① PCL 点云库是一个跨平台的开源 C＋＋编程库，它集成了现有点云处理的众多高效算法及数据结构，具体涉及点云的格式转换、去噪平滑、采样滤波、聚类分割、模型估算、点云匹配、特征提取、曲面重建、最近点搜索等多种功能。软件中主要用到点云格式转换读取并保存点云、去噪平滑及采样滤波实现数据的预处理、模型估算去除离群点、点云匹配实现粗匹配、Kdtree 数据结构快速搜索最近点。

② Eigen 矩阵库是一个 C＋＋模板库，主要用于实现线性代数的相关运算，包括矩阵、向量及数值的相关计算。本节通过 C＋＋编程实现 3.2.4 节中的 WPMAVM 算法，其中 WPMAVM 算法在收敛条件计算中涉及大量的矩阵、向量运算。Eigen 库可提供矩阵转置、矩阵求逆、矩阵相乘、四元数与旋转矩阵转换、向量叉乘等众多功能，可实现 WPMAVM 算法的求解功能，用于点云精匹配实现工件标定。

③ VTK 是一个开源的视觉工具库，主要用于三维图形学、图像处理及可视化，它的核心采用 C＋＋编程，具有出色的三维图像渲染效果，在处理海量数据时对内存资源的要求低，支持 OpenGL 用于实现多种着色。软件中主要采用 VTK 库实现拼接球的可视化、显示色谱图分析球拼接误差；显示测量点云与车身 CAD 点云、显示测量点云与 CAD 点云关键点、显示粗匹配后的测量点云、显示精匹配后的测量点云、显示色谱图分析精匹配误差。

④ Qt 是一款由 C＋＋编程实现的跨平台图形用户界面开发框架，同时也是面向对象的开发框架，使用特殊的代码生成扩展及一些宏，Qt 容易扩展，允许组件编程；在 VisualStudio 软件环境下可通过 QtVSTools 插件配置 Qt 环境，并在此环境下进行程序开发，适用于软件工作界面的设计需求。

车身构件机器人磨抛系统自动化标定软件由 C＋＋语言开发。C＋＋是一种流行的程序设计语言，支持数据抽象化、过程化、面向对象、泛型、基于原则设计等多种程序设计风格，且 PCL 点云库、VTK 视觉工具库，Eigen 库、Qt 开发框架的 API 接口均提供了 C++开发包，因此选用 C++作为该软件的开发语言。

3.3.2　软件功能介绍

考虑到车身构件机器人智能磨抛系统的需求，该软件应具备以下功能：人机交互功能、点云可视化功能、信息输出功能、手眼标定功能、工件（车身）标定功能，如图 3-21 所示。人机交互为 Qt 开发框架自带功能，也是该软件的核心，主要是通过用户点击界面来达到功能响应的目的；点云可视化功能主要是为了显示点云的实时状态；信息输出功能主要是为了实时输出标定结果及误差信息；手眼标定功能主要是为了获取手眼矩阵，对多视角车身测量点云拼接获取车身实体的点云，其中包括文件读取、球心计算、轴向量和 TCP 计算、矩阵计算、球拼接误差分析及车身测量点云拼接；工件（车身）标定功能主要是为了获取由 CAD 模型到车身实体的转换矩阵，进而将 CAD 模型上的仿真轨迹移植到车身实体上，主要包括读取 CAD 点云、数据预处理、关键点提取、点云粗匹配、点云精匹配及输出转换矩阵。

下面对基本的功能做详细介绍，软件系统根据功能需求将整个框架细分为各个功能模块。

（1）点云可视化功能

三维可视化模块主要利用 Qvtkwidget 控件实现，可实现对三维点云的多功能显示，包括移动、缩放、旋转、渲染等；可视化窗口可显示不同状态下的标准球点云、车身测量点云及 CAD 点云，同时 VTK 中的 Colorbar 可实现距离到颜色条的映射，以色谱图的形式反映距离偏差；在可视化窗口下可通过鼠标完成人机交互，鼠标左键按住不放并移动可完成点云旋转操作，鼠标滚轮键按住不放并移动可完成点云移动操作，鼠标滚轮键滚动可完成点云缩放操作，鼠标右键按住不放并移动同样可完成点云缩放操作。

（2）信息输出功能

信息输出模块主要利用 QtextBrowser 控件实现，可对标定过程中的各种信息实时输出，包括导入点云的数量、格式、名称，各程序的运行时间、运行结果。运行结果具体包括：球体模型的半径和球心、手眼标定中 x、y、z 轴及 TCP 的信息、手眼矩阵、标准球拼接误差、车身测量点云拼接进程、数据预处理后的点云数量、提取的关键点数量、点云粗匹配后的输出矩阵、点云精匹配后的输出矩阵、工件（车身）标定结果。

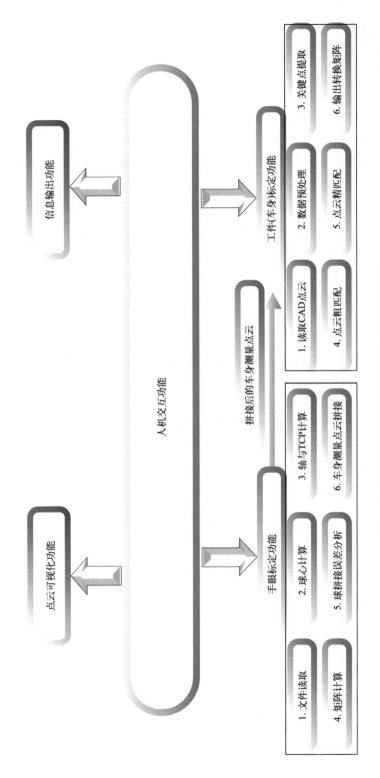

图 3-21　车身构件机器人磨抛系统自动化标定软件

（3）手眼标定功能

手眼标定功能通过代码编程实现，该模块集结了第 2 章中描述的算法代码，主要是为了获取手眼矩阵并借助该手眼矩阵实现多角度车身测量点云拼接。可以导入标准球点云数据并内部转换为 .pcd 格式；球心计算程序为 RANSAC 算法和最小二乘法的代码集成，可修改剔除球模型局外点的阈值；轴向量和 TCP 计算程序为 RANSAC 算法、最小二乘法及矩阵正交化方法的代码集成，可修改剔除空间直线模型、球模型局外点的阈值，同时对 x、y、z 轴最佳正交化；矩阵计算程序是对 x、y、z 轴与 TCP 进行计算，输出手眼矩阵的程序代码；球拼接误差分析程序可通过手眼矩阵对三角度球面点云进行拼接，自动拟合拼接球半径并输出与标准半径的偏差，显示拼接球的误差色谱图；车身测量点云拼接程序是在球拼接误差可接受时，对多角度拍摄的车身点云进行拼接，为车身标定提供车身测量点云。

（4）工件（车身）标定功能

工件（车身）标定功能通过代码编程实现，该模块集结了第 3 章中描述的算法代码，主要是为了获取由 CAD 模型到车身实体的转换矩阵，进而将基于 CAD 模型的仿真轨迹移植到车身实体上。可导入点云并自动转换成 .pcd 格式；数据预处理模块主要集成了滤波和法向量计算的程序，可对车身测量点云和 CAD 点云进行滤波并计算法向量，可通过修改滤波系数控制点云数量；关键点提取模块集成了"局部最高最低点"关键点提取的代码，可进一步减少点云数量，只保留具有明显特征的点，可通过调节关键点搜索半径来控制关键点的数量；点云粗匹配模块集成了 4PCS 算法的代码，可输出粗匹配矩阵并初步转换车身测量点云为精匹配提供良好的初始位置；点云精匹配模块集成了架构优化后的 WPMAVM 算法代码，可调节采样系数和迭代次数控制匹配效率；输出转换矩阵模块可通过粗匹配矩阵和精匹配矩阵计算最终的转换矩阵，并将该转换矩阵转换为四元数和平移矩阵。

3.3.3 软件功能调试与使用说明

本软件的核心功能为手眼标定功能和工件（车身）标定功能，点云可视化功能和信息输出功能为辅助功能，主要针对两个核心功能内的各个模块进行调试与使用说明。车身构件机器人磨抛系统自动化标定软件的页面布局如图 3-22 所示，顶部为"手眼标定"功能和"车身标定"功能，点击"手眼标定"功能和"车身标定"功能可分别显示手眼标定和车身标定的菜单栏，下方为信息输出功能的输出框，中部为点云可视化功能的可视化窗口，左侧为点云勾选窗口，通过勾选确定显示隐藏点云。

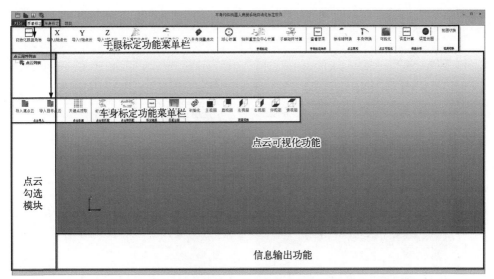

图 3-22　车身构件机器人磨抛系统自动化标定软件页面布局

(1) 手眼标定功能

导入手眼标定的原始数据，扫描仪输出的文件均为 ScanData 前缀加标号。输入 x 轴、y 轴、z 轴、重定位、拼接球、车身测量点云的起始标号和终止标号，以 x 轴数据导入为例，如图 3-23(a) 所示，点击 ScanData 文件，即可导入 x 轴数据，其他数据与 x 轴数据导入方式相同。如图 3-23(b) 所示，点击球心计算，可分别计算 x 轴、y 轴、z 轴和重定位的球面点云球心，球面数据经 RANSAC 算法设定阈值剔除局外点后可由最小二乘法计算球心，默认阈值为 0.08mm；在信息输出功能窗口可显示半径，根据计算半径与标准球半径 19.0574mm 比对可判断球体模型拟合质量。如图 3-23(c) 所示，点击"轴和重定位中心计算"，分别计算 x 轴、y 轴、z 轴的向量坐标和重定位的 TCP 坐标，可由 RANSAC 算法设置阈值剔除局外点后再由最小二乘法计算，默认阈值为 0.5mm；在信息输出功能窗口可查看输出的 x 轴、y 轴、z 轴与 TCP 计算结果。如图 3-23(d) 所示，点击"手眼矩阵计算"中的旋转矩阵计算和平移矩阵计算可分别完成旋转矩阵和平移矩阵求解，点击"查看结果"可在信息输出功能窗口查看最终的手眼矩阵。

如图 3-24(a) 所示，点击"标准球转换"可完成三角度球面点云拼接，点击"可视化"可查看拼接前的三角度球面点云和拼接后的球面点云，点击"误差分析"，可在信息输出功能窗口查看拼接后的球点云拟合半径与标准球半径的偏差。如图 3-24(b) 所示，点击"误差云图"可分析拼接后的球面点云测点与标准球面的误差分布情况，并在信息输出功能窗口输出点云偏差。

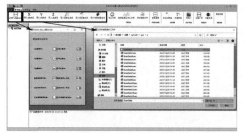

(a) 导入手眼标定数据示意图

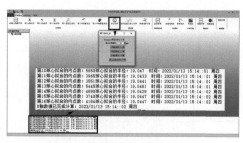

(b) 球心计算示意图

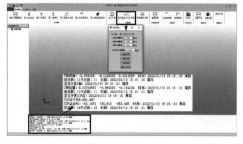

(c) 轴和TCP求解示意图

(d) 手眼矩阵求解示意图

图 3-23　手眼标定流程

(a) 球拼接示意图

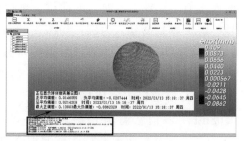

(b) 拼接球的色谱图

图 3-24　手眼标定误差分析

如图 3-25 所示，点击"车身转换"可完成多角度车身测量点云拼接，点击"可视化"可查看拼接前的车身测量点云和拼接后的车身测量点云。

（2）车身标定功能

如图 3-26（a）所示，点击"导入源点云"和"导入目标点云"可分别导入拼接后的车身测量点云与 CAD 点云，并在点云可视化功能窗口显示车身测量点云与 CAD 点。如图 3-26（b）所示，点击"关键点提取"，可弹出关键点提取的参数设置窗口，默认均匀滤波半径为 6mm、法向量计算半径为 15mm，点击"点云预处理"完成测量点云和 CAD 点云的预处理，在"局部最高最低点"关键点提取中，测量点云默认参数 15mm，CAD 点云默认参数 15mm，点击"关

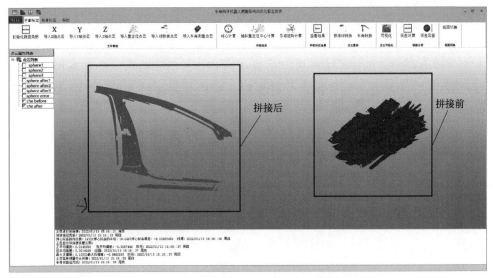

图 3-25　车身测量点云拼接示意图

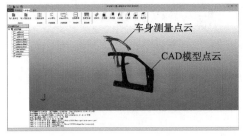

(a) 导入测量点云与CAD点云

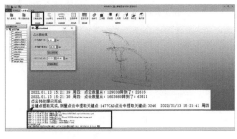

(b) 关键点提取

(c) 4PCS匹配

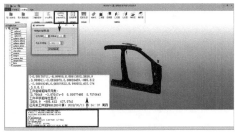

(d) WPMAVM匹配

图 3-26　车身标定流程

键点提取"可在点云可视化窗口显示车身测量点云关键点和 CAD 点云关键点，并在信息输出功能查看提取的关键点数量。如图 3-26(c) 所示，点击"4PCS 算法"可弹出优化 4PCS 算法的参数设置，默认重叠率为 0.7，对应点距离为 10mm，采样点数目为 300，点击"4PCS 匹配"可在点云可视化功能窗口查看粗匹配转换后的车身测量点云与 CAD 点云，在信息输出功能窗口可查看粗匹配矩阵。如图 3-26（d）所示，点击"WPMAVM 算法"可弹出 WPMAVM 算法的参数设置，默认迭代次数为 10，采样半径为 25mm，终止迭代阈值为 0.0001mm，点击"WPMAVM 匹配"可在点云可视化功能窗口查看经精匹配转换后的点云与 CAD 点云，点击"查看结果"可在信息输出功能窗口查看最终的车身标定矩阵。

如图 3-27 所示，点击"匹配云图"可在点云可视化功能窗口查看最终转换后的测量点云与 CAD 点云偏差分布情况。

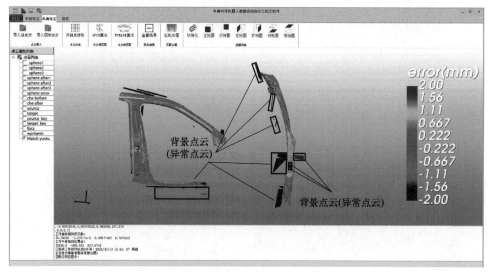

图 3-27 匹配后的色谱图（见书后彩插）

参 考 文 献

[1] Xu X, Zhu D, Wang J, et al. Calibration and accuracy analysis of robotic belt grinding system using the ruby probe and criteria sphere [J]. Robotics and Computer-Integrated Manufacturing, 2018, 51: 189-201.

[2] 吕睿, 彭真, 吕远健, 等. 基于重定位的叶片机器人磨抛系统手眼标定算法 [J]. 中国机械工程, 2022, 33 (3): 339-347.

[3] Jiang J, Luo X, Luo Q, et al. An overview of hand-eye calibration [J]. International Journal of Advanced Manufacturing Technology, 2022, 119 (1): 77-97.

[4] Li M, Du Z, Ma X, et al. A robot hand-eye calibration method of line laser sensor based on 3D reconstruction [J]. Robotics and Computer-Integrated Manufacturing, 2021, 71: 102136.

[5] Li W, Xie H, Zhang G, et al. Hand-eye calibration in visually-guided robot grinding [J]. IEEE Transactions on Cybernetics, 2016, 46 (11): 2634-2642.

[6] Aiger D, Mitra N J, Cohen-Or D. 4-Pointscongruent sets for robust pairwise surface registration [J]. ACM Transactions on Graphics, 2008, 27 (3): 1-10.

［7］　Lv R，Liu H，Wang Z，et al. WPMAVM：Weighted plus-and-minus allowance variance minimization algorithm for solving matching distortion［J］. Robotics and Computer-Integrated Manufacturing，2022，76：102320.

［8］　Theiler P W，Wegner J D，Schindler K. Markerless point cloud registration with keypoint-based 4-Points congruent sets［J］. ISPRS Annals of Photogrammetry，Remote Sensing and Spatial Information Sciences，2013，1（2）：283-288.

［9］　Theiler P W，Wegner J D，Schindler K. Keypoint-based 4-Points congruent sets-automated markerless registration of laser scans［J］. ISPRS Journal of Photogrammetry and Remote Sensing，2014，96：149-163.

［10］　Besl P J，Mckay H D. Amethod for registration of 3-D shapes［J］. IEEE Transactions on Pattern Analysis and Machine Intelligence，1992，14（2）：239-256.

［11］　Xie H，Li W L，Yin Z P，et al. Variance-minimization iterative matching method for free-form surfaces—Part Ⅰ：Theory and method［J］. IEEE Transactions on Automation Science and Engineering，2018，16（3）：1181-1191.

［12］　Xie H，Li W，Yin Z P，et al. Variance-Minimization iterative matching method for free-form surfaces—Part Ⅱ：Experiment and analysis［J］. IEEE Transactions on Automation Science and Engineering，2018，16（3）：1192-1204.

［13］　Nüchter A，Kai L，Hertzberg J. Cached kdtree search for ICP algorithms［C］//Sixth International Conference on 3-D Digital Imaging and Modeling（3DIM 2007）. IEEE，2007：419-426.

［14］　熊有伦，李文龙，陈文斌，等. 机器人学：建模，控制与视觉［M］. 武汉：华中科技大学出版社，2020.

［15］　Huang X，Zhang J，Fan L，et al. A systematic approach for cross-source point cloud registration by preserving macro and micro structures［J］. IEEE Transactions on Image Processing，2016，26（7）：3261-3276.

［16］　吕睿. 车身构件机器人智能磨抛系统标定及自动化标定软件开发［D］. 武汉：武汉理工大学，2022.

第 **4** 章

机器人磨抛恒力控制技术

在机器人磨抛过程中，工具和工件接触面之间的接触力是影响加工表面质量的主要因素之一。接触力过大会产生"过磨"，接触力过小则会产生"欠磨"，因此必须对其进行精密控制。但是机器人系统在加工过程中只能按照规划好的路径来进行运动，接触力无法得到控制，其变化大小主要与机器人系统坐标系标定精度和路径规划精度有关。因此，仅依靠机器人系统自身来实现对加工过程中的接触力实时监控与调整是不可行的，只能通过加载外部传感器来对接触力进行感知，从而与机器人加工系统建立通信，实现对接触力的实时控制，以提高加工质量。

4.1 机器人磨抛过程力分析

作为影响工件表面磨抛质量的因素之一，磨抛力 F 对工件的最终表面质量和材料去除率有至关重要的影响。在机器人砂带磨抛过程中，磨抛力可以分为相互垂直的 3 个分力[1]，即：切向磨抛力 F_t，方向沿着接触轮切向；法向磨抛力 F_n，方向沿着接触轮法向；轴向磨抛力 F_a，方向沿着接触轮轴向，如图 4-1 所示。磨抛过程中，轴向力 F_a 一般较小，可以忽略不计。由于砂带具有较大的负前角，因此法向力 F_n 大于切向力 F_t，并且，两者之间的比值近似固定。

$$\begin{cases} \boldsymbol{F} = \boldsymbol{F}_a + \boldsymbol{F}_n + \boldsymbol{F}_t \\ \mu = \boldsymbol{F}_t / \boldsymbol{F}_n \end{cases} \tag{4.1}$$

式中，μ 为等效摩擦系数，即磨抛力比，一般在 0.2～0.7 之间。该数值在 0.2 或 0.2 以下，表明在工件接触过程中，具有良好的润滑效果，但磨粒切入深度较小；而该数值较大则对应于较锋利的磨粒和较大的磨粒切入深度。

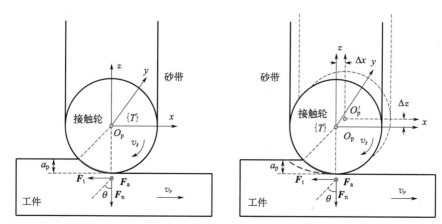

图 4-1　机器人砂带静态磨抛（左）和动态磨抛（右）过程示意图

理论上，机器人砂带磨抛为如图 4-1 所示的静态磨抛过程，在工艺参数一定的情况下，材料去除深度 a_p 为定值。但是由于在磨抛机高速旋转过程中，接触轮会出现轴向窜动，从而导致偏心，即磨抛机工具坐标系 $\{T\}$ 的圆心 O_p 在加工过程中会跳动到 O_p'，从而导致材料去除深度 a_p 随接触轮轴向窜动的情况而变化。因此，实际的机器人砂带磨抛是一个动态切削时变的过程，材料去除量无法得到很好的控制，导致加工一致性较差。为解决这一问题，引入主动力控制和被动力控制技术[2]，即在机器人砂带磨抛过程中，始终对法向力 F_n 进行恒力控制，从而有效解决偏心带来的磨抛不均匀现象，进一步保证材料均匀去除。

4.2　机器人磨抛主动力控制

如图 4-2 所示，机器人磨抛过程中的主动力控制不仅包含力控制算法，还包含工件的测量与点云匹配、离线编程、模型优化和动力学建模等操作。通过对机器人运动的接触力与机器人的位置进行控制，使其在加工过程中实时进行调整以满足预期的轨迹运动，并且监控的力和位置满足期望值，从而来影响对应的材料去除量和工件的型面精度，保证工件的加工一致性。

在机器人磨抛过程中，本系统主要通过六维力传感器来感知加工环境中的力和力矩信号，进而采用基于 PI/PD 的力/位混合主动力控制算法，其主要操作过程包含：六维力信号采集与处理、零点漂移补偿和重力补偿、主动力控制算法、接触力和位置实时调整、控制误差分析等。

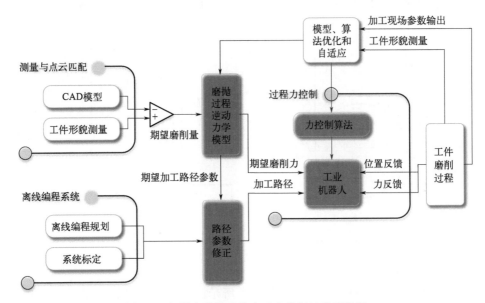

图 4-2　机器人磨抛系统主动力控制过程示意图

4.2.1　信号采集和处理

4.2.1.1　力传感器信号采集

六维力传感器一般采用应变片式力传感器构造，其弹性体结构是决定传感器性能（诸如灵敏度、刚性、动态性能、维间耦合等指标）的关键。六维力传感器产品种类较多，内部的弹性体在设计上通常有并联式结构、二级重叠并联式结构、非径向结构、平面结构及其他结构形式。并联式结构应用最为广泛，体现在贴片上，就是每个梁上的贴片都无差别地承受每一载荷。本章节分析所采用的是ATI公司六维力传感器，其内部结构如图 4-3 所示。

图 4-3　ATI六维力传感器内部结构

1—外筒；2—中心上电路板；3—中心下电路板；4—横梁；5—硅应变片

外筒内部的 3 个横梁组成方向盘形状，每个轮毂外壁贴有硅应变片，应变片组成半桥电路。每个横梁有 2 个通道输出，一起组成六通道信号输出。传感器的工作流程如图 4-4 所示。当传感器受到外力/外力矩时，横梁发生形变，梁壁上的贴片电阻发生相应变化，经过电桥电路输出为通道电压值，再经过标定矩阵转换为原始力/力矩数据，显示在传感器坐标上。硅材料的应变片十分灵敏，它可以使增益最大化，减小信噪比，并且这种装配方式可以有效减少磁滞现象。

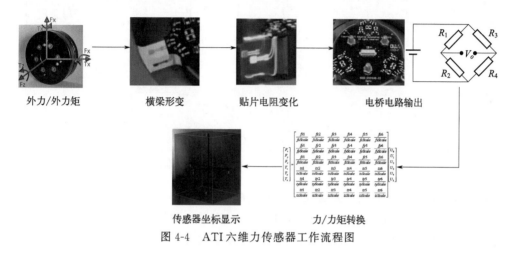

图 4-4　ATI 六维力传感器工作流程图

本系统采用的六维力传感器型号为 ATI Omerga160 系列，由 3 个互成 120°的应变片组成，从而可以灵敏地感知电压的变化。同时，采用 NI 数据采集系统来获取传感器感知的 6 个通道的电压信号（$U_0 \sim U_5$）。通过对原始电压信号进行处理，可以减小信号波动，消除奇异性等，从而使采集的信号更加真实稳定。

机器人磨抛过程中，力信号数据采集卡型号为 NI 公司的 PXIe-4492，其具体功能如图 4-5 所示，包含：支持多达 8 通道的动态数据同步采集、分辨率为 24 位、最大采样频率为 204.8kS/s。同时，PXIe 采用了伪差分信号输入方式，可以减少环境干扰和系统噪声，并允许在信号放大器的共模电压范围内与浮动信号进行连接。数据采集卡安装在 NI 设备的机匣中，不仅可以进一步减少信号扰动和电磁干扰，还能够保证信号持续采集过程的可靠性和稳定性。

4.2.1.2　采集信号调制处理方法

采集的原始电压信号通常会受到环境噪声和系统噪声的电磁干扰和信号干扰，因此需要对采集的信号进行滤波处理，剔除突兀的噪声信号。在机器人磨抛中，主要采用硬件滤波和软件滤波来减小外部环境的干扰。

硬件滤波主要是指采用自带的模拟电路对模拟信号滤波，而该系统采用的

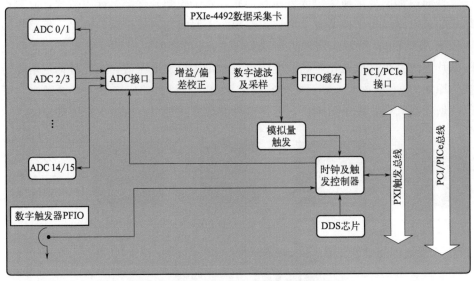

图 4-5　PXIe-4492 数据采集卡功能方框图

4492 数据采集卡具有抗混叠滤波器和电流激励的功能。如图 4-6 所示为 4492 数据采集卡滤波前后的电压对比图，可以看出，在没有硬件滤波的情况下，环境干扰和系统干扰比较严重，导致采集的信号跳动比较大。

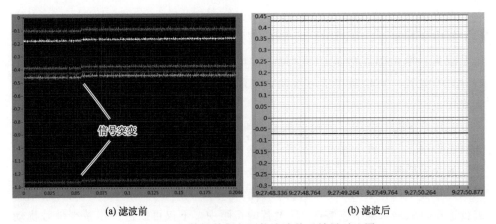

(a) 滤波前　　　　　　　　　　　　　　　(b) 滤波后

图 4-6　4492 数据采集卡硬件滤波前后效果对比图

　　由于大多数工业干扰信号都是高频噪声，因此在软件层面上采用低通数字滤波器来对信号进行平滑光顺处理，减小甚至消除噪声。本节采用的 Butterworth 低通滤波器是一种全极点配置的滤波器[3]，具有平坦的幅频响应、良好的线性相位特性等优点。归一化的一阶和二阶 Butterworth 低通滤波器的原型如下：

$$\begin{cases} H_{L0}(s)_1 = \dfrac{1}{s+1} \\[2mm] H_{L0}(s)_2 = \dfrac{1}{s^2 + \sqrt{2}\,s + 1} \\[2mm] H_L(s) = H_{L0}(s/\omega_c) \end{cases} \tag{4.2}$$

式中，s 为变量；ω_c 为截止角频率，并且满足：

$$\omega_c = 2\pi f_c \tag{4.3}$$

通过采用 Tsstin 离散化方法，s 可以变为：

$$s = \frac{2}{T_s} \times \frac{z-1}{z+1} \tag{4.4}$$

此时，归一化后的一阶 Butterworth 低通滤波器为：

$$H_L(z)_1 = \frac{b_0 + b_1 z^{-1}}{1 + a_1 z^{-1}} \tag{4.5}$$

式中，$a_1 = \dfrac{\omega_c T_s - 2}{\omega_c T_s + 2}$；$b_0 = \dfrac{\omega_c T_s}{\omega_c T_s + 2}$；$b_1 = \dfrac{\omega_c T_s}{\omega_c T_s + 2}$。

同时，归一化后的二阶 Butterworth 低通滤波器为：

$$H_L(z)_2 = \frac{b_0 + b_1 z^{-1} + b_2 z^{-2}}{1 + a_1 z^{-1} + a_2 z^{-2}} \tag{4.6}$$

式中，$a_1 = \dfrac{2\omega_c^2 T_s^2 - 8}{den}$；$a_2 = \dfrac{\omega_c^2 T_s^2 - 2\sqrt{2}\,\omega_c T_s + 4}{den}$；$b_0 = \dfrac{\omega_c^2 T_s^2}{den}$；$b_1 = \dfrac{2\omega_c^2 T_s^2}{den}$；$b_2 = \dfrac{\omega_c^2 T_s^2}{den}$；$den = \omega_c^2 T_s^2 + 2\sqrt{2}\,\omega_c T_s + 4$。

由以上可知，一阶和二阶数字低通滤波器的系数都可通过低通滤波器的截止频率来计算。因此，滤波器的阶数要小，避免前一时刻较大信号值所造成的信号延迟。根据实际情况选择二阶数字低通滤波器进行软件层面上的信号滤波。通过 LabVIEW 软件直接选择二阶 Butterworth 滤波器，以实现对信号的滤波，去除大部分高频噪声和噪点，获取的电压信号更加稳定和连续，如图 4-7 所示。

经过硬件和软件滤波后，可以减少电压信号失真，去除绝大部分的噪点信息，但是不能完全消除。因此，在软件层面上需要进一步去除噪点，以保证采集的加工过程信号更加真实可靠。即在单个采集周期内，如果当前时刻的电压数据集 U_c 超过了周期内电压的最大变化范围，则可以丢弃或更换为平均值 U_m，具体计算公式如下：

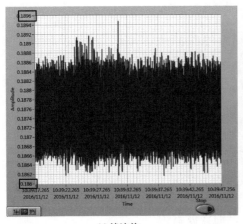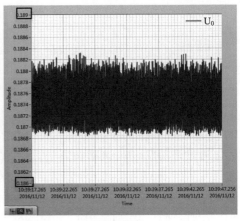

(a) 滤波前　　　　　　　　　　　　　　　　　(b) 滤波后

图 4-7　　电压信号软件滤波前后效果对比图

$$\begin{cases} U_{\min} \leqslant \{U_c\} \leqslant U_{\max} \\ U_m = \sum_{i=1}^{N} \Sigma \{U_c\} \big/ N \end{cases} \tag{4.7}$$

如果电压集 $\{U_c\}$ 超过了其范围，则：

$$\{U_c\} = U_m \tag{4.8}$$

式中，U_c 是当前时刻的电压值；N 是数据采样数；U_m 是单个周期内电压平均值。

在机器人加工过程中，通过六维力传感器和数据采集卡采集到的电压信号一般情况下会稳定在一个比较小的范围内，波动较小。因此，为进一步消除一些信号突变，使采集的数据更加稳定，可以进行电压信号的稳压区间处理，具体如下：

$$\{U_c\} \in (fU_m, U_m/f) \tag{4.9}$$

式中，f 为稳压区间可调因子。当电压集 $\{U_c\}$ 超过了上述规定的电压范围，则有：

$$\{U_c\} = \{U_p\} \tag{4.10}$$

式中，$\{U_c\}$ 为当前时刻的电压数值集合，$\{U_p\}$ 是前一时刻的电压数值集合。如果在一开始当前电压数值集合就超过了这个范围，则有：

$$\{U_c\} = U_m \tag{4.11}$$

六维力传感器系统由直流电源、信号放大器、A/D 串行模块等部分组成。为了使传感器正常工作，采用了稳定的 15V 直流电源。信号放大器则将弱应变信号转换为标准模拟信号（−10～+10V），最后转化成力和转矩信号。六维力传感器的力信号与应变片的输出信号存在一定程度的耦合关系，通过对传感器进行静态标定来减少输出值与理论计算值之间的误差。传感器通过信号放大盒可以获取 6 个通道的电压值，根据 ABB 和 ATI 提供的参考文件[4]，可以将传感器坐标系中的原始力和转矩计算为：

$$
\begin{cases}
F_x = \dfrac{fx1}{fxScale}U_0 + \dfrac{fx2}{fxScale}U_1 + \dfrac{fx3}{fxScale}U_2 + \dfrac{fx4}{fxScale}U_3 + \dfrac{fx5}{fxScale}U_4 + \dfrac{fx6}{fxScale}U_5 \\[2mm]
F_y = \dfrac{fy1}{fyScale}U_0 + \dfrac{fy2}{fyScale}U_1 + \dfrac{fy3}{fyScale}U_2 + \dfrac{fy4}{fyScale}U_3 + \dfrac{fy5}{fyScale}U_4 + \dfrac{fy6}{fyScale}U_5 \\[2mm]
F_z = \dfrac{fz1}{fzScale}U_0 + \dfrac{fz2}{fzScale}U_1 + \dfrac{fz3}{fzScale}U_2 + \dfrac{fz4}{fzScale}U_3 + \dfrac{fz5}{fzScale}U_4 + \dfrac{fz6}{fzScale}U_5 \\[2mm]
T_x = \dfrac{tx1}{txScale}U_0 + \dfrac{tx2}{txScale}U_1 + \dfrac{tx3}{txScale}U_2 + \dfrac{tx4}{txScale}U_3 + \dfrac{tx5}{txScale}U_4 + \dfrac{tx6}{txScale}U_5 \\[2mm]
T_y = \dfrac{ty1}{tyScale}U_0 + \dfrac{ty2}{tyScale}U_1 + \dfrac{ty3}{tyScale}U_2 + \dfrac{ty4}{tyScale}U_3 + \dfrac{ty5}{tyScale}U_4 + \dfrac{ty6}{tyScale}U_5 \\[2mm]
T_z = \dfrac{tz1}{tzScale}U_0 + \dfrac{tz2}{tzScale}U_1 + \dfrac{tz3}{tzScale}U_2 + \dfrac{tz4}{tzScale}U_3 + \dfrac{tz5}{tzScale}U_4 + \dfrac{tz6}{tzScale}U_5
\end{cases}
$$

$$(4.12)$$

式中，F_x、F_y、F_z 和 T_x、T_y、T_z 是在传感器坐标系下的力和力矩；U_0、U_1、U_2、U_3、U_4、U_5 为传感器 6 个通道的电压值；$fx1$，$\cdots$，$fx6$，$fy1$，$\cdots$，$fy6$，$fz1$，$\cdots$，$fz6$，$tx1$，$\cdots$，$tx6$，$ty1$，$\cdots$，$ty6$，$tz1$，$\cdots$，$tz6$ 和 $fxScale$，$\cdots$，$tzScale$ 分别为传感器的力和力矩的标定系数。

在机器人加工系统中，原始测量电压信号（U_0、U_1、U_2、U_3、U_4、U_5）通过一系列的信号调理方式可变为当前信号的集合，即（$\{U_{s0}\}$、$\{U_{s1}\}$、$\{U_{s2}\}$、$\{U_{s3}\}$、$\{U_{s4}\}$、$\{U_{s5}\}$）。因此，力和力矩可为：

$$
\begin{cases}
\{F_i\} = \dfrac{fi1}{fiScale}\{U_{s0}\} + \dfrac{fi2}{fiScale}\{U_{s1}\} + \dfrac{fi3}{fiScale}\{U_{s2}\} + \dfrac{fi4}{fiScale}\{U_{s3}\} + \dfrac{fi5}{fiScale}\{U_{s4}\} + \dfrac{fi6}{fiScale}\{U_{s5}\} \\[2mm]
\{T_i\} = \dfrac{ti1}{tiScale}\{U_{s0}\} + \dfrac{ti2}{tiScale}\{U_{s1}\} + \dfrac{ti3}{tiScale}\{U_{s2}\} + \dfrac{ti4}{tiScale}\{U_{s3}\} + \dfrac{ti5}{tiScale}\{U_{s4}\} + \dfrac{ti6}{tiScale}\{U_{s5}\}
\end{cases}
$$

$$(4.13)$$

式中，$i = x$，y，z；$\{U_{s0}\}$、$\{U_{s1}\}$、$\{U_{s2}\}$、$\{U_{s3}\}$、$\{U_{s4}\}$、$\{U_{s5}\}$ 为当前信号值 U_0、U_1、U_2、U_3、U_4、U_5 的集合，而集合中的数值量多少与采样量和采样频率有关。

虽然六维力传感器在出厂时已做过自身标定，但这只是得到采集电压和力与力矩的对应关系，还需要进行静态标定来将传感器坐标系的力和力矩转化为机器人加工系统中对应的力和力矩，因此需要对传感器进行零点漂移补偿和重力/重力矩补偿。

4.2.2 零点漂移补偿和重力/重力矩补偿

零点漂移补偿和重力/重力矩实时补偿的基本思想是将采集到的力信号补偿在传感器坐标系下，这就需要建立传感器坐标与基坐标的转换关系[5]。由于传感器安装在机器人末端随机器人运动，所以这种转换关系间接反映为机器人末端的姿态旋转变化。在工业机器人中，一般采用四元数来描述这种变化。

四元数的概念最早由爱尔兰数学家 William Rowan Hamilton 于 1843 年提出，作为复数的推广，四元数 q 被定义为：

$$q = w + \mathbf{i}x + \mathbf{j}y + \mathbf{k}z \tag{4.14}$$

式中，w、x、y、z 为实数；$\mathbf{i}$、$\mathbf{j}$、$\mathbf{k}$ 满足：

$$\mathbf{i}^2 = \mathbf{j}^2 = \mathbf{k}^2 = ijk = -1 \tag{4.15}$$

随后，式(4.15)被改写成抽象的形式：

$$q = [(x, y, z), w] = [\vec{v}, w] \tag{4.16}$$

四元数刻画三维空间中的旋转，绕单位向量 (x, y, z) 表示的轴旋转 θ，可令 $q = \left[(x, y, z)\sin\dfrac{\theta}{2}, \cos\dfrac{\theta}{2} \right]$，刚体坐标系中的点 $p(P, 0)$，即旋转后的坐标 p' 为 $p' = qpq^{-1}$。该操作相当于为点 p 提供了如下的旋转矩阵：

$$\mathbf{R} = \begin{bmatrix} 1-2(y^2+z^2) & 2xy-2wz & 2wy+2xz \\ 2xy+2sz & 1-2(x^2+z^2) & -2wx+2yz \\ -2wy+2xz & 2wx+2yz & 1-2(x^2+y^2) \end{bmatrix} \tag{4.17}$$

将当前四元数代入式(4.17)，可得到对应的旋转矩阵为：

$$\mathbf{R} = \begin{bmatrix} n_1 & o_1 & a_1 \\ n_2 & o_2 & a_2 \\ n_3 & o_3 & a_3 \end{bmatrix} = \begin{bmatrix} 1-2(q_3^2+q_4^2) & 2(q_2q_3-q_1q_4) & 2(q_1q_3+q_2q_4) \\ 2(q_2q_3+q_1q_4) & 1-2(q_2^2+q_4^2) & 2(q_3q_4-q_1q_2) \\ 2(q_2q_4-q_1q_3) & 2(q_3q_4+q_1q_2) & 1-2(q_2^2+q_3^2) \end{bmatrix}$$

$$\tag{4.18}$$

4.2.2.1 零点漂移补偿

当机器人末端的传感器处于空载状态时，得到力和力矩的数值可能不趋近于零，主要是由于受到传感器自身重力、螺栓安装预紧力、电源电压和温度等外部环境的影响，导致测量的力和力矩数值不为零。因此，需要对静态下的传感器进行零点漂移补偿，使机器人空载和静态下的末端传感器测量的力和力矩数值为零。当机器人处于原点（Home 点）时，传感器的受力分析如图 4-8 所示。理论情况下，传感器的 x 轴正方向垂直向下，但实际情况下，传感器的安装位置有一定偏差，即 x 轴与垂直向下的方向成一个角度。θ 为机器人运动时传感器的旋转角度。

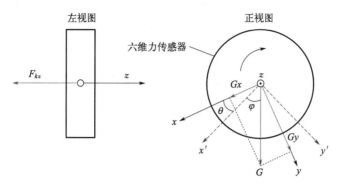

图 4-8　ATI 六维力传感器的受力分析示意图

根据上述的应力分析，可得：

$$\begin{cases} F_x = (G_S + G_T)\cos(\theta + \varphi) + F_{kx} + F_{rx} \\ F_y = (G_S + G_T)\sin(\theta + \varphi) + F_{ky} + F_{ry} \\ F_z = F_{kz} + F_{rz} \end{cases} \tag{4.19}$$

式中，G_S 是传感器在坐标系 $\{F\}$ 下的重力；G_T 是传感器负载的重力；F_{kz} 是机器人末端法兰安装产生的螺纹预紧力，方向总是沿着传感器坐标系 $\{F\}$ 的 z 轴负方向；F_{kx} 和 F_{ky} 是传感器零点漂移值；F_{rx}、F_{ry} 和 F_{rz} 分别是三个方向所受到的惯性力。

同样地，对应的力矩为：

$$\begin{cases} T_x = -(G_S + G_T) \times l_s \times \cos(\theta + \varphi) + T_{kx} + T_{rx} \\ T_y = (G_S + G_T) \times l_s \times \sin(\theta + \varphi) + T_{ky} + T_{ry} \\ T_z = T_{kz} + T_{rz} \end{cases} \tag{4.20}$$

式中，T_{kx} 和 T_{ky} 是传感器的零点漂移力产生的力矩值；T_{kz} 是螺纹预紧力产生的力矩值；l_s 是传感器末端负载重心与传感器坐标系的距离值；T_{rx}、T_{ry} 和 T_{rz} 分别为三个方向惯性力所产生的力矩值。

因此，补偿后的结果为：

$$\begin{cases} \{F_{ci}\} = \{F_i\} - F_{ki} - F_{ri} \\ \{T_{ci}\} = \{T_i\} - T_{ki} - T_{ri} \end{cases} \tag{4.21}$$

式中，$i = x$、y 和 z；$\{F_{ci}\}$ 和 $\{T_{ci}\}$ 是在零点漂移补偿后的力和力矩数值集合。

4.2.2.2 实时重力/重力矩补偿

由于传感器安装在机器人末端，并随机器人的运动而运动，因此机器人末端坐标系 $\{Tool0\}$ 的姿态可以看作传感器坐标系的姿态。传感器坐标系 $\{F\}$ 的四元数为 (q_1,q_2,q_3,q_4)，即机器人的 TCP 在机器人基坐标系 $\{B\}$ 的四元数。旋转矩阵 $\boldsymbol{R}$ 为：

$$\boldsymbol{R}=\begin{bmatrix} n_1 & o_1 & a_1 \\ n_2 & o_2 & a_2 \\ n_3 & o_3 & a_3 \end{bmatrix}=\begin{bmatrix} 1-2(q_3^2+q_4^2) & 2(q_2q_3-q_1q_4) & 2(q_1q_3+q_2q_4) \\ 2(q_2q_3+q_1q_4) & 1-2(q_2^2+q_4^2) & 2(q_3q_4-q_1q_2) \\ 2(q_2q_4-q_1q_3) & 2(q_3q_4+q_1q_2) & 1-2(q_2^2+q_3^2) \end{bmatrix}$$

$$(4.22)$$

从机器人末端坐标系 $\{Tool0\}$ 到机器人基坐标系 $\{B\}$ 的变换矩阵为：

$$_{Tool0}^{B}\boldsymbol{T}=\begin{bmatrix} _{Tool0}^{B}\boldsymbol{R} & _{Tool0}^{B}\boldsymbol{P} \\ 0 & 1 \end{bmatrix}=\begin{bmatrix} n_1 & o_1 & a_1 & x \\ n_2 & o_2 & a_2 & y \\ n_3 & o_3 & a_3 & z \\ 0 & 0 & 0 & 1 \end{bmatrix}$$

$$(4.23)$$

传感器坐标系 $\{F\}$ 和机器人末端坐标系 $\{Tool0\}$ 的原点距离为 h，则传感器坐标系 $\{F\}$ 和机器人末端坐标系 $\{Tool0\}$ 的变换矩阵为：

$$_{S}^{Tool0}\boldsymbol{T}=\begin{bmatrix} c\varphi & -s\varphi & 0 & 0 \\ s\varphi & c\varphi & 0 & 0 \\ 0 & 0 & 1 & h \\ 0 & 0 & 0 & 1 \end{bmatrix}$$

$$(4.24)$$

式中，$c\varphi=\cos\varphi$，$s\varphi=\sin\varphi$。

因此，从坐标系 $\{F\}$ 到 $\{B\}$ 的变换矩阵可以计算为：

$$_{S}^{B}\boldsymbol{T}={}_{Tool0}^{B}\boldsymbol{T}\,{}_{S}^{Tool0}\boldsymbol{T}=\begin{bmatrix} _{S}^{B}\boldsymbol{R} & _{S}^{B}\boldsymbol{P} \\ 0 & 1 \end{bmatrix}=\begin{bmatrix} n_1c\theta+o_1s\theta & -n_1c\theta+o_1s\theta & a_1 & a_1h+x \\ n_2c\theta+o_2s\theta & -n_2c\theta+o_2s\theta & a_2 & a_2h+y \\ n_3c\theta+o_3s\theta & -n_3c\theta+o_3s\theta & a_3 & a_3h+z \\ 0 & 0 & 0 & 1 \end{bmatrix}$$

$$(4.25)$$

机器人末端传感器的负载主要是末端夹具和工件的重量，可为：

$$\boldsymbol{G}_1 = \begin{bmatrix} 0 \\ 0 \\ G_T + G_S \end{bmatrix} \tag{4.26}$$

对传感器的重力补偿应该在传感器的坐标系 $\{F\}$ 下，则重力补偿结果为：

$$F_{i0} = F_{ci} - {}_B^S\boldsymbol{R} \times \boldsymbol{G}_l \tag{4.27}$$

将上述方程改写为：

$$\begin{bmatrix} F_{x0} \\ F_{y0} \\ F_{z0} \end{bmatrix} = \begin{bmatrix} F_{cx} \\ F_{cy} \\ F_{cz} \end{bmatrix} - {}_B^S\boldsymbol{R} \begin{bmatrix} 0 \\ 0 \\ G_T + G_S \end{bmatrix} = \begin{bmatrix} F_x - F_{kx} - F_{rx} \\ F_y - F_{ky} - F_{ry} \\ F_z - F_{kz} - F_{rz} \end{bmatrix} - {}_S^B\boldsymbol{R}^{-1} \begin{bmatrix} 0 \\ 0 \\ G_T + G_S \end{bmatrix} \tag{4.28}$$

在实际操作中，传感器坐标系的位置可由 ABB 提供的标定算法获得，则：

$$\boldsymbol{P}_G = \begin{bmatrix} l_x \\ l_y \\ l_z \end{bmatrix} \tag{4.29}$$

则重力矩补偿可计算为：

$$\begin{bmatrix} T_{x0} \\ T_{y0} \\ T_{z0} \end{bmatrix} = \begin{bmatrix} T_{cx} \\ T_{cy} \\ T_{cz} \end{bmatrix} - \begin{bmatrix} 0 & -l_z & l_y \\ l_z & 0 & -l_x \\ -l_y & l_x & 0 \end{bmatrix} {}_B^S\boldsymbol{R} \begin{bmatrix} F_{kz} \\ 0 \\ \boldsymbol{G}_1 \end{bmatrix} \tag{4.30}$$

$$= \begin{bmatrix} T_x - T_{kx} - T_{rx} \\ T_y - T_{ky} - T_{ry} \\ T_z - T_{kz} - T_{rz} \end{bmatrix} - \begin{bmatrix} 0 & -l_z & l_y \\ l_z & 0 & -l_x \\ -l_y & l_x & 0 \end{bmatrix} {}_S^B\boldsymbol{R}^{-1} \begin{bmatrix} F_{kz} \\ 0 \\ \boldsymbol{G}_1 \end{bmatrix}$$

在机器人磨抛过程中，磨抛力应相对于工具坐标系 $\{T\}$，如图 4-9 所示，因此需要将重力补偿后的值转化到工具坐标系 $\{T\}$ 下。

工具坐标系 $\{T\}$ 可以表示为在机器人基坐标系 $\{B\}$ 下的姿态（$q_{1T}, q_{2T}, q_{3T}, q_{4T}$）和位置（$x_T, y_T, z_T$），则由坐标系 $\{B\}$ 到 $\{T\}$ 的变换矩阵为：

$$_B^T\boldsymbol{T} = \begin{bmatrix} {}_B^T\boldsymbol{R} & {}_B^T\boldsymbol{P} \\ 0 & 1 \end{bmatrix} = \begin{bmatrix} n_{1T} & o_{1T} & a_{1T} & x_T \\ n_{2T} & o_{2T} & a_{2T} & y_T \\ n_{3T} & o_{3T} & a_{3T} & z_T \\ 0 & 0 & 0 & 1 \end{bmatrix} \tag{4.31}$$

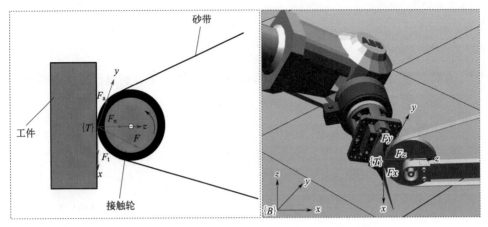

图 4-9　机器人加工过程中对应的磨抛力分布示意图

在工具坐标系 $\{T\}$ 中的力和转矩补偿结果为：

$$
\begin{cases}
\begin{bmatrix} F_{xT} \\ F_{yT} \\ F_{zT} \end{bmatrix} = {}_B^T\boldsymbol{R} \begin{bmatrix} F_{x0} \\ F_{y0} \\ F_{z0} \end{bmatrix} = \begin{bmatrix} n_{1T} & o_{1T} & a_{1T} \\ n_{2T} & o_{2T} & a_{2T} \\ n_{3T} & o_{3T} & a_{3T} \end{bmatrix} \begin{bmatrix} F_{x0} \\ F_{y0} \\ F_{z0} \end{bmatrix} \\[4ex]
\begin{bmatrix} T_{xT} \\ T_{yT} \\ T_{zT} \end{bmatrix} = {}_B^T\boldsymbol{R} \begin{bmatrix} T_{x0} \\ T_{y0} \\ T_{z0} \end{bmatrix} = \begin{bmatrix} n_{1T} & o_{1T} & a_{1T} \\ n_{2T} & o_{2T} & a_{2T} \\ n_{3T} & o_{3T} & a_{3T} \end{bmatrix} \begin{bmatrix} T_{x0} \\ T_{y0} \\ T_{z0} \end{bmatrix}
\end{cases}
\tag{4.32}
$$

4.2.3　主动力控制策略分析

对于机器人加工系统的动力学，学者们已开展了大量研究[6]。如果机器人操作臂与外界环境发生交互作用，就可以方便地描述机器人在 m 维操作空间中的操作动态情况。在忽略关节摩擦、反弹和弹性、制动器动力学等影响情况下，动力学方程为：

$$
M(x_d)\ddot{x}_d + h(x_d,\dot{x}_d) + g(x_d) = F_d - F_e
\tag{4.33}
$$

式中，x_d、$\dot{x}_d$ 和 $\ddot{x}_d$ 分别为机器人的关节位置（通常为末端执行器的位置）、相应的速度和加速度；$M(x_d)$ 为对称正定惯性矩阵；$h(x_d,\dot{x}_d)$ 表示离心和科氏力；$g(x_d)$ 为重力荷载；F_d 是驱动广义力；F_e 是施加在机器人末端上的外力。

机器人加工系统的动力学模型如图 4-10 所示。其中，A 为接触轮，用于间接与机器人末端相接触；B 为驱动轮，用于带动砂带的定向运行；C 为张紧轮，用于设定与保持砂带的张力，同时张紧机构与调偏机构相连，用于调整砂带的位置。砂带通过缠绕在这三个不同功用的轮子上，从而与机器人末端的工件进行接触加工。磨抛机的两个气缸为：张紧机构的阻尼气缸和力控制机构的伸缩气缸，前者控制调节砂带张紧力的大小，后者是一个被动补偿接触力机构，用来调节与控制磨抛加工过程中的法向接触力，保证机器人柔性磨削加工，防止接触力过大或过小造成过磨和欠磨现象。

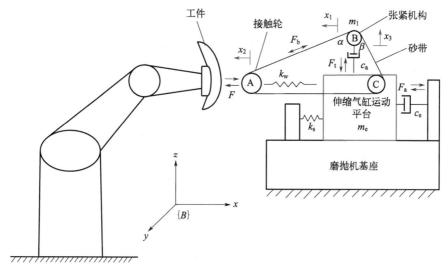

图 4-10　机器人加工系统的动力学模型

机器人的动力学主要是确定机器人末端与外界环境发生交互作用的关系，从而控制加工过程中的力与力矩，满足加工需求。图 4-10 将机器人看作一个整体，与磨抛机接触轮之间发生交互作用。为进一步分析机器人与外界环境的交互作用，则需要对磨抛机的动力学模型进行分析。其中，可将磨抛机的结构进行简化分析，两个气缸的运动根据动力学特征可以简化为系统的接触刚度运动和接触阻尼运动，从而将机器人与外界环境的交互运动也简化为机器人-外界环境系统的刚度运动和阻尼运动。

由于伸缩气缸运动平台与磨抛机基座之间的摩擦力比较小，而且不容易控制，因此在磨抛机的动力学计算中，可忽略摩擦力的影响，即为：

$$\begin{cases} F_e - F = m_e \ddot{x}_1 + c_e \dot{x}_1 + k_s x_1 + k_w x_2 \\ F_t - F_b(\cos\alpha + \cos\beta) = m_1 \ddot{x}_3 + c_a \dot{x}_3 \end{cases} \tag{4.34}$$

式中，m_e 为伸缩气缸运动平台的质量，包括接触轮、驱动轮、伸缩气缸和驱动电机等的质量；c_e 为接触力补偿伸缩气缸运动平台的阻尼系数；k_s 为伸缩气缸运动平台的限位缓冲装置的刚度；F_e 为伸缩运动平台与磨抛机基座之间的作用力；m_1 为张紧机构的质量；c_a 为砂带张紧机构阻尼气缸的阻尼系数；F_t 为张紧机构阻尼气缸的张紧力；F_b 为砂带的张紧力；k_w 为接触轮的刚度系数；x_1 为伸缩气缸运动平台水平方向的位移；x_2 为工件与砂轮接触时，接触轮水平方向的形变；x_3 为张紧轮机构竖直方向的位移；F 为工件与磨抛机的接触轮之间的接触力；α 和 β 分别为砂带 $\overline{AB}$ 和 $\overline{BC}$ 与张紧轮 C 竖直方向的夹角。

在磨抛机工作前，需要调节张紧机构和调偏机构，使其处于适当的位置，从而保证砂带在高速运转过程中平稳有张性。因此，在磨抛过程中，张紧机构的张紧力保持不变，可以认为张紧力 F_t 是恒定值。F_e 为接触力补偿伸缩气缸运动平台阻尼的作用力，通过一维力传感器来测量，通过电气比例阀来进行调节与控制，使其在加工过程中保持恒定，从而保证加工过程的平稳性，满足加工质量要求。在加工过程中的张紧力不变，则由张紧机构导致的砂带形变 x_3 也可认为是不变的，但是加工过程中，接触轮存在着弹性变形，因此接触轮导致的变形 x_2 仍存在，则：

$$F_e - F = m_e \ddot{x}_1 + c_e \dot{x}_1 + k_s x_1 + k_w x_2 \tag{4.35}$$

在机器人磨抛过程中，根据上述动力学模型，可以通过调节阻尼气缸、限位弹簧和气缸作用力等方法来调节阻尼系数和刚度系数，达到抑制加工过程中的振动和颤振的目的，从而保证工件的加工质量。

目前，力控制算法主要分为两类：传统控制算法和现代智能控制算法。前者主要包含 PID 控制、阻抗控制、力位混合控制、自适应控制等[7-10]；后者主要包含模糊控制、模糊 PID 控制、神经网络控制、遗传算法控制、导纳控制等[11,12]。传统力控制算法实现容易，效果较好，已经广泛应用于工业机器人各个领域，如机器人装配、机器人磨抛、机器人铣削等，但对于复杂未知的场景环境其控制效果不佳；而现代智能控制算法操作过程简单，不局限于加工环境，具有较高的估计精度，但离实际应用还有一定的距离。因此，本章主要是对在工业机器人力控制应用领域比较成熟的阻抗控制和力/位混合控制策略进行分析研究，进而实现机器人加工过程中的恒力磨抛控制。

4.2.3.1 阻抗控制策略

为了避免机器人力控制过程中由于动力学参数不确定带来的问题，可将机器人处理成一个简单的质量-阻尼-弹簧系统，而当机器人与环境接触时，可以将六维力传感器与环境看成另一个刚度为 K_e 的弹簧，如图 4-11 所示。

系统的运动过程为：在 t_0 时刻，机器人在不受力的情况下以初始速度 v 向目标平衡位置 A 运动；在 t_1 时刻，机器人与外界接触，即碰到刚度为 K_e 的刚体。由于外界的干扰，机器人会向新的平衡位置 B 机械运动。若取系统与外界

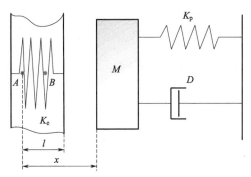

图 4-11　机器人阻抗控制与环境接触过程模型示意图

接触的一瞬间为初始时刻 $t=0$，则整个磨抛系统的运动微分方程可以描述为：

$$\begin{cases} M\ddot{x}(t)+D\dot{x}(t)+K_p x(t)=0 & x(t)>l \\ M\ddot{x}(t)+D\dot{x}(t)+K_p x(t)=K_e[l-x(t)] & x(t)\leqslant l \\ x(0)=l & \dot{x}(0)=\upsilon \end{cases} \quad (4.36)$$

讨论系统与外界接触的情况，即 $x(t)\leqslant l$ 时，对上述方程整理有 $M\ddot{x}(t)+D\dot{x}(t)+(K_p+K_e)x(t)=K_e l$，则该微分方程对应的齐次方程 $M\ddot{x}(t)+D\dot{x}(t)+(K_p+K_e)x(t)=0$ 的特征方程为：

$$s^2+\frac{D}{M}s+\frac{K_p+K_e}{M}=0 \quad (4.37)$$

它 的 两 个 特 征 根 为 $\lambda_1 = \dfrac{-D+\sqrt{D^2-4(K_p+K_e)M}}{2M}$，$\lambda_2 = \dfrac{-D-\sqrt{D^2-4(K_p+K_e)M}}{2M}$。另外，该微分方程的一个特解为 $x(t)=\dfrac{K_e l}{K_p+K_e}$。因此求解该微分方程的通解，做以下两种讨论：

① 当环境刚度很小（即 K_e 很小）时，有 $D^2-4(K_p+K_e)M>0$，则微分方程的解为

$$x(t)=C_1 e^{\lambda_1 t}+C_2 e^{\lambda_2 t}+\frac{K_e l}{K_p+K_e},\lambda_1,\lambda_2<0$$

因此，系统最终收敛至 $\dfrac{K_e l}{K_p+K_e}$，收敛速度主要取决于两个特征根的大小（D 和 M）。可以发现，环境刚度相对于机器人刚度越低，则系统达到的新平衡点就越接近自身的平衡点。

② 当环境刚度很大（即 K_e 很大）时，有 $D^2-4(K_p+K_e)M<0$，则 $\lambda_1=$

$\alpha+\mathrm{i}\beta$，其中，$\alpha=\dfrac{-D}{2M}$，$\beta=\dfrac{\sqrt{4(K_p+K_e-D^2)}}{2M}$。因此，该微分方程有通解

$$x(t)=e^{\alpha t}(C_1\cos\beta t+C_2\sin\beta t)+\frac{K_e l}{K_p+K_e}$$

取 $\tan\theta=\dfrac{C_1}{C_2}$，则有

$$x(t)=\sqrt{C_1^2+C_2^2}\,e^{\alpha t}\sin(\beta t+\theta)+\frac{K_e l}{K_p+K_e}$$

其中，$\sqrt{C_1^2+C_2^2}\,e^{\alpha t}\sin(\beta t+\theta)$ 属于瞬态响应，而 $\dfrac{K_e l}{K_p+K_e}$ 属于稳态响应。可以看出，当环境刚度越大时，β 值越大，则系统发生的振荡越严重；当 α 的绝对值越大时，系统发生的振荡衰减越快；当环境刚度相对于机器人刚度很大时，系统最终的稳定位置越接近于 l。

综上所述，当系统接触强刚性系统时，需要增大 α 绝对值和减小 β 绝对值。要使得 α 绝对值增加，可以增加系统阻尼系数 D 或减小质量系数 M；要使得 β 绝对值减小，可以增大 D 值、减小系统弹簧系数 K_p 值或者增大 M 值。

对于二阶阻抗模型，其控制系统的性能指标是评价系统动态品质的定量指标，也是定量分析的基础。从时域角度分析，常见的动态响应指标有上升时间 t_r、峰值时间 t_p、最大超调量 M_p 及调整时间 t_s，下面分别求解这些参数。

（1）上升时间 t_r

首先，将式(4.37)写成二阶系统特征方程的标准形式 $s^2+2\zeta\omega_n s+\omega_n^2=0$，则：

$$\zeta=\frac{D}{2\sqrt{(K_p+K_e)M}},\omega_n=\sqrt{\frac{K_p+K_e}{M}} \tag{4.38}$$

系统上升时间是指响应曲线从零时刻开始首次到达稳态的时间，当环境刚度很大时，此二阶系统处于欠阻尼状态，上升时间可以表示为 $t_r=\dfrac{\pi-\arccos\zeta}{\omega_n\sqrt{1-\zeta^2}}$，有：

$$t_r=\frac{2M(\pi-\arccos\dfrac{D}{2\sqrt{(K_p+K_e)M}})}{\sqrt{4M(K_p+K_e)-D^2}} \tag{4.39}$$

（2）峰值时间 t_p

系统的峰值时间是指响应曲线从零时刻上升到第一个峰值所需的时间，可以表示为 $t_p=\dfrac{\pi}{\omega_n\sqrt{1-\zeta^2}}$，将式(4.38)代入，有：

$$t_p = \frac{2\pi M}{\sqrt{4M(K_p + K_e) - D^2}} \tag{4.40}$$

(3) 最大超调量 M_p

系统的最大超调量是指响应曲线的最大值与稳态值的差值，可以表示为
$M_p = e^{-\frac{\zeta\pi}{\sqrt{1-\zeta^2}}}$，有：

$$M_p = \frac{\pi}{\sqrt{1 - \frac{4(K_p + K_e)M}{D}}} \tag{4.41}$$

(4) 调整时间 t_s

系统的调整时间是指输出与稳态值之间的偏差，达到规定的允许范围，且以后不再超出此范围所需的最小时间，可以表示为 $t_s = \frac{-\ln\Delta}{\zeta\omega_n}$，其中 Δ 为允许误差范围，取 $\Delta = 0.05$，有：

$$t_s = \frac{-\ln\Delta}{\zeta\omega_n} = \frac{6M}{D} \tag{4.42}$$

由上述阻抗控制模型，可得阻抗控制的公式如下：

$$M\Delta\ddot{s} + D\Delta\dot{s} + K_p\Delta s = f \tag{4.43}$$

式中，$\Delta f = f_d - f_c$，f_d 是机器人与外界接触的期望力，f_c 是力传感器采集并反馈到机器人末端的实际接触力。

由拉格朗日后项微分公式有：

$$\begin{cases} \Delta\ddot{s} = \dfrac{2\Delta s - 5\Delta s_1 + 4\Delta s_2 - \Delta s_3}{\Delta t^2} \\[2mm] \Delta\dot{s} = \dfrac{3\Delta s - 4\Delta s_1 + \Delta s_2}{\Delta t} \end{cases} \tag{4.44}$$

式中，Δt 为采样周期，Δs_1、Δs_2、Δs_3 分别为获取当前 Δs 的前 1、2、3 个采样周期所获得的 Δs 值，有：

$$(4M + 3D\Delta t + 2K_p\Delta t^2)\Delta s = 2\Delta t^2 f + (10M + 4D\Delta t)\Delta s_1$$
$$- (8M + D\Delta t)\Delta s_2 + 2M\Delta s_3 \tag{4.45}$$

取 $\boldsymbol{A} = 4M + 3D\Delta t + 2K_p\Delta t^2$，$\boldsymbol{B} = 2\Delta t^2 f + (10M + 4D\Delta t)\Delta s_1 - (8M + D\Delta t)\Delta s_2 + 2M\Delta s_3$，则有

$$\Delta s = \boldsymbol{A}^{-1}\boldsymbol{B} \tag{4.46}$$

式中，$\boldsymbol{A}^{-1}$ 为 $\boldsymbol{A}$ 的逆矩阵。

机器人阻抗控制的参数选择对控制效果的影响至关重要，它的获取一般基于专家知识或经验。但是对于不同的被控对象及接触环境，这种方法只能起到指导性的作用，应该通过一定的寻优方法来获取与被控对象最匹配的控制规则。因

此，本节采用遗传算法对上述阻抗力控制模型的参数进行优化。

遗传算法在原理上模拟基因重组与进化的过程，把待解决问题的参数编成十进制码或二进制码表达基因，若干基因组成一个染色体（即个体），若干染色体组成一个种群，对种群进行类似自然选择、交叉和变异的运算，经过逐次迭代直至得到最后的优化结果。

遗传算法的总体计算流程如图 4-12 所示。从图中可以看出，遗传算法的主要运算过程包括编码解码、初始种群的生成、适应度值评价、选择与遗传及终止条件判断等环节。其中，编码环节是将一个问题的可行解从解空间变换到遗传算法能处理的搜索空间的过程，反之，译码环节是由遗传算法解空间向问题空间转换的过程；计算适应值的环节先后由位串解释得到参数、计算目标函数、函数值向适值映射、适值调整 4 个步骤完成；计算选择与遗传环节包括了 3 个关键的遗传算子：选择算子、交叉算子和变异算子。

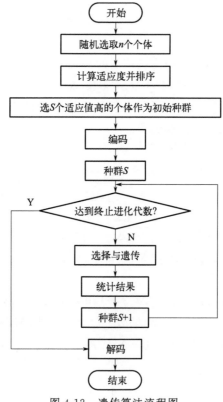

图 4-12　遗传算法流程图

（1）优化变量和约束条件

对于本系统研究阻抗控制的遗传算法优化计算，选择优化变量为阻抗参数 M、D、K_p，约束条件为 $1 \leqslant M \leqslant 10$，$0.1 \leqslant D \leqslant 50$，$0.1 \leqslant K_p \leqslant 5$。

（2）编码和解码

如前面所述，编码即表示为遗传空间的基因型串结构数据，一般用二进制串表示，串的长度取决于变量所要求的精度。对一个变化区间为 $[a_i \quad -b_i]$ 的变量 x_i 的二进制串位数，用以下公式计算：

$$2^{m_i-1} < (b_i-a_i) \times 10^n \leq 2^{m_i}-1 \tag{4.47}$$

式中，m_i 表示二进制串位数；n 表示要求的精度为小数点后的位数。取 $x_1=M$，$x_2=D$，$x_3=K_p$，精度要求均为小数点后 2 位，分别代入式（4.47）有：

$$\begin{cases} 2^{m_1-1} < (10-1) \times 10^2 \leq 2^{m_1}-1 \\ 2^{m_2-1} < (50-0.1) \times 10^2 \leq 2^{m_2}-1 \\ 2^{m_3-1} < (5-0.1) \times 10^2 \leq 2^{m_3}-1 \end{cases} \tag{4.48}$$

求得，$m_1=4$，$m_2=13$，$m_3=9$。相反地，解码过程表示为从二进制位数返回一个实际的值，由下面公式计算，具体过程不做赘述。

$$x_i = a_i + decimal(substring_i) \times \frac{b_i-a_i}{2^{m_i}-1} \tag{4.49}$$

（3）初始种群的生成

初始种群的规模对遗传算法能否快速收敛及计算复杂性有很大的影响，目前还没有成熟的理论来指导如何确定，这里根据经验选取种群的样本大小 $sum=50$。初始种群的样本数据随机生成，其中每条染色体（个体）由一串位数为 $Lind=m_1+m_2+m_3=26$ 的二进制串依次排列表示，如图 4-13 所示。

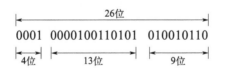

图 4-13　阻抗参数遗传优化的一个染色体二进制串

（4）适应度函数的设计

阻抗力控制的参数优化目的是选取合适的 M、D、K_p 参数使得磨抛过程产生的力误差最小，同时尽量提高阻抗计算的响应时间。这种多于一个数值目标的最优化问题属于遗传算法中的多目标优化问题。对于多目标优化问题的求解结果一般无法满足所有目标函数均达到最优情况，这种最优解称为 Pareto 最优解。Pareto 最优解的求解一般有权重系数变换法、并列选择法、排列选择法、共享函数法及混合法等多种求解方法，本节采用权重系数变换法求解。

权重系数变换法描述为：对于多目标优化问题，给每个子目标函数赋予权重，则多目标评价函数 u 表示为各个子目标函数的线性加权和，即：

$$u = \sum_{i=1}^{n} \omega_i f_i(x) \qquad i = 1, 2, \cdots, n \tag{4.50}$$

式中，ω_i 为权重；$f_i(x)$ 为子目标函数。

对于本系统研究的阻抗参数的遗传算法设计，优化的首要目标是机器人在连续运动轨迹上的力跟踪误差最小，而阻抗控制的响应时间缓慢成为其稳定贴合运动表面的主要制约因素，因此，优化的次要目标是单点接触过程的响应时间最短。

对于首要约束条件，选择目标函数如下：

$$J = \sum_{k=1}^{N} \left[f_d(k) - f(k) \right]^2 \tag{4.51}$$

式中，N 为连续运动路径下的采样总数；k 为采样数的顺序索引；$f_d(k)$ 与 $f(k)$ 分别对应机器人在单个路径点法向受力的期望值与反馈值。在磨削过程中，一般要求 $f_d(k)$ 为恒定值，这里取 50N。根据阻抗控制规律，$f(k)$ 满足如下公式：

$$f(k) = M\hat{\ddot{s}}(k) + D\hat{\dot{s}}(k) + K\hat{s}(k) \tag{4.52}$$

式中，$\hat{\ddot{s}}(k)$、$\hat{\dot{s}}(k)$、$\hat{s}(k)$ 分别为参数 $\ddot{x}(t)$、$\dot{x}(t)$、$x(t)$ 在对应采样点的估计值。这些估计值的获取思路如下：由于参数 $\ddot{x}(t)$、$\dot{x}(t)$、$x(t)$ 是加工过程中产生的实际接触力在阻抗模型计算中得到的，所以可以在无阻抗控制的情况下，通过离线生成的轨迹去加工以获得机器人在工件法向方向的位移、速度及加速度的变化情况，进而通过这些变化拟合出 $\hat{\ddot{s}}$、$\hat{\dot{s}}$、$\hat{s}$ 的通用函数表达式 $f_{\hat{\ddot{s}}}(x)$、$f_{\hat{\dot{s}}}(x)$、$f_{\hat{s}}(x)$，取 x 等于 k 值便可得到 $\hat{\ddot{s}}(k)$、$\hat{\dot{s}}(k)$、$\hat{s}(k)$。

对于次要约束条件，选择目标函数为二阶阻抗模型的上升时间作为评价指标，式中环境刚度为固定值，不妨设 $K_e = 1$，则有：

$$t_r = \frac{2M\left(\pi - \arccos \dfrac{D}{2\sqrt{(K_p + 1)M}}\right)}{\sqrt{4M(K_p + 1) - D^2}} \tag{4.53}$$

从经验来看，这两个优化目标的实现在一定程度上是相互制约的，力的跟踪误差小追求的是控制的稳定性，而上升时间短追求的是控制的快速响应性，所以需要权衡两者重要程度，寻找 Pareto 最优解。这里取 $\omega_1 = 0.7$，$\omega_2 = 0.3$，则个体 x_i 的适应度函数可以写成如下形式：

$$f(x_i) = \omega_1 \frac{1}{\alpha + J} + \omega_2 \frac{1}{\beta + t_r} \tag{4.54}$$

式中，α 与 β 分别为目标函数 J 与目标函数 t_r 的保守估计值。

(5) 选择、交叉、变异

选择：遗传算法使用选择算子（Selection Operator）对个体进行优胜劣汰操

作。适应度高的个体有较大的概率被选择到下一代种群中去，而适应度低的个体被选择的概率较小。根据这一原则，目前最合适的选择方法有轮盘赌选择算法和随机遍历抽样。轮盘赌选择算法是一种回放的随机采样方法，每个个体都是轮盘的一个扇形区域，其扇面角度与个体适应度值成正比，圆盘被随机拨动，当它停止时指针指向的区域即被选中的个体，轮盘赌式的方法由此得名。相对于轮盘赌算法，随机遍历抽样的优点是具有零偏差和最小个体扩展。如图 4-14 所示，设 Npt 为要选择的个数，则生成第一个指针，其位置在 $[0,1/Npt]$ 中随机决定，然后从指针开始等距选择 Npt 个个体，选择距离为 $1/Npt$。

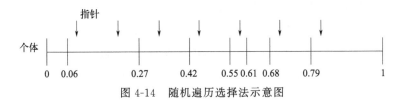

图 4-14　随机遍历选择法示意图

图中，个体 x_i 被选择的概率为：

$$F(x_i) = \frac{f(x_i)}{\sum\limits_{i=1}^{sum} f(x_i)} \tag{4.55}$$

式中，$f(x_i)$ 为个体 x_i 的适应度。

交叉：交叉模拟自然进化的基因重组过程，是按某些一定的概率（这里取交叉概率为 0.7）从群体中选择某些个体并交换它们的某个或某些位。交叉算子主要包括单点交叉、多点交叉、均匀交叉、算子交叉等多种操作。本节选择应用最广的单点交叉方式，它只在个体的位串中随机设置一个交叉点，如图 4-15 所示，选取交叉配对的个数为群体大小的一半，并对个体进行两两随机配对，每一对配对个体交换随机指定的位串交叉点后面的部分染色体，从而产生新的个体。

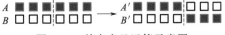

图 4-15　单点交叉运算示意图

变异：遗传算法模拟生物进化的变异环节来产生新的个体，它以较小的概率改变个体编码串上的某个或某些位值，对于采用的二进制位串就是对选中的位进行 "0 变 1""1 变 0" 操作。对于二进制编码的种群，用概率 Pm 变异个体中的每一个元素，这里取 $Pm = 0.7/Lind$，式中，$Lind$ 为染色体的长度，由上面分析知 $Lind = 26$，代入得 $Pm = 0.027$。

选择、交叉、变异构成了遗传算法的三个主要算子。其中，选择是遗传算子最优个体的直接执行步骤；交叉产生新个体，它决定了遗传算法的全局搜索能力；变异是产生个体的辅助手段，它与交叉配合使算法以良好的搜索性能完成上述阻抗参数的寻优过程。具体地，以 MATLAB 遗传算法工具箱为使用工具，通过实验拟合参数 $\ddot{x}(t)$、$\dot{x}(t)$、$x(t)$ 的变化曲线，从而求得估计值 $\hat{s}(k)$、$\hat{s}(k)$、$\hat{s}(k)$，然后通过上述优化过程计算阻抗参数的最优值，进而实现机器人加工过程中的阻抗力控制。

4.2.3.2 基于 PI/PD 的力位混合控制策略

通过上述对多种主动力控制策略的分析，根据实际机器人加工所处的环境，选择基于 PI/PD 的力位混合控制算法来实现主动力控制，从而保证算法的可实现性、力控制过程的稳定性、加工系统的可靠性和加工质量的高效性。力位混合控制策略最早由 Mason、Raibert 和 Craig 等提出，根据使用情况可分为关节力矩控制和关节位置控制。由于工业机器人在加工过程中，力矩都是跟随臂变化而变化，没有可控制性。因此，在本机器人加工系统中，采用基于关节位置控制算法，通过这种方法来实现机器人磨抛加工的实时力跟踪控制。为了消除较大的力偏差，获得更大的期望输出力，在力控制律过程中同时采用 PI 控制器，在位置控制律过程中同时采用 PD 控制器，从而来提高系统响应速度和稳定性。通过将 PI/PD 控制方法与力位混合控制方法结合起来，可以满足机器人磨抛加工系统的复杂性和多样性。

机器人与外界环境的交互任务可以用机器人加工系统的位置点集 x_d 和力点集 f_d 来综合表示。但是在实际加工过程中，无法保证同时实现两个设定点集的需求。通过采用一种并行控制方法来实现对这两个设定点集的控制，从而保证在机器人加工接触过程建模不准确的情况下依旧可靠有效。这种并行控制方法的关键是使力控制环与位置控制环沿着任务空间方向平行工作。两个控制循环之间的逻辑冲突是通过力控制动作来对位置动作施加强制控制来实现的，即根据实际的加工需求，力控制的优先级高于位置控制的优先级，在满足力控制的需求前提下，再对位置进行控制，从而实现力控制和位置控制的并行控制。因此，在对传感器进行零点漂移补偿和重力补偿等前提下，提出了一种基于位置控制律的 PD 控制和基于期望力控制律的 PI 控制的混合力位置控制方法。即可以得到：

$$F_d = k_{pp}\Delta x_d - k_{pd}\Delta \dot{x}_d + g(x_d) + f_d + k_{fp}\Delta f + k_{fi}\int_0^t \Delta f \, d\sigma \quad (4.56)$$

式中，$\Delta x_d = x_d - X_d$ 是位置控制误差；$\Delta f = f_d - F_d$ 是力控制误差；k_{pp} 和 k_{pd} 是 PD 位置控制的反馈系数；k_{fp} 和 k_{fi} 是力控制的反馈系数。

在压气机叶片机器人砂带磨抛过程中，需要对法向力 F_n 进行实时控制，从而保证材料去除的一致性与均匀性，进而满足表面质量一致性的需求。同时，需要对工具坐标系 $\{T\}$ 的 x 轴方向进行位置控制，即在同一条加工路径中，机器

人在 x 轴方向的位置固定不变，不发生上下偏移，从而保证加工过程中机器人系统的稳定性，防止机器人上下抖动所产生的过磨和欠磨等现象。因此，需要采用力位混合控制方法来同时对加工过程中的力和位置并行控制，从而保证加工过程的稳定性和可靠性，进而满足机器人加工表面质量的需求。

基于 PI/PD 的力位混合控制策略原理如图 4-16 所示[13]，其中所有的控制变量都转化为关节位移形式，从而便于机器人系统进行识别与控制。首先，通过约束或对法向方向进行估计的方法，可以计算出选择矩阵 S 和 $I\text{-}S$，从而来确定位置控制和力控制的选择方向。在力控制律过程中，根据选择的 PI 控制器和力控制需求对预设力 F_d 进行实时检测、控制与反馈，通过与传感器反馈的力 F_m 进行比较，从而综合得到期望力 F'_d，然后根据所建立的机器人运动学模型将其转换为在笛卡儿空间中的位移 X_f 和速度 $\dot{X}_f$。对于位置控制律，则采用 PD 控制器来提高系统响应速度和稳定性，根据期望的输入值 X_d 和 $\dot{X}_d$ 来与实时反馈值 X_b 和 $\dot{X}_b$ 进行比较，从而输出 X_p 和 $\dot{X}_p$。因此，对力控制律输出的 X_f 和 $\dot{X}_f$ 与位置控制律输出的 X_p 和 $\dot{X}_p$ 进行叠加，得到 X_c，通过机器人逆运动学模型将其转化为机器人可识别的关节角 θ_c 和 $\dot{\theta}_c$，再根据机器人与外界环境的交互作用，将机器人的关节角 θ_c 和 $\dot{\theta}_c$ 转化为交互过程中的机器人运动位置 X_e 和过程力 F_e，进而控制机器人的运动，使其按照规划的路径进行加工。同时，在力控制和位置控制过程中，实时对位置和过程力进行监控与反馈，从而形成闭环力控制和位置控制，实现并行的力位混合控制方法，获得更好的机器人磨削效果和表面质量。

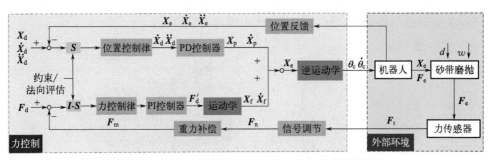

图 4-16　机器人磨抛过程中主动力控制策略原理图

其中，X_d、$\dot{X}_d$ 和 $\ddot{X}_d$ 是实际笛卡儿空间的位移、速度和加速度；F_e 是机器人末端与外界环境之间的相互作用力；S 是由约束决定的选择矩阵；F_t 是由六维力传感器测量的力；F_n 是经过电压信号调制处理后的力；F_m 是在经过零点漂移补偿和重力补偿后的力；d 和 w 分别是机器人砂带磨抛加工的深度和宽度；F_{ci}（F_{cx}, F_{cy}, F_{cz}）是零点漂移补偿后的力；F_{i0}（F_{x0}, F_{y0}, F_{z0}）是重力补偿后的力。

在机器人磨抛系统中，采用了基于笛卡儿空间的位置控制模式，其对应的控制方法如下：

$$\begin{cases} \boldsymbol{X}_\mathrm{p}=\boldsymbol{X}_\mathrm{d}+k_\mathrm{pp}(\boldsymbol{X}_\mathrm{d}-\boldsymbol{X}_\mathrm{e})-k_\mathrm{pd}s(\boldsymbol{X}_\mathrm{d}-\boldsymbol{X}_\mathrm{e}) \\ \boldsymbol{X}_\mathrm{f}=k_\mathrm{fp}(\boldsymbol{F}_\mathrm{d}-\boldsymbol{F}_\mathrm{e})+k_\mathrm{fi}\dfrac{1}{s}(\boldsymbol{F}_\mathrm{d}-\boldsymbol{F}_\mathrm{e}) \\ \boldsymbol{X}_\mathrm{c}=\boldsymbol{X}_\mathrm{p}+\boldsymbol{X}_\mathrm{f} \end{cases} \tag{4.57}$$

在笛卡儿空间中采用速度控制模式时，对应的控制方法为：

$$\begin{cases} \dot{\boldsymbol{X}}_\mathrm{p}=\dot{\boldsymbol{X}}_\mathrm{d}+k_\mathrm{pp}(\dot{\boldsymbol{X}}_\mathrm{d}-\dot{\boldsymbol{X}}_\mathrm{e})-k_\mathrm{pd}s(\dot{\boldsymbol{X}}_\mathrm{d}-\dot{\boldsymbol{X}}_\mathrm{e}) \\ \dot{\boldsymbol{X}}_\mathrm{f}=k_\mathrm{fp}(\boldsymbol{F}_\mathrm{d}-\boldsymbol{F}_\mathrm{e})+k_\mathrm{fi}\dfrac{1}{s}(\boldsymbol{F}_\mathrm{d}-\boldsymbol{F}_\mathrm{e}) \\ \dot{\boldsymbol{X}}_\mathrm{e}=\dot{\boldsymbol{X}}_\mathrm{p}+\dot{\boldsymbol{X}}_\mathrm{f} \\ \dot{\theta}_\mathrm{c}=\boldsymbol{J}^{-1}\dot{\boldsymbol{X}}_\mathrm{c} \end{cases} \tag{4.58}$$

式中，$\boldsymbol{X}_\mathrm{c}$ 通过逆运动学转化为关节角 θ_c；k_pp 和 k_pd 是 PD 位置控制的反馈系数；k_fp 和 k_fi 是力控制的反馈系数；$\boldsymbol{X}_\mathrm{c}$ 和 $\boldsymbol{X}_\mathrm{p}$ 等都为六维向量。

工业机器人是点对点运动，即满足机器人末端工件上的点与工具的坐标系原点重合。机器人加工路径是由足够多的离散点组成，如图 4-17 所示。叶片工件坐标系 $\{W_b'\}$ 中离散点的方向也与工具坐标系 $\{T\}$ 的方向一致，因此，机器人的磨抛过程实际上就是叶片上的离散点接近工具坐标系 $\{T\}$ 原点的过程。在采用主动力控制策略时，机器人与外界环境之间的接触过程可以看作点对点的接触过程，同时在机器人磨抛过程中，需要根据实时监控的过程力来对磨抛的位置进行实时调整与修正，以保持加工过程中磨抛力的恒定。

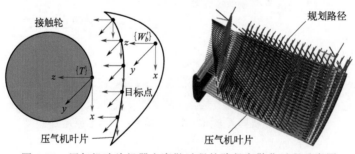

图 4-17　压气机叶片机器人磨抛过程的路径离散化过程示意图

如图 4-18 所示，在磨抛机的工具坐标系 $\{T\}$ 的 z 轴上施加力控制，即在单条路径上保持法向力 F_n 的值恒定，以保持磨抛过程的稳定性。而主动力控制主要是通过机器人的位置变化来调整力的变化，因此需要在不同的路径点对过程力实时监控，从而在保证恒力的同时来对位置点进行修正。为了保证加工质量，理论加工路径都是由足够多的离散点组成，然后通过力控制进行调整，即：当实际过程力大于预设力时，沿着 z 轴负方向调整机器人的位置；当实际过程力小于预设力时，沿着 z 轴正方向调整机器人的位置，最终得到修正后的路径。在 x 轴上采用位置控制，使机器人 TCP 位置在每个磨抛路径的 x 方向保持不变，即在加工过程中不会出现机器人的上下抖动情况，从而保证磨抛的稳定性和一致性。因此，在位置控制律中，实际的 TCP 位置路径应该与理论路径基本重合，以保证机器人在 x 轴上的磨抛稳定性。

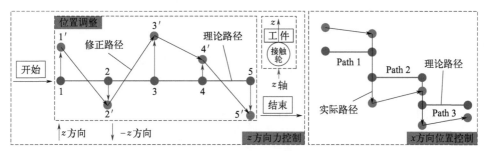

图 4-18　机器人磨抛过程中主动力控制路径修正示意图

所提出的基于 PI/PD 控制的混合力/位控制方法，能够应用到实际机器人磨抛过程中，即始终保持法向力的恒定。而与磨抛力直接对应的就是机器人的实际位置信息，磨抛力恒定意味着机器人进给值（即 z 轴偏移量）在理论上也可以设为一个固定值。因此，可以通过实时修正磨抛力的大小使其调整到理论参考值，就是实时修正机器人的进给值，使其调整到理论参考值。因而，机器人的磨抛力与机器人的进给值满足：

$$\begin{cases} F_{\mathrm{n}} = f(F, Z) \\ \Delta F_{\mathrm{n}} = f(\Delta F, \Delta Z) = \sum_{i=0}^{n} k_i \Delta Z^i \end{cases} \tag{4.59}$$

式中，k_i 为关系系数；ΔZ 为进给值或 z 轴偏移量；F_{n} 为实际磨抛力值；ΔF_{n} 为实际磨抛力值与理论参考值的差值。

在图 4-19 中，通过实时调整机器人的位置，根据主动力控制策略可以自适应地将实际的磨抛力值调整到理论参考力值[14]。其中，$f_1(F,Z)$、$f_2(F,Z)$ 和 $f_3(F,Z)$ 分别为欠磨、理想磨抛和过磨情况下，机器人磨抛力与 z 轴偏移量（即机器人进给量）的关系曲线。当机器人的位置处于位置 $Z1$ 或 $Z3$ 时，对应的实际力 $f_1(F1,Z1)$ 或 $f_3(F3,Z3)$ 将会根据主动力控制策略来实时增加或减少到理论设置值 $f_2(F2,Z2)$，从而通过调整机器人的进给量来保证实际磨抛力的恒定值，满足主动力控制的要求，以实现机器人加工工件的表面质量和一致性的需求。

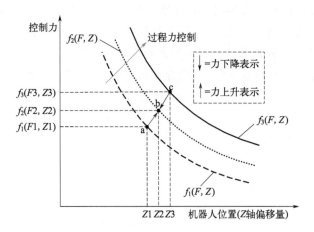

图 4-19　机器人磨抛过程中磨抛力调整过程示意图

在主动力控制策略下，根据加工过程中机器人末端的工件与工具的接触程度，可以将磨抛过程分为三个部分：欠接触、正接触和过接触。这三个阶段的机器人位置不同将导致机器人的进给量也不同，因此对应的力控制策略也不同，从而与此对应的规划路径也有所不同。如图 4-20 所示，在加工过程中，机器人速度在保持不变的情况下，对应的路径也可分为三个阶段：开始阶段 AC、加工阶段 CD2 和结束阶段 D2E。在开始阶段，机器人末端的工件与工具还未接触但距离很接近，此时提前开启主动力控制策略，在 AC 阶段迅速将磨抛力增加到理论参考值；在加工阶段开始时，磨抛力已经调整到理论参考值，此时只需要根据实际的规划路径进行微小调整，使其在 CD2 阶段始终到理论参考值即可；在结束阶段，机器人已经接近完成一条路径的加工，即机器人末端工件已经开始准备远离工具，此时需要迅速地将磨抛力调整为零，机器人向 z 轴负方向进给运动，但 z 轴偏移量不宜过大，以免影响加工效率，同时关闭主动力控制策略，完成这条路径的恒力控制机器人加工，开始运行过渡路径的程序，从而进行下一个路径加工的循环。通过这种控制方式，能够保证加工过程中力控制过程的平稳性和可靠性，机器人不会出现较大的运动误差，机器人加工系统也不会因为过程力的快速变化导致严重的振动和颤振，进而提高加工质量。

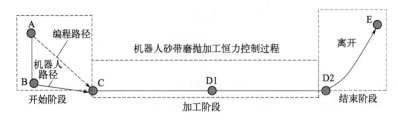

图 4-20　主动力控制策略下机器人磨抛过程示意图

4.3 机器人磨抛被动力控制

在机器人磨抛过程中，通过将六维力传感器安装在机器人末端来感知过程力，并采用主动力控制算法使法向力 F_n 保持恒定。然而，在加工起始阶段和结束阶段对法向力的控制存在着较大波动，并且磨抛机在高速转动时存在着接触轮的偏心和颤振，严重影响起始阶段和结束阶段的加工质量。为了减弱甚至消除主动力控制策略和外部环境所带来的误差，保证在加工起始阶段和结束阶段法向力的稳定性和均匀性，在磨抛机的结构上增加一个伸缩气缸和一维拉压力传感器（Interface SSM500），即在接触轮和驱动轮之间的横梁上安装一维力传感器和伸缩气缸，具体结构如图 4-21 所示[15]。通过一维力传感器来感知加工过程中接触轮所受到的正压力变化，从而传递给电磁比例阀，通过 PID 控制算法来调节气压，进而控制伸缩气缸的运动，满足接触过程中的被动力控制需求。

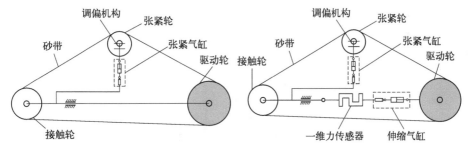

图 4-21　传统磨抛机（左）与改进磨抛机（右）的结构对比

4.3.1 一维力传感器标定方法

由于磨抛机结构的限制，只能够安装一维拉压力传感器来对加工过程力进行感知，同时在加工过程力分析中，法向力对加工质量影响最大，因此，通过一维力传感器来对加工中的正压力进行被动感知并控制，能够满足加工需求。与六维力传感器原理类似，一维力传感器也是通过内部应变片来感知电压的变化。但是不需进行零点漂移补偿和重力补偿，其硬件结构自带零点调节、零偏叠加和灵敏度调节等功能，可在使用前直接进行设置，如图 4-22 所示。

但是，一维拉压力传感器在安装过程中不可避免地会偏离理论设计姿态，即传感器的中心轴线不会严格与工具坐标系 $\{T\}$ 的 z 轴平行，如图 4-23 所示。因此，假设在安装过程中，一维拉压力传感器的中心轴偏离工具坐标系 $\{T\}$ 的 z 轴方向的俯仰角为 θ，偏转角为 α。则传感器的测量值 F_d 和实际值 F_r 满足：

$$F_r = F_d \cos\theta \cos\alpha \tag{4.60}$$

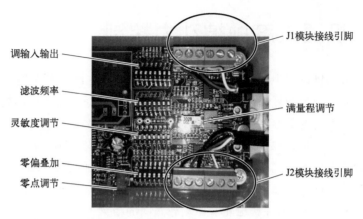

图 4-22　一维拉压力传感器（Interface SSM550）结构示意图

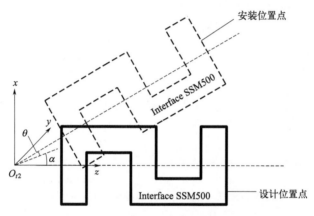

图 4-23　一维拉压力传感器安装过程示意图

一维力传感器为模拟量电压输出型，即传感器输出电压 U 与测量拉压力 F_d 之间存在一定的数值关系。假设传感器符合线性系统模型，则可得：

$$\begin{cases} F_d = \varepsilon U + a \\ F_r = \beta U + b \end{cases} \tag{4.61}$$

根据式（4.60）可得：

$$\begin{cases} \beta = \varepsilon \cos\theta \cos\alpha \\ b = a \cos\theta \cos\alpha \end{cases} \tag{4.62}$$

式中，ε 表示线性比例系数；a 表示零点偏移量。一维力传感器的标定就是要对上述线性方程中的 β、b 参数进行标定，从而得到测量值和实际值的大小。

4.3.2　一维力传感器被动力控制策略

安装在机器人末端的六维力传感器所采用的主动力控制方法，主要是通过机器人的运动来调节控制过程力的大小，而安装在磨抛机上的一维力传感器所采用的是被动力控制方法，主要是通过伸缩气缸调整磨抛机接触轮的位置来调节和控制正压力的大小。本节自主研发的磨抛机采用了西门子 S7-200 SmartPLC 作为主控制器，通过模拟量输入输出模块（EMAM06）输出电压 U 来控制电气比例阀（ITV2000）的输出气压 P_s，从而控制气缸的伸缩运动，实现对应力大小的调节。通过电气比例阀输入的电压 U 来调整阀口的开度，阀口开度大小决定气压和气流量的大小，从而控制力大小。因此，采用如下的 PID 控制算法[16]，根据输入气压设定值和自带的气压传感器测量的实际气压值来实时调整阀内阀芯的开口，控制输出稳定气压。

$$u(t) = K_P \left[e(t) + \frac{1}{T_I} \int_0^t e(t) \mathrm{d}t + T_D \frac{\mathrm{d}e(t)}{\mathrm{d}t} \right] \tag{4.63}$$

式中，$u(t)$ 为控制器的输出信号；$e(t)$ 为控制器输入的偏差信号，它等于测量值与给定值之差；K_P 为控制器的比例系数；T_I 为控制器的积分时间常数；T_D 为控制器的微分时间常数。

一维力传感器的具体控制过程如图 4-24 所示，通过对一维力传感器进行静态标定和线性标定，可将设定的力 F_s 和实际反馈力的差值 F_e 通过对应的线性关系转化为相应的气压值 P_s；然后与反馈的气压值 P_f 进行比较，得到的差值 P_e 传递给 PLC 控制器，通过模拟量模块转化为电压 U；通过电气比例阀的 PID 控制器来对输入的电压 U 进行调整与控制，从而输出满足要求的气压值 P；进而传递给阻尼气缸，使其进行伸缩运动，调整磨抛机的接触轮的位置，从而满足法向接触力的要求；通过一维力传感器来实时监控过程力，从而进行反馈，形成闭环控制系统。

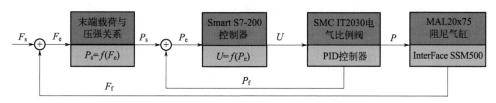

图 4-24　一维力传感器力控制过程示意图

在对一维力传感器静态标定后，根据单作用气缸作用力（负载）与气压的关系可知，气缸输入气压 P_s 与 F_e 满足线性关系。则可进行线性关系标定，其满足：

$$P_s = f(F_e) \Longleftrightarrow \begin{cases} P_f = cP_s - k \\ F_e = dP_f - h \end{cases} \tag{4.64}$$

根据电气比例阀的特性，输出气压 P 和输入电压 U 之间也具有一定的线性关系，则可得：

$$P = \frac{A \Delta P}{U_{\max}} U \qquad (4.65)$$

式中，A 和 $U_{\max}$ 都是与模拟量模块有关的参数，A 表示模拟量模块的信号采集和输出的分辨率，$U_{\max}$ 为模拟量模块输出的最大电压。

4.4 基于 Kalman 滤波的主被动力信息融合控制

在机器人磨抛过程中，通过安装在机器人末端的六维力传感器来实施主动力控制方法，同时通过安装在磨抛机上的一维力传感器来进行被动力控制策略。但是这两种控制方法彼此是相互独立的，因此可能会造成控制方面的干涉，即控制策略的优先级无法给定。为了保证加工过程的稳定和无干涉性，引入 Kalman 滤波信息融合技术，将主动力控制与被动力控制结合起来对机器人磨抛过程进行更加高效可靠的控制，有助于解决加工环境的变化导致过程力的剧烈变化的问题，保证加工过程的稳定性和可靠性，从而提高工件的加工质量。

4.4.1 Kalman 滤波信息融合技术

多传感器信息融合是对多种信息的获取、表示及其内在联系进行综合处理和优化的技术。单一传感器只能获得环境或被测对象的部分信息段，而多传感器信息融合后可以完善地、准确地反映未知环境的特征[17]。多传感器信息融合理论和多传感器系统已经能够在很大程度上提高对动态系统状态估计的精度。Kalman 滤波器信息融合技术在对未知环境进行实时测量与跟踪方面具有独特优势，因此选择用于本系统的主动和被动传感器的信息融合，从而在保证无干涉的前提下，提高系统的测量精度和控制精度，进而提高工件加工质量。

假设动态系统的状态方程和观测方程为[18]：

$$\begin{cases} x(t+1) = \Phi(t)x(t) + \Gamma(t)w(t) \\ y_i(t) = H_i(t)x(t) + v_i(t) \end{cases} \qquad (4.66)$$

式中，t 代表离散时间指数；$x(t) \in R^n$ 是状态向量；$y_i(t) \in R^{ni}$ 是观测向量；$w(t)$ 是随机噪声；$v_i(t)$ 是传感器的观测噪声；$\Phi(t)$ 和 $H_i(t)$ 分别是状态矩阵和观测矩阵；$\Gamma(t)$ 是时变矩阵；$i(i=1,2,\cdots,n)$ 是传感器的个数。

根据传感器特性，在使用上述状态方程和观测方程时，需满足以下两个假设：

假设 1：$w(t)$ 和 $v_i(t)$ 是互不相关的零均值高斯白噪声，并且同时满足：

$$\begin{cases} E\{w(t)\} = 0 \\ E\{v_i(t)\} = 0 \\ E\{v_i(t)v_j(t)\} = 0 \quad i \neq j \end{cases} \qquad (4.67)$$

$$\begin{cases} E\{\boldsymbol{w}(t)\boldsymbol{w}^{\mathrm{T}}(s)\}=\boldsymbol{Q}(t)\delta_{ts} \\ E\{\boldsymbol{v}_i(t)\boldsymbol{v}_i^{\mathrm{T}}(s)\}=\boldsymbol{R}_i(t)\delta_{ts} \end{cases} \tag{4.68}$$

式中，E 表示数学期望；$\boldsymbol{Q}(t)$ 和 $\boldsymbol{R}_i(t)$ 是半正定协方差矩阵；δ_{ts} 为克罗内克函数（Kronecker Delta），其满足：

$$\delta_{ts} = \begin{cases} 1 & t=s \\ 0 & t \neq s \end{cases} \tag{4.69}$$

假设 2：状态方程中的初始状态向量 $\boldsymbol{x}(0)$ 与 $\boldsymbol{w}(t)$ 和 $\boldsymbol{v}_i(t)$ 不相关，则：

$$\begin{cases} E\{\boldsymbol{x}(0)\}=\boldsymbol{x}_0 \\ E\{[\boldsymbol{x}(0)-\boldsymbol{x}_0][\boldsymbol{x}(0)-\boldsymbol{x}_0]^{\mathrm{T}}\}=\boldsymbol{P}_0 \end{cases} \tag{4.70}$$

式中，$\boldsymbol{P}_0$ 是状态估计误差 $x(0)$ 的协方差矩阵。

因此，Kalman 滤波信息融合算法主要是找到状态向量 $\boldsymbol{x}(t)$ 基于各个传感器的局部最优状态估计值 $\tilde{\boldsymbol{x}}_i(t\mid t)$ 和加权平均融合下的状态向量值 $\tilde{\boldsymbol{x}}_0(t\mid t)$。因而可将 Kalman 滤波信息融合算法分为两个部分：求取第 i 个传感器子系统的局部最优求解；根据矩阵加权最优信息融合求取状态向量。

局部最优的求解过程如下：

$$\begin{cases} \tilde{\boldsymbol{x}}_i(t+1\mid t+1)=\boldsymbol{\Psi}_{fi}(t)\tilde{\boldsymbol{x}}_i(t\mid t)+\boldsymbol{K}_{fi}\boldsymbol{y}_i(t) \\ \boldsymbol{\Psi}_{fi}(t)=[\boldsymbol{I}_n-\boldsymbol{K}_{fi}(t)\boldsymbol{H}_i]\boldsymbol{\Phi} \\ \boldsymbol{K}_{fi}(t)=\boldsymbol{P}_i(t\mid t-1)\boldsymbol{H}_i^{\mathrm{T}}\boldsymbol{Q}_{ei}^{-1}(t) \\ \boldsymbol{Q}_{ei}=\boldsymbol{H}_i\boldsymbol{P}_i(t\mid t-1)\boldsymbol{H}_i^{\mathrm{T}}+\boldsymbol{R}_i(t) \end{cases} \tag{4.71}$$

$$\begin{cases} \boldsymbol{P}_i(t\mid t-1)=\boldsymbol{\Phi}\boldsymbol{P}_i(t-1\mid t-1)\boldsymbol{\Phi}^{\mathrm{T}}+\boldsymbol{\Gamma}\boldsymbol{Q}_i\boldsymbol{\Gamma}^{\mathrm{T}} \\ \boldsymbol{P}_i(t\mid t)=[\boldsymbol{I}_n-\boldsymbol{K}_{fi}(t)\boldsymbol{H}_i]\boldsymbol{P}_i(t\mid t-1) \end{cases} \tag{4.72}$$

并且，初值满足：

$$\begin{cases} \tilde{\boldsymbol{x}}_0(0\mid 0)=\boldsymbol{x}_0 \\ \boldsymbol{P}_i(0\mid 0)=\boldsymbol{P}_0 \end{cases} \tag{4.73}$$

因此，第 i 和 j 个传感器之间的局部误差协方差为：

$$\begin{cases} \boldsymbol{P}_{ij}(t\mid t)=[\boldsymbol{I}_n-\boldsymbol{K}_{fi}(t)\boldsymbol{H}_i]\boldsymbol{\Gamma}\boldsymbol{Q}\boldsymbol{\Gamma}^{\mathrm{T}}[\boldsymbol{I}_n-\boldsymbol{K}_{fi}(t)\boldsymbol{H}_i]^{\mathrm{T}}+\boldsymbol{\Psi}_{fj}(t)\boldsymbol{P}_{ij}(t-1\mid t-1)\boldsymbol{\Psi}_{fi}^{\mathrm{T}}(t) \\ \boldsymbol{P}_{ij}(0\mid 0)=\boldsymbol{P}_0 \quad i \neq j \end{cases}$$

$$\tag{4.74}$$

基于 Kalman 滤波信息融合算法的加权平均最优信息融合为：

$$\tilde{x}_0 = \sum_{i=1}^{N} \boldsymbol{A}_i(t)\tilde{\boldsymbol{x}}_i(t\mid t) \tag{4.75}$$

式中，$\tilde{\boldsymbol{x}}_i(t\mid t)$ 为第 i 个传感器的局部最优估计值；$\boldsymbol{A}_i(t)$ 为最优加权矩阵，它满足：

$$[\boldsymbol{A}_1(t), \boldsymbol{A}_2(t), \cdots, \boldsymbol{A}_N(t)] = [\boldsymbol{e}^{\mathrm{T}} \boldsymbol{P}^{-1}(t|t) \boldsymbol{e}]^{-1} \boldsymbol{e}^{\mathrm{T}} \boldsymbol{P}^{-1}(t|t) \quad (4.76)$$

式中，$\boldsymbol{e}^{\mathrm{T}} = [\boldsymbol{I}_n, \cdots, \boldsymbol{I}_n]$，可定义为：

$$\begin{cases} \boldsymbol{P}(t|t) = \begin{bmatrix} \boldsymbol{P}_{11}(t|t) & \cdots & \boldsymbol{P}_{1N}(t|t) \\ \cdots & \ddots & \cdots \\ \boldsymbol{P}_{N1}(t|t) & \cdots & \boldsymbol{P}_{NN}(t|t) \end{bmatrix} \\ \\ \boldsymbol{P}_{ii}(t|t) = \boldsymbol{P}_i(t|t) \end{cases} \quad (4.77)$$

因此，最优融合滤波误差方差矩阵可为：

$$\begin{cases} \boldsymbol{P}_0(t|t) = [\boldsymbol{e}^{\mathrm{T}} \boldsymbol{P}^{-1}(t|t) \boldsymbol{e}]^{-1} \\ \boldsymbol{P}_0 \leqslant \boldsymbol{P}_i \quad i = 1, 2, \cdots, N \end{cases} \quad (4.78)$$

Kalman 滤波信息融合算法的计算过程如图 4-25 所示，第一步先求取单个传感器基于 Kalman 滤波器的局部最优值；第二步对多个传感器的结果进行加权平均，从而将其作为多个传感器的最优信息；最后基于 Kalman 滤波信息融合的结果对状态向量的观测值和估计值进行估计与修正。

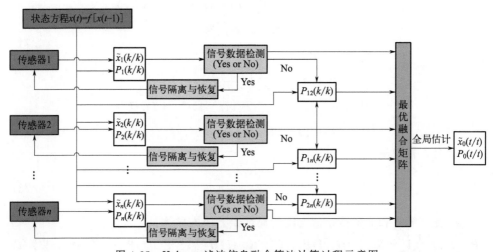

图 4-25　Kalman 滤波信息融合算法计算过程示意图

4.4.2　主被动力控制信息融合技术

为了提高机器人加工过程中磨抛力的控制精度，使加工过程更加柔顺和稳定，采用 Kalman 滤波信息融合技术将主动力控制和被动力控制相结合进而综合控制过程力，其思路如图 4-26 所示。其中，将六维力传感器测量值 F_c 与一维力传感器的测量值 F_m 通过 Kalman 滤波信息融合算法结合为 F_n，进而反馈给机器人加工系统，从而进行相应的控制。主动力控制采用的是基于 PI/PD 的力位混合控制算法，而被动力控制采用 PID 控制算法；并且六维力传感器可以同时测量三个方向的力和转矩，但一维力传感器只能测量单一方向的力。因此，在通过 Kalman 滤波信息融合技术将两个传感器反馈值融合后，分别传递给机器人控制系统和磨抛机的控制系统，进而统一进行控制。为了保证控制的精度和无干涉性，针对六维力传感器的主动力控制的优先级高于一维力传感器的被动力控制，在过程力变化较大的情况下，采用被动力控制更加高效；在过程力变化较小的情况下，采用主动力控制更加的高精。通过这种协同控制的方法能够提高机器人加工系统的控制精度和响应精度，尤其适用于未知环境的接触加工，从而保证加工过程的平稳性，提高加工质量。

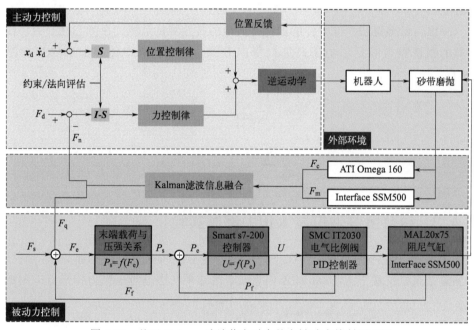

图 4-26　基于 Kalman 滤波信息融合的主被动力控制原理图

通过将 Kalman 滤波信息融合算法应用到机器人磨抛系统中，借助机器人末端的六维力传感器和磨抛机上的一维力传感器，以加工过程中的法向力为观测和控制对象，则有如下的状态方程和观测方程：

$$\begin{cases} \boldsymbol{X}(t+1) = \begin{bmatrix} 1 & & \\ & 1 & \\ & & 1 \end{bmatrix} \cdot \boldsymbol{X}(t) + \begin{bmatrix} 0 \\ 0 \\ 1 \end{bmatrix} \cdot \boldsymbol{W}(t) \\ \boldsymbol{Y}_i(t) = \boldsymbol{H}_i \cdot \boldsymbol{X}(t) + \boldsymbol{V}_i(t), \quad \boldsymbol{V}_i(t) = \alpha_i w(t) + \boldsymbol{\xi}_i(t) \quad i = 1,2 \end{cases} \quad (4.79)$$

并且，式(4.79)还满足：

$$\begin{cases} \boldsymbol{X}(t) = \left[F_x(t), F_y(t), F_z(t) \right]^{\mathrm{T}} \\ \boldsymbol{H}_1 = \begin{bmatrix} 0 \\ & 0 \\ & & 1 \end{bmatrix} \end{cases} \quad (4.80)$$

式中，$F_x(t)$、$F_y(t)$ 和 $F_z(t)$ 分别为基于磨抛机工具坐标系 $\{T\}$ 的切向力、轴向力和法向力；T 为系统的误差矩阵；$\boldsymbol{H}_1$ 表示一维力传感器的观测矩阵；$\boldsymbol{H}_2 = {}^T\boldsymbol{R}_s$ 为六维力传感器的观测矩阵；${}^T\boldsymbol{R}_s$ 为六维力传感器坐标系 $\{F\}$ 到工具坐标系 $\{T\}$ 的旋转矩阵；$\boldsymbol{Y}_i(t)$ 分别为一维力传感器和六维力传感器的信号观测值；$\boldsymbol{V}_i(t)$ 是观测噪声，它与零均值的高斯白噪声 $w(t)$ 和均方差 σ_w^2 有关；系数 α_i 是恒定值；ξ_i 和 σ_ξ^2 是零均值的高斯白噪声和均方差，它与 $w(t)$ 相互独立。

一维力传感器和六维力传感器都是典型的线性测量系统，在静态标定后，传感器的测量噪声满足零均值高斯白噪声分布。因此，两个传感器的噪声标准差为：

$$\begin{cases} \delta = \sqrt{\dfrac{1}{N} \sum_{i=1}^{N} (x_i - \mu)} \\ \mu = \dfrac{\sum_{i=1}^{N} x_i}{N} \end{cases} \quad (4.81)$$

4.4.3 钛合金零件机器人恒力磨抛实验

图 4-27 为在不同参考力情况下，一维力传感器和六维力传感器的法向磨抛力测量结果以及基于 Kalman 滤波信息融合的结果。通过与一维力传感器采用的

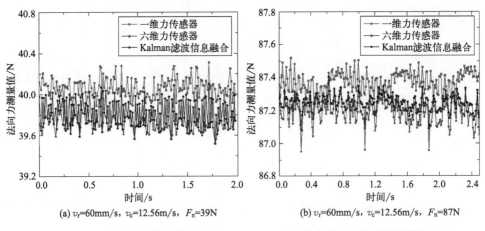

(a) $v_f=60\mathrm{mm/s}$，$v_c=12.56\mathrm{m/s}$，$F_n=39\mathrm{N}$ (b) $v_f=60\mathrm{mm/s}$，$v_c=12.56\mathrm{m/s}$，$F_n=87\mathrm{N}$

图 4-27 在不同预设力情况下基于 Kalman 滤波信息融合（见书后彩插）

被动力控制方法和六维力传感器采用的主动力控制方法对比发现，采用基于 Kalman 滤波的主被动力信息融合控制方法，力控制过程更加稳定有效，并且更接近于理论参考力值。

根据测量的法向磨抛力结果来分别计算对应的均方差 σ，具体结果如表 4-1 所示。其中，基于一维力传感器的被动力控制方法法向磨抛力均方差最大，而基于 Kalman 滤波的主被动力信息融合控制的法向磨抛力均方差最小。因此，在机器人加工过程中，采用基于 Kalman 滤波的主被动力信息融合控制方法比单一的主动力控制或被动力控制方法更加有效和实用。

表 4-1　不同力控制方法下的法向力均方差结果对比

不同力控制方法	不同法向力参考值下的均方差	
	$F_n = 39N$	$F_n = 87N$
基于一维力传感器的被动力控制方法	0.061	0.109
基于六维传感器的主动力控制方法	0.071	0.081
基于 Kalman 滤波的主被动信息融合控制方法	0.047	0.068

一维力传感器只能针对单一方向进行测量，采用了 PID 控制算法，其控制精度有限，因此基于一维传感器的被动力控制的优先级要低于主动力控制。在机器人加工过程中，磨抛力变化较大的情况下，采用被动力控制进行粗略调节；在磨抛力变化较小的情况下，采用主动力控制进行精细调节。

图 4-28 为在不同力控制策略下机器人加工钛合金零件的法向磨抛力监控结果，理论磨抛力参考值为 40N。在没有力控制的情况下，测量的法向磨抛力的变化要大得多，这主要取决于机器人离线路径规划和系统标定精度。由于一维力传感器的局限性，采用被动力控制方法的法向磨抛力可以维持在理论值附近，但是在整个机器人加工过程中不够稳定和可靠。采用基于六维力传感器的主动力控制方法，机器人整个加工过程中的法向磨抛力可以稳定在理论参考值附近，力控制误差在 5N 以内。与这三种力控制方法相比，基于 Kalman 滤波的主被动力信息融合控制方法的测量力更加稳定，其力控制误差在 3N 以内，并且能够应对过程力突变较大的情况。因此，采用 Kalman 滤波的主被动力信息融合控制方法，可以显著提高过程力的控制精度和稳定性。

表 4-2 给出了不同力控方法下法向磨抛力的评价结果。可知，在机器人加工过程中没有力控制的情况下，磨抛力的平均偏差高达 8.5681N；在采用被动力控制和主动力控制情况下，对应的磨抛力平均偏差为 2.1873N 和 0.6953N；而在采用基于 Kalman 滤波的主被动力信息融合控制的情况下，磨抛力的平均偏差为 0.1554N。由此可以看出，采用基于 Kalman 滤波的主被动力控制信息融合算法在机器人砂带磨抛加工过程中的有效性和实用性。

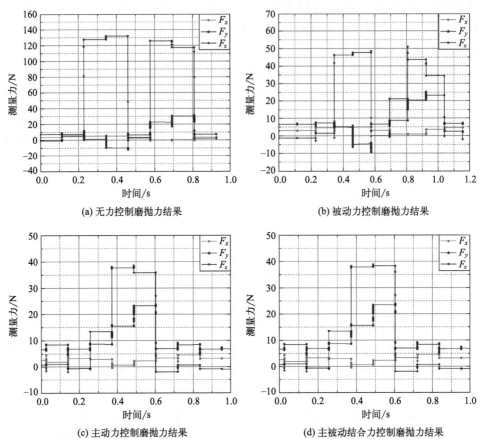

图 4-28　在不同力控制方法下机器人加工试块的磨抛力监控结果对比（见书后彩插）

表 4-2　不同力控制方法下的法向力均方差结果对比

法向磨抛力评价指标	图 4-28(a)	图 4-28(b)	图 4-28(c)	图 4-28(d)
理论参考值/N	无	40	40	40
磨抛力平均值/N	118.647	46.448	39.379	39.673
磨抛力最大值/N	126.847	48.606	40.601	39.915
磨抛力最小值/N	102.647	41.794	38.487	39.431
磨抛力力偏差	无	6.44775	0.6215	0.3271
磨抛力最大偏差	15.9648	4.6532	1.2229	0.2421
磨抛力平均偏差	8.5681	2.1873	0.6953	0.1554

　　根据上述不同的 4 种力控制加工方法来磨抛加工钛合金零件，对应的机器人加工效果如图 4-29 所示。从图中可以看出，在没有力控制策略的情况下，零件加工表面的颤振现象较为严重，出现了明显的加工振纹和纹路，主要是加工过程中的磨抛力无序变化导致；在单一被动力控制策略情况下，加工效果相对无力控

制的情况较好，但是仍然存在加工的纹路；在单一主动力控制策略情况下，零件表面加工效果较好，表面光滑柔顺，没有加工纹路，但是在切入时因磨抛力的突变导致产生了过磨现象；在基于 Kalman 滤波的主被动力信息融合控制策略情况下，零件表面加工表面光滑平整，没有加工纹路，在切入时也没有严重的过磨现象，表面一致性较好。因此，综合考虑，在机器人加工过程中，采用基于 Kalman 滤波的主被动力信息融合控制技术能够获得较好的表面质量和一致性，同时也能够避免磨抛力的突变造成的过磨或欠磨现象。

(a) 无力控制试块加工效果

(b) 被动力控制试块加工效果

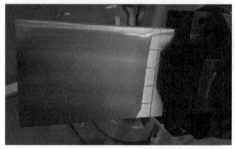

(c) 主动力控制试块加工效果

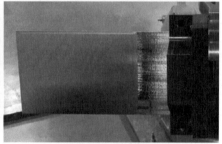

(d) 主被动结合力控制试块加工效果

图 4-29　在不同力控制策略下机器人加工试块的效果对比

图 4-30 为机器人加工钛合金零件后的表面粗糙度和材料去除量的测量位置点布局图。其中，表 4-3 为不同力控制方法下的零件加工前后表面粗糙度测量值

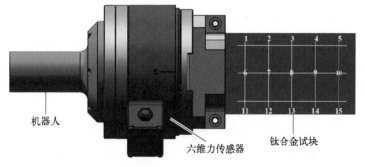

图 4-30　机器人加工钛合金零件的粗糙度测量点示意图

对比。由表中的数据可知：试块的原始表面粗糙度值 Ra 范围为 $0.989\sim$ $1.501\mu m$；在没有力控制方法下和单一被动力控制方法下，对应的表面粗糙度 Ra 平均值为 $0.785\mu m$ 和 $0.609\mu m$；而在主动力控制方法和基于 Kalman 滤波的主被动力信息融合控制方法下，测量点的表面粗糙度 Ra 均小于 $0.4\mu m$，从而满足机器人加工的表面质量需求。

表 4-3   不同力控制方法下机器人加工零件测量点的粗糙度值 Ra 对比

测量 位置点	原始值	没有力控 制方法	被动力控 制方法	主动力控 制方法	Kalman 滤波的主被动 力信息融合控制方法
1	1.264	0.785	0.652	0.389	0.375
2	1.362	0.853	0.586	0.372	0.347
3	1.453	0.689	0.567	0.345	0.365
4	1.127	0.746	0.604	0.356	0.371
5	1.102	0.738	0.506	0.314	0.324
6	1.088	0.851	0.574	0.308	0.361
7	1.176	0.804	0.698	0.289	0.328
8	1.085	0.925	0.599	0.276	0.346
9	0.989	0.657	0.654	0.324	0.378
10	0.995	0.896	0.638	0.327	0.314
11	1.425	0.785	0.586	0.318	0.308
12	1.501	0.781	0.561	0.309	0.367
13	1.372	0.901	0.624	0.367	0.297
14	1.068	0.659	0.684	0.299	0.347
15	1.287	0.703	0.605	0.371	0.326
平均值	1.220	0.785	0.609	0.331	0.344

不同力控制方法下，钛合金材料去除量对比如图 4-31 所示，其中：在没有力控制方法和单一被动力控制方法下，零件加工表面的材料去除量的变化高达 $0.013mm$ 和 $0.011mm$；而在主动力控制方法和基于 Kalman 滤波的主被动力信息融合控制方法下，整个加工表面的材料去除量变化更加稳定，其变化值分别为 $0.005mm$ 和 $0.0025mm$，而且在采用融合控制方法后，材料去除量的变化范围为 $0.04\sim0.0425mm$，说明机器人加工后的表面一致性较好。因此，综合考虑，采用 Kalman 滤波的主被动力信息融合控制方法，能够保证工件的材料去除量的稳定性，还可以提高加工工件表面的质量和一致性。

图 4-32 所示为不同力控制策略下机器人加工压气机叶片内弧面和外弧面对比。在没有力控制情况下，压气机叶片内弧面和外弧面加工效果并不理想，表面不仅有加工纹路，还存在着过磨和欠磨现象，并且由于磨抛力的突变可能造成磨

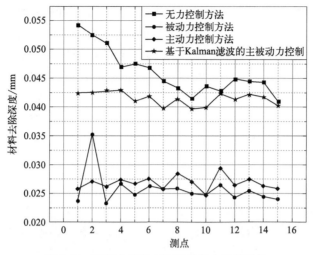

图 4-31　不同力控制方法下材料去除量对比

削烧伤等；在基于 Kalman 滤波的主被动力信息融合控制情况下，压气机叶片内弧面和外弧面的加工效果较好，表面光滑柔顺，没有丝毫加工痕迹。因此，这种基于 Kalman 滤波的主被动力信息融合控制技术能够应用于复杂曲面的叶片零件的机器人磨抛加工过程中，进而验证了所提力控制方法在机器人加工过程中的实用性、可靠性和有效性。

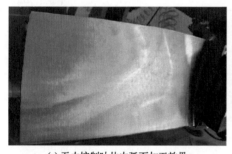

(a) 无力控制叶片内弧面加工效果

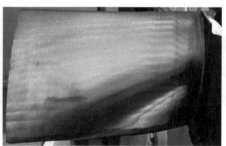

(b) 无力控制叶片外弧面加工效果

(c) 主被动力控制结合内弧面效果

(d) 主被动力控制结合外弧面效果

图 4-32　压气机叶片内外弧面机器人不同力控制策略加工效果

压气机叶片加工质量衡量指标不仅为叶片型面精度和轮廓精度，还包含表面粗糙度。图 4-33 为压气机叶片内外弧面粗糙度测量位置点，表 4-4 为对应的有无基于 Kalman 滤波的主被动力控制信息融合技术的机器人加工后的叶片粗糙度测量结果对比。其中，没有力控制情况下，压气机叶片的内弧面和外弧面的粗糙度平均值分别为 $0.6507\mu m$ 和 $0.6514\mu m$，总体粗糙度平均值为 $0.651\mu m$；而在基于 Kalman 滤波的主被动力控制信息融合情况下，内弧面和外弧面的粗糙度平均值分别为 $0.3219\mu m$ 和 $0.2749\mu m$，总体粗糙度平均值为 $0.298\mu m$，满足小于 $0.4\mu m$ 的加工需求，表明力控制方法在机器人加工过程中的重要性。

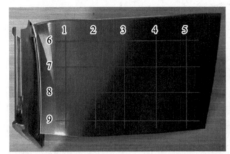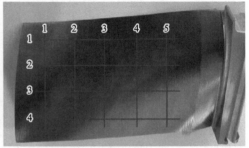

图 4-33　压气机叶片内外弧面粗糙度测量位置点规划

表 4-4　压气机叶片内外弧面机器人加工的粗糙度 *Ra* 测量结果对比

单位：μm

粗糙度的测量位置点	1		2		3		4		5	
	无力控制	有力控制	无力控制	有力控制	无力控制	有力控制	无力控制	有力控制	无力控制	有力控制
1	0.645	0.263	0.754	0.304	0.605	0.234	0.652	0.237	0.678	0.271
2	0.768	0.256	0.704	0.211	0.599	0.272	0.644	0.334	0.563	0.248
3	0.789	0.343	0.627	0.237	0.736	0.326	0.595	0.271	0.655	0.265
4	0.612	0.254	0.571	0.314	0.521	0.311	0.606	0.234	0.704	0.313
6	0.598	0.343	0.587	0.368	0.632	0.284	0.712	0.202	0.744	0.266
7	0.632	0.371	0.534	0.385	0.703	0.373	0.687	0.276	0.654	0.347
8	0.721	0.321	0.694	0.366	0.643	0.381	0.598	0.245	0.665	0.371
9	0.679	0.298	0.721	0.302	0.588	0.245	0.644	0.307	0.578	0.387

参考文献

[1]　Zhu D, Xu X, Yang Z, et al. Analysis and assessment of robotic belt grinding mechanisms by force modeling and force control experiments [J]. Tribology International, 2018, 120: 93-98.

[2]　朱大虎，徐小虎，蒋诚，等. 复杂叶片机器人磨抛加工工艺技术研究进展 [J]. 航空学报，2021，

43（10）：524265.

[3]　Evensen G. Data assimilation：the ensemble Kalman filter［M］．Berlin：springer，2009.

[4]　ABB Robotics. Force control for machining：Ref. 3HAC027595-001，2005.

[5]　徐小虎．压气机叶片机器人砂带磨抛加工关键技术研究［D］．武汉：华中科技大学，2019.

[6]　Lewis F L，Dawson D M，Abdallah C T. Robot manipulator control：theory and practice［M］．CRC Press，2003.

[7]　Zhang T，Xiao M，Zou Y，et al. Robotic constant-force grinding control with a press-and-release model and model-based reinforcement learning［J］．International Journal of Advanced Manufacturing Technology，2020，106（1）：589-602.

[8]　Du H，Sun Y，Feng D，et al. Automatic robotic polishing on titanium alloy parts with compliant force/position control［J］．Proceedings of the Institution of Mechanical Engineers，Part B：Journal of Engineering Manufacture，2015，229（7）：1180-1192.

[9]　Dong Y，Ren T，Hu K，et al. Contact force detection and control for robotic polishing based on joint torque sensors［J］．International Journal of Advanced Manufacturing Technology，2020，107（5）：2745-2756.

[10]　Gierlak P，Szuster M. Adaptive position/force control for robot manipulator in contact with a flexible environment［J］．Robotics and Autonomous Systems，2017，95：80-101.

[11]　Zhang H，Li L，Zhao J，et al. Design and implementation of hybrid force/position control for robot automation grinding aviation blade based on fuzzy PID［J］．International Journal of Advanced Manufacturing Technology，2020，107（3）：1741-1754.

[12]　Latifinavid M，Donder A. High-performance parallel hexapod-robotic light abrasive grinding using real-time tool deflection compensation and constant resultant force control［J］．International Journal of Advanced Manufacturing Technology，2018，96（9）：3403-3416.

[13]　Xu X，Chen W，Zhu D，et al. Hybrid active/passive force control strategy for grinding marks suppression and profile accuracy enhancement in robotic belt grinding of turbine blade［J］．Robotics and Computer-Integrated Manufacturing，2021，67：102047.

[14]　Xu X，Zhu D，Zhang H，et al. Application of novel force control strategies to enhance robotic abrasive belt grinding quality of aero-engine blades［J］．Chinese Journal of Aeronautics，2019，32（10）：2368-2382.

[15]　Xu X，Chu Y，Zhu D，et al. Experimental investigation and modeling of material removal characteristics in robotic belt grinding considering the effects of cut-in and cut-off［J］．The International Journal of Advanced Manufacturing Technology，2020，106（3）：1161-1177.

[16]　O'dwyer A. Handbook of PI and PID controller tuning rules［M］．World Scientific，2009.

[17]　Chen Y，Si X，Li Z. Research on Kalman-filter based multisensor data fusion［J］．Journal of Systems engineering and Electronics，2007，18（3）：497-502.

[18]　García J G，Robertsson A，Ortega J G，et al. Sensor fusion for compliant robot motion control［J］．IEEE Transactions on Robotics，2008，24（2）：430-441.

第**5**章

机器人磨抛轨迹规划技术

合理而有效的轨迹规划方法决定了机器人磨抛的可行性以及加工质量和效率。以叶片机器人磨抛为例，轨迹规划过程中需要重点考虑走刀方式、轨迹步长以及轨迹行距，从而避免规划过程中发生过切、烧伤以及干涉等问题。本章介绍机器人磨抛轨迹生成原理及常用的轨迹规划方法和机器人位姿确定方法，综合比较后选定适用于叶片边缘机器人砂带磨抛的轨迹规划方法，并开发机器人自适应轨迹规划软件，最终实现叶片边缘的高效高品质磨抛。

5.1 机器人磨抛轨迹生成原理

叶片是带有扭转和弯曲特征的标准自由曲面。在叶片机器人砂带磨抛过程中，常采用叶片安装在机器人末端，固定磨抛机的加工形式，其进刀方式、轨迹生成方法以及机器人运动学求解对叶片的加工精度及效率产生较大影响。目前，叶片机器人磨抛进刀方式主要分为纵磨、横磨与螺旋磨。以机器人加工为代表的多轴加工轨迹生成主要分为两个部分：轨迹步长控制方法和轨迹行距计算方法。

5.1.1 机器人磨抛方式

常用的叶片机器人磨抛方式也分为纵磨、横磨与螺旋磨三种，如图 5-1 所示[1]。

① 纵磨：指的是工件进给方向和砂带接触轮线速度方向垂直。由于两者在加工过程中接触面积较小，为保证加工型面的一致性，应减小轨迹间距，增加走刀次数，导致加工效率下降。在曲率变化较小的叶盆叶背处，其精度相对较高，而在前后缘处的加工精度较差，容易产生过切现象。

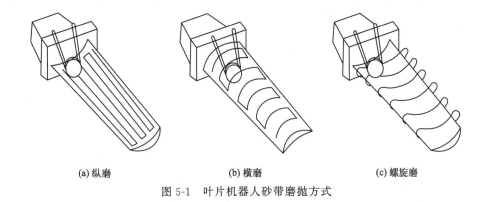

(a) 纵磨　　　　　　　　(b) 横磨　　　　　　　　(c) 螺旋磨

图 5-1　叶片机器人砂带磨抛方式

② 横磨：指的是工件进给方向和砂带接触轮线速度方向平行。该方式单次加工的有效范围为接触轮宽度，因而其走刀次数相对较少，加工效率则相对较高，但容易造成热量聚集而导致烧伤缺陷，且该方式对系统加工精度要求高，标定及加工误差对工件型面一致性影响较大。

③ 螺旋磨：是类似于多个截面曲线的轨迹。该方式单次加工的有效范围和横磨一样为砂带接触轮宽度，加工带宽较大，能较大提高加工效率同时保证整个叶面加工质量的一致性。另外，在叶片前后缘处机器人夹持叶片能沿着前后缘的轮廓轨迹运动，有效提高加工精度，但需要不断地旋转叶片达到完整磨削的目的，致使机器人运动姿态变化较大，易超过其六轴极限转角。

通过比较上述三种磨抛方式，考虑到叶片边缘处加工轮廓精度要求、加工难点以及整个叶片的加工效率，由于纵磨和横磨在叶片前后缘处容易出现过切及烧伤等加工缺陷，且纵磨加工效率较低，而螺旋磨在保证机器人各轴不出现极限转角的情况下能较好地保证加工精度及效率，因此，采用螺旋磨的方式完成叶片型面的磨抛加工。

5.1.2　轨迹补偿控制方法

自由曲面工件加工步长计算方法包括[1]：

① 等参数步长法：该方法将参数曲线的参数范围等值划分为若干份以确定每个间距对应的间距参数值，并通过间距参数值确定各个轨迹点在曲线参数域对应的位置，如图 5-2（a）所示，再计算出参数域下各个轨迹点对应的笛卡儿坐标值，依次连接这些轨迹点则可获取加工轨迹。该方法原理及思路清晰简单且计算稳定，但难以确定一个合理有效的参数值以保证复杂曲面工件各个磨抛点间的弦高误差都稳定在精度要求的范围内，同时轨迹点分布合理。

② 等弦长步长法：或称等距步长法，它使轨迹曲线离散出若干点，且各相邻两点间的直线段长度（弦长）相等，如图 5-2(b) 所示。该方法的实现一般是在轨迹曲线的当前点处生成一个半径为弦长的球，并计算轨迹曲线与该球形成的交点以确定下一轨迹点的位置。由于三维曲面与曲线的求交运算过程复杂且运算量大，计算效率较低；另外曲率变化较大的工件，只通过等距离步长方法控制步长值，会导致不同曲率处的弦高差距较大，只能选取较小的步长以保证满足整个加工型面的加工精度，但会导致加工效率降低。

③ 等弦高误差法：通过控制相邻轨迹点间的弦高值相等对整段轨迹曲线进行离散，该方法在一定程度上可以自适应调整磨抛点的密度以保证满足复杂曲线的离散精度，如图 5-2(c) 所示。由于该方法是基于精度允许的弦高误差（最大值）控制加工步长，因此最大限度地减少了离散点数目，在保证满足加工精度的情况下兼顾了加工效率。

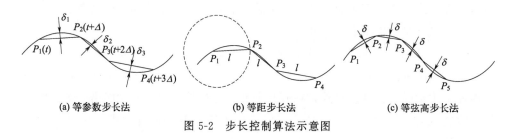

(a) 等参数步长法　　　　　　(b) 等距步长法　　　　　　(c) 等弦高步长法

图 5-2　步长控制算法示意图

5.1.3　轨迹行距计算方法

加工路径轨迹规划可看作对自由曲面工件进行间距控制而离散化为轨迹曲线，常用算法有等参数线法、等截面法和等残留高度法等[1]。

① 等参数线法：其思想是将加工表面转化为参数曲面，并通过确定固定参数 Δu 值而计算得到各个加工轨迹在参数域下的参数值，从而生成对应的参数线，如图 5-3(a) 所示。该算法的特点是原理及思路清晰简单且计算稳定，但受曲面的曲率变化影响较大，一般使用在行距方向曲率变化较小、参数线分布较为均匀的工件。

② 等截面法：该方法是通过若干个等距离平面切分加工表面，计算得到的相交曲线作为加工路径，如图 5-3(b) 所示。等截面法原理简洁易懂，实现难度不高；但该方法无法针对曲面的曲率变化情况自适应调整加工行距，无法兼顾复杂曲面工件加工的精度及效率，因此该方法仅适用曲面特征规则的工件。

③ 等残留高度法：基于加工精度允许的最大残留高度值，并结合加工型面处的曲率特征，控制相邻两轨迹间的行距值，如图 5-3(c) 所示。该方法综合考

虑了加工曲面特征以及加工精度要求，可实现复杂曲面工件加工轨迹的合理分布，兼顾了加工精度及效率。

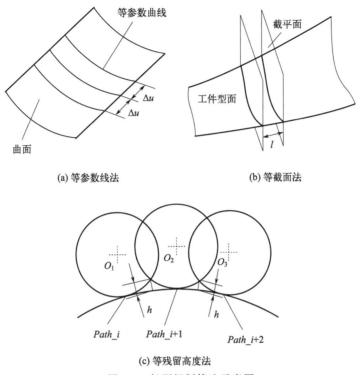

(a) 等参数线法　　　　　　　　　　　(b) 等截面法

(c) 等残留高度法

图 5-3　行距规划算法示意图

5.2　机器人磨抛轨迹规划方法

通过对比上述常用的轨迹规划生成方法，选取等弦高误差法、等参数线法和等残留高度法分别作为磨抛轨迹步长和行距的控制算法。这两种方法考虑了叶片型面复杂多变的曲率变化，可以根据叶片型面的变化动态生成磨抛点位信息，使步长和行距值均取精度要求范围内的最大值，从而提高加工效率。但上述方法常用于多轴数控机床加工，工件与工具为刚性接触，因此，目前大多数轨迹规划的相关研究几乎都是将轨迹规划视为一个简单的几何问题，没有考虑动力学因素的影响。而对于柔性接触加工的机器人砂带磨抛系统，需要根据工件材料去除情况完成轨迹规划，保证满足加工精度，同时提升加工效率。因此，本节通过考虑加工弹性变形的影响，提出基于材料去除廓形（Material Removal Profile，MRP）模型的机器人磨抛自适应轨迹规划算法[2]，其流程如图 5-4 所示。

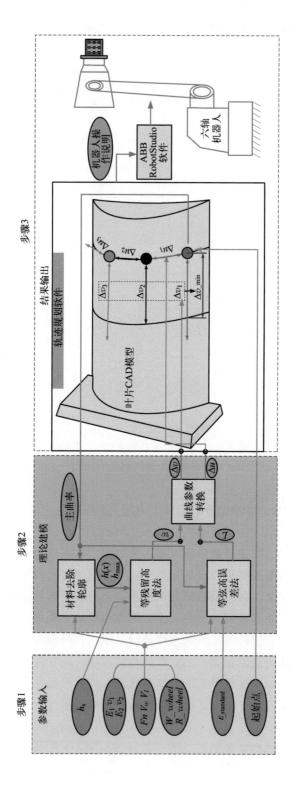

图 5-4 机器人磨抛自适应轨迹规划算法流程图

5.2.1　叶片机器人磨抛轨迹规划算法

基于等残留高度法的行距规划：在行距方向上，首先通过曲面几何信息确定其凹凸性，再结合以下方法计算加工行距。

① 当被磨抛面为平面时，如图 5-5（a）所示，P 和 P' 分别表示当前和下一磨抛点，R 为砂带接触轮的曲率半径，h_s 为残留高度值，w 为加工行距，由图中的几何关系可得：

$$\sqrt{R^2 - \left(\frac{w}{2}\right)^2} + h_s = R \tag{5.1}$$

化简后可得：

$$w = 2\sqrt{2Rh_s - h_s^2} \tag{5.2}$$

由于 R 远远大于残留高度值 h_s，因此式（5.2）可以忽略 h_s^2 的影响，则加工行距为：

$$w = 2\sqrt{2Rh_s} \tag{5.3}$$

② 当被磨抛面为凸面时，如图 5-5（b）所示，R_i 为当前刀位点处的曲率半径，由于 PP' 间距离较小，可用曲率半径为 R_i 的球面近似代表当前的凸面，则图中的几何关系为：

$$\left[(R+R_i)\sin\frac{\theta}{2}\right]^2 + \left[(R+R_i)\cos\frac{\theta}{2} - (R_i+h_s)\right]^2 = R^2 \tag{5.4}$$

化简后并约去 h 的高次项可以得到：

$$\cos\frac{\theta}{2} \approx \frac{R_i(R_i+R+h_s)}{(R_i+h_s)(R_i+R)} \tag{5.5}$$

因此，行距值 w 可从图中的几何关系得出：

$$w = 2R_i\sqrt{1 - \cos^2\frac{\theta}{2}} \approx 2R_i\sqrt{\frac{2R_iRh_s}{(R_i+R)(R_i+h_s)^2}} \tag{5.6}$$

由于 R_i 远大于 h_s，因此可认为 $R_i+h_s \approx R_i$，则式（5.6）可化简为：

$$w \approx 2\sqrt{2Rh_s}\sqrt{\frac{R_i}{(R_i+R)}} \tag{5.7}$$

③ 当被磨抛面为凹面时，如图 5-5（c）所示，凹面加工行距推导过程与凸面推导过程相似，其行距计算公式为：

$$w \approx 2\sqrt{2Rh_s}\sqrt{\frac{R_i}{R_i-R}} \tag{5.8}$$

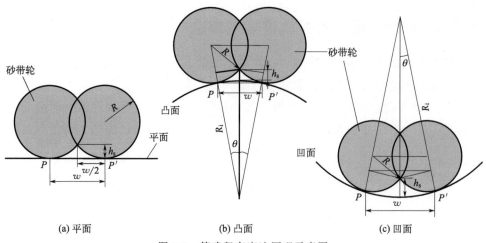

(a) 平面　　　　　　　(b) 凸面　　　　　　　(c) 凹面

图 5-5　等残留高度法原理示意图

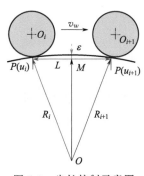

图 5-6　步长控制示意图

基于等弦高误差法的步长计算：在进给方向上，通过等弦高误差步长法确定下一磨抛点位置。步长计算原理如图 5-6 所示，ε 表示加工精度要求的弦高误差，L 为加工步长值，R_i、R_{i+1} 为相邻两磨抛点在进给方向上的曲率半径。通常相邻两磨抛点在进给方向上的曲率半径不相等，但由于曲面工件磨抛加工步长值较小，可以将 $P(u_i)P(u_{i+1})$ 段曲线近似看作半径为 R_i 的圆弧，即 $R_i = R_{i+1} = R$，通过勾股定理可计算步长 L。假设 $\varepsilon = \varepsilon_{\_standard}$，$L$ 可以通过式 (5.10) 获得。

$$\left| OP(u_i) \right|^2 = \left| OM \right|^2 + \left| MP(u_i) \right|^2 \tag{5.9}$$

$$L = 2 \times \left| MP(u_i) \right| = 2 \times \sqrt{R_i^2 - (R_i - \delta)^2} = 2\sqrt{2R_i\varepsilon - \varepsilon^2} \approx 2\sqrt{2R_i\varepsilon} \tag{5.10}$$

机器人砂带磨抛是一种柔性的材料去除加工方式，加工过程中接触区域产生的弹性变形导致工件表面的材料去除量难以控制，对工件整体的加工精度及效率都有直接的影响[3]。另外，由于叶片型面复杂多变，尤其是在叶片前后缘处，现有的轨迹规划算法会存在加工缺陷，因此，需要建立砂带接触轮的材料去除廓形模型，并基于该模型对等弦高误差法和等残留高度误差法进行优化改进。

5.2.2　基于 Preston 方程的 MRP 模型

① Preston 方程可用于表达被加工工件材料去除深度与加工工艺参数之间的影响关系，其关系可理解为工件材料去除率与加工接触区域的压强、工件与工具

间的相对速度成正比，如下：

$$\frac{\mathrm{d}h}{\mathrm{d}t} = k_{\mathrm{p}} P v_{\mathrm{r}} \tag{5.11}$$

式中，$\mathrm{d}h/\mathrm{d}t$ 表示单位时间的材料去除率；k_{p} 表示磨损系数；P 表示接触区域的压强；v_{r} 为工件与工具间的相对线速度，其可通过式(5.12) 确定。

$$v_{\mathrm{r}} = v_{\mathrm{l}} \pm v_{\mathrm{w}} \tag{5.12}$$

式中，v_{l} 表示砂带线速度；v_{w} 表示工件进给速度。当两者方向一致时，v_{r} 取两者之和；反之，v_{r} 取两者之差，符号与 v_{l} 保持一致。

由于机器人砂带磨抛是一个连续进给的加工过程，因此，对适用于定点驻留磨抛的式(5.11) 进行改进。设 $\mathrm{d}l$ 为时间 $\mathrm{d}t$ 内工件与工具间的相对运动距离，则有 $\mathrm{d}t = \mathrm{d}l/v_{\mathrm{w}}$，因此式(5.11) 可以转换为：

$$\frac{\mathrm{d}h}{\mathrm{d}l} = \frac{k_{\mathrm{p}} P v_{\mathrm{r}}}{v_{\mathrm{w}}} \tag{5.13}$$

② 基于 Hertz 接触理论的接触区域压力分布计算。Hertz 接触理论主要用于计算在加工过程中工件与工具在接触区域产生的应变和应力分布。通常，砂带接触轮橡胶部分的材质为弹性体，而被磨抛工件的刚度要远大于接触轮橡胶部分，因此，在力的作用下接触区域的弹性变形主要发生在工具端，形成具有一定形状的接触区域。

依据 Hertz 接触理论，机器人砂带磨抛自由曲面表面时，其接触区域近似为椭圆[4]。如图 5-7 所示，其接触区域可表示为：

$$\frac{x^2}{a^2} + \frac{y^2}{b^2} = 1 \tag{5.14}$$

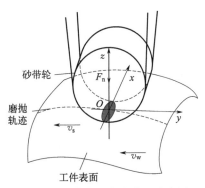

图 5-7　砂带磨抛自由曲面示意图

接触区域的压强分布可表示为[5]：

$$p(x,y) = \frac{3F_{\mathrm{n}}}{2\pi ab} \sqrt{1 - \left(\frac{x}{a}\right)^2 - \left(\frac{y}{b}\right)^2} \tag{5.15}$$

式中，a 和 b 分别是接触椭圆的长半轴和短半轴的长度，可通过式(5.16)确定；δ 为砂带轮在加工过程中的弹性趋近量。

$$a=\left[\frac{3k^2\varepsilon_{(k)}F_n}{\pi E_c(A+B)}\right]^{\frac{1}{3}} \quad b=\left[\frac{3\varepsilon_{(k)}F_n}{\pi k E_c(A+B)}\right]^{\frac{1}{3}} \tag{5.16}$$

$$\delta=\frac{3\xi_{(k)}F_n}{2\pi E_c a} \tag{5.17}$$

其中[6]

$$E_c=\left[(1-\nu_1^2)E_1^{-1}+(1-\nu_2^2)E_2^{-1}\right]^{-1} \tag{5.18}$$

$$k=\frac{a}{b}\approx1.0339\left(\frac{B}{A}\right)^{0.636} \tag{5.19}$$

$$\xi_{(k)}=1.5277+0.6023\ln\left(\frac{B}{A}\right) \tag{5.20}$$

$$\varepsilon_{(k)}=1.0003+0.5968\left(\frac{A}{B}\right) \tag{5.21}$$

$$\begin{cases} A+B=\dfrac{1}{2}\left(\dfrac{1}{R_1}+\dfrac{1}{R_2}+\dfrac{1}{R_1'}+\dfrac{1}{R_2'}\right) \\ B-A=\dfrac{1}{2}\left[\left(\dfrac{1}{R_1}-\dfrac{1}{R_1'}\right)^2+\left(\dfrac{1}{R_2}-\dfrac{1}{R_2'}\right)^2+2\left(\dfrac{1}{R_1}-\dfrac{1}{R_1'}\right)\left(\dfrac{1}{R_2}-\dfrac{1}{R_2'}\right)\cos2\gamma\right]^{\frac{1}{2}} \end{cases}$$

$$\tag{5.22}$$

在式(5.16)~式(5.22) 中，F_n 是接触轮-工件界面的法向接触力；E_c 是接触轮与工件之间的相对弹性模量；E_1 和 ν_1 表示接触轮的弹性模量和泊松比；E_2 和 ν_2 表示工件的弹性模量和泊松比；$\xi_{(k)}$、$\varepsilon_{(k)}$ 分别是第一、第二类椭圆积分；A 和 B 是接触点的相对主曲率[7]；R_1 和 R_1' 是接触轮在接触点的主曲率半径；R_2 和 R_2' 是工件在接触点的主曲率半径；γ 是两曲率半径 R_1 和 R_2 在法平面上的夹角。

③ 材料去除轮廓建模。在机器人磨抛过程中，针对工件上的某一点 N 计算其材料去除深度，如图 5-8 所示，当接触区域沿着加工路径从进入到离开 N 点时所经过路线为从点 $L_1(x,b_1)$ 到点 $L_2(x,-b_1)$，则 N 点处的材料去除深度可表示为：

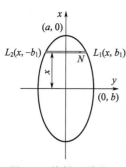

图 5-8 接触区域微元

$$h(x)=\int_{L_1}^{L_2}\frac{\mathrm{d}h}{\mathrm{d}l}\mathrm{d}y \tag{5.23}$$

在加工过程中，令砂带接触轮的轴线方向与 x 轴方向一致，进给方向与 y 轴方向重合，则 $\mathrm{d}l=\mathrm{d}y$。结合式(5.13)~(5.15)，可获得以下公式：

$$h(x) = \frac{2k_p v_r}{v_w} \int_0^{\sqrt{\left(1-\frac{x^2}{a^2}\right) \times b^2}} P(x,y)\mathrm{d}y \tag{5.24}$$

可以简化为：

$$h(x) = \frac{3k_p F_n v_r (a^2 - x^2)}{4a^3 v_w} \tag{5.25}$$

将式(5.16) 代入式(5.25) 可得式(5.26)，该式为砂带接触轮在椭圆接触区域内沿 x 轴方向的材料去除廓形表达式。当 $x=0$ 时，可以得到当前接触点的最大材料去除深度 $h_{\_max}$，如式(5.27) 所示。

$$h(x) = \frac{k_p F_n^{\frac{2}{3}} v_r}{v_w} \left[\frac{9\pi E_c (A+B)}{64k^2 \varepsilon(k)}\right]^{\frac{1}{3}} \left[1 - \left(\frac{x}{a}\right)^2\right] \tag{5.26}$$

$$h_{\_max} = h(0) = \frac{k_p F_n^{\frac{2}{3}} v_r}{v_w} \left[\frac{9\pi E_c (A+B)}{64k^2 \varepsilon(k)}\right]^{\frac{1}{3}} \tag{5.27}$$

5.2.3　基于 MRP 模型的轨迹规划算法优化

(1) 行距规划算法优化

机器人砂带磨抛是一种柔性接触的加工方式，加工过程中产生的弹性变形对加工精度及效率影响较大，因此本节在等残高法中引入 MRP 模型。在行距方向上，以残留高度值作为约束条件，基于 MRP 模型计算磨抛路径间隔，计算分为以下两种情况：

① 当最大磨抛深度小于残留高度 h_s 时，必须在两个加工路径上的接触椭圆之间不存在间隙，这意味着在两个到位点处的接触椭圆的长轴相交。因此，在满足加工精度要求的前提下，应提高加工效率。则磨抛路径间隔 w 表示为：

$$w = \frac{2aR_i}{R_i \pm h_s} \tag{5.28}$$

式中，"+" 代表凸面，"-" 代表凹面。

② 当最大磨抛深度大于残留高度 h_s 时，单个路径不能满足加工精度要求，并且需要相邻刀具路径重叠。这意味着下一条刀具路径的接触椭圆与当前刀具路径的接触椭圆相交以确保加工精度要求。

对于情况②，基于 MRP 模型建立了加工路径间距规划算法，如图 5-9 所示。令第 i 条路径的第 n 个磨抛点处的材料去除廓形为 E_{in}，最大切削深度为 h_{max}，满足 $h_{max} > h_s$，第 $(i+1)$ 条路径上的第 n 个磨抛点处的材料去除轮廓 $E_{(i+1)n}$ 与 E_{in} 重叠，去除 E_{in} 边缘的多余材料，满足加工精度需求。

材料去除廓形交点 A 可表示为在 E_{in} 廓形模型中 x 处切深为 $h(x)$ 的位置，

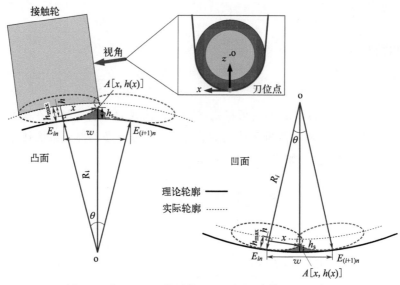

图 5-9　基于 MRP 模型的凹凸面行距计算原理示意图

由于相邻刀路间的行距较小，且工件表面的曲率半径 $R_i \gg h(x)$，则可令 $h \approx h(x)$，根据图中表示的几何关系，对凸面可以得到如下关系式：

$$\left[R_i + h_{\max} - h(x)\right]^2 + x^2 = (R_i + h_s)^2 \tag{5.29}$$

解得：

$$x = \dfrac{\sqrt{-\dfrac{a^4}{h_{\max}^2} - \dfrac{2a^2 R_i}{h_{\max}} + \dfrac{a^2\sqrt{a^4 + 4h_s^2 h_{\max}^2 + 4a^2 h_{\max} R_i + 8h_s h_{\max}^2 R_i + 4h_{\max}^2 R_i^2}}{h_{\max}^2}}}{\sqrt{2}} \tag{5.30}$$

则行距 w 为：

$$w = \frac{2x R_i}{R_i + h_s} \tag{5.31}$$

同理可计算得到凹面行距 w 为：

$$w = \frac{2x R_i}{R_i - h_s} \tag{5.32}$$

其中：

$$x = \dfrac{\sqrt{-\dfrac{a^4}{h_{\max}^2} + \dfrac{2a^2 R_i}{h_{\max}} - \dfrac{a^2\sqrt{a^4 + 4h_s^2 h_{\max}^2 - 4a^2 h_{\max} R_i - 8h_s h_{\max}^2 R_i + 4h_{\max}^2 R_i^2}}{h_{\max}^2}}}{\sqrt{2}} \tag{5.33}$$

（2）步长控制算法优化

等弦高误差算法通常用于计算刚性接触的加工步长，工件与工具间的弹性变形小到可以忽略不计。而具有柔性特点的机器人砂带磨抛中，实际材料去除深度会小于设定的弦高误差。因此，根据砂带磨抛工艺的材料去除特性，可以适当地提高弦高标准值，以增加步长。如图 5-10 所示，在机器人砂带磨抛系统的控制下，砂带接触轮相对工件在 $P(u_i)$ 和 $P(u_{i+1})$ 之间进行线性运动。$P(u_i)$、$P(u_{i+1})$ 之间的弦高误差 ε 可看作相邻两磨抛点间的弹性变形量差值，即接触轮和工件之间的弹性趋近量 δ［在 $P(u_i)$ 处］变为 δ'（在 C 点处）。

$$\delta' = \delta + \varepsilon \tag{5.34}$$

结合式（5.16）、式（5.17）和式（5.27），式（5.34）可转换为：

$$\varepsilon = \delta' - \delta = \frac{2\xi_{(k)} h_{\_\max}}{\pi k_p E_c \left(\dfrac{v_r}{v_w}\right)} - \frac{3\xi_{(k)} F_n}{2\pi E_c a} \tag{5.35}$$

为了满足加工精度要求，假设两个相邻磨抛点之间的最大材料去除深度（在 C 点处）$h_{\_\max} = \varepsilon_{\_standard}$，则可以通过式（5.35）得出两个磨抛点之间的弦高误差 ε。此外，将确定的 ε 值代入式（5.10），最终得到机器人砂带磨抛的步长，见式（5.36）。但此算法目前仅适用于叶片凸面和前后缘，不适用于凹面。

$$L = 2 \sqrt{2R_i \left[\frac{2\xi_{(k)} \varepsilon_{\_standard}}{\pi k_p E_c \left(\dfrac{v_r}{v_w}\right)} - \frac{3\xi_{(k)} F_n}{2\pi E_c a}\right]} \tag{5.36}$$

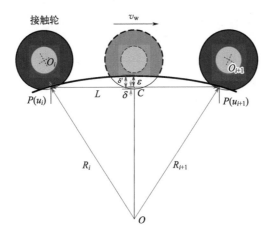

图 5-10　弹性接触的等弦高误差算法示意图

等弦高误差步长法是基于假设相邻磨抛点间的曲率基本一致，则可将当前磨抛点在进给方向上的曲率半径赋值给该段曲线的曲率半径，根据该曲率半径值并结合几何模型计算出加工步长。由步长计算公式（5.10）可知，在给定标准弦高误差的情况下，步长正比于当前磨抛点的曲率半径，如图 5-11 所示。如果当前磨抛点 $P(u_i)$ 曲率半径远远超出曲线 $P(u_i)$ $P(u_{i+1})$ 中最小的曲率半径，以当前磨抛点曲率半径计算的步长 L_i 会偏大，当前的弦高误差会超出精度要求的弦高误差标准值，即出现了弦高误差超差。等弦高误差法应用于叶片磨抛加工步长规划时，如图 5-12 所示，在叶片边缘曲率突变处，加工点分布密度低，极易出现"过切"加工缺陷。

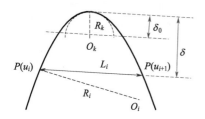

图 5-11　实际弦高误差过大示意图

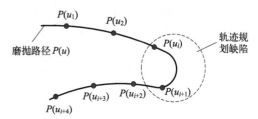

图 5-12　叶片边缘曲率突变导致磨抛点密度低

　　针对该算法存在的缺陷，本节对此作出以下改进：以等弦高误差算法计算步长及下一磨抛点位置，并判断相邻两点间是否存在弦高误差超出精度要求范围的情况。如出现超出误差范围的情况，则重新计算磨抛点，使出现弦高误差超差的区域自适应插补磨抛点以保证加工的轮廓精度。

　　具体方案如下：首先对两磨抛点间的曲线段在参数域上进行十等分，如图 5-13 所示，然后将曲线段 9 个插补点处的曲率半径与下一磨抛点和当前磨抛点处的曲率半径进行比较，最后取最小值作为当前该段曲线的曲率半径并重新计算步长再更新下一磨抛点位置 $P(u_{i+1})$。图 5-14 比较了改进前后所获得的磨抛点密度分布。其中，9 个插补点取值的计算公式为：

$$P(u_k) = P(u_i + 0.1k\Delta u) = S(u_i + 0.1k\Delta u, v_0) \quad k = 1, 2, \cdots, 9 \quad (5.37)$$

此时该段曲线曲率半径设为 R_{i_min}：

$$R_{i\_min} = \min\{R_i, R_k, R_{i+1}\} \quad (5.38)$$

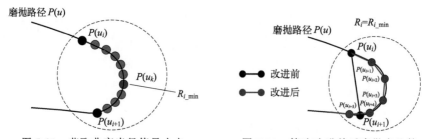

图 5-13　获取曲率半径值最小点　　　　　图 5-14　算法改进前后磨抛点比较

(3) 叶片型面造型

由于叶片是复杂多变的自由曲面，因此使用 NURBS 曲面来表示叶片型面。

NURBS 曲面的数学表达式为：

$$S(u,v) = \begin{bmatrix} x(u,v) \\ y(u,v) \\ z(u,v) \end{bmatrix} \quad u,v \in [0,1] \tag{5.39}$$

式中，u、v 是自由曲面参数；三个分量 x、y 和 z 是参数 u 和 v 的两个元素可微函数。为了便于说明，将刀具进给方向和行距方向分别设置为表面的 u 方向和 v 方向。

在 $S(u,v)$ 函数中固定其中一个参数值，例如，将参数 v 设置为 v_0，可以获得关于参数 u 的 NURBS 曲线路径 $P(u)$：

$$P(u) = S(u,v_0) \quad u \in [0,1] \tag{5.40}$$

结合等残高误差法和等参数线法生成加工路径，然后在加工路径上通过优化后的等弦高误差法计算磨抛点位置信息。通过上述轨迹规划方法将计算得到的步长 L 和行距 w 转换为曲面参数域对应的参数值，确定当前磨抛点在 u，v 方向上的相邻点。以等参数线 $P(u_i)$ 为例，通过二阶泰勒展开算法对 NURBS 曲线进行离散，可获得展开式[8]：

$$u(t_{i+1}) = u(t) + \frac{(t_{i+1}-t_i)v(t_i)}{\left\| \dfrac{\mathrm{d}P(u_i)}{\mathrm{d}u} \right\|} + \frac{(t_{i+1}-t_i)^2}{2\left\| \dfrac{\mathrm{d}P(u_i)}{\mathrm{d}u} \right\|}$$

$$\left[a(t_i) - \frac{v^2(t_i)}{\left\| \dfrac{\mathrm{d}P(u_i)}{\mathrm{d}u} \right\|^3} \times \frac{\mathrm{d}P(u_i)}{\mathrm{d}u} \times \frac{\mathrm{d}P^2(u_i)}{\mathrm{d}u^2} \right] \tag{5.41}$$

式中，$a(t_i)$、$v(t_i)$ 分别表示在 t_i 时刻的加速度与速度。由于加工时速度低且变化不大，可以忽略加速度的影响；且相邻磨抛点间距离较小，因此可以将 $v(t_i)$ 近似看作沿两磨抛点间的线性速度，则有：

$$L_i = v(t_i)(t_{i+1}-t_i) \tag{5.42}$$

整理式（5.41）和式（5.42），并忽略加速度影响，可得到式（5.43），即通过步长 L 得到对应的参数 Δu。

$$u(t_{i+1}) = u(t) + \frac{L_i}{\left\| \dfrac{\mathrm{d}P(u_i)}{\mathrm{d}u} \right\|} - \frac{L_i^2}{2\left\| \dfrac{\mathrm{d}P(u_i)}{\mathrm{d}u} \right\|^4} \times \frac{\mathrm{d}P(u_i)}{\mathrm{d}u} \times \frac{\mathrm{d}P^2(u_i)}{\mathrm{d}u^2} \tag{5.43}$$

同理，可将行距 w 转换成对应参数域的 Δv，如式（5.44），此时 NURBS 曲线为等 u 参数曲线 $S(u,v_i)$，即 $P(v)$；计算当前刀路各磨抛点对应的等残高行距 w_i 及对应参数域上的 Δv_i，为保证表面加工质量取其最小值确定下一刀路曲线位置，如式（5.45）。

$$v(t_{i+1}) = v(t) + \frac{w_i}{\left\|\dfrac{\mathrm{d}P(v_i)}{\mathrm{d}v}\right\|} - \frac{w_i^2}{2\left\|\dfrac{\mathrm{d}P(v_i)}{\mathrm{d}v}\right\|^4} \times \frac{\mathrm{d}P(v_i)}{\mathrm{d}v} \times \frac{\mathrm{d}P^2(v_i)}{\mathrm{d}v^2} \tag{5.44}$$

$$v_{\text{next}} = v_{\text{current}} + \min\{\Delta v_i\} \tag{5.45}$$

5.2.4　机器人磨抛位姿优化

磨抛工具与工件表面间的接触情况直接影响工件加工质量。在机器人磨抛过程中，将接触轮轴线方向与磨抛点处最大曲率半径方向重合，使接触区域的压强分布均匀，实现工件表面材料均匀去除，提高加工质量[18]。综合考虑以上因素的影响，在确定磨抛点坐标系框架 $\{P(u_i)\}$ 方向时，选择该点处的叶片型面法向量作为 $\{P(u_i)\}$ 的 z 轴方向，选择该点处的等参数线在该点的切向量作为 $\{P(u_i)\}$ 的 x 轴方向，并通过右手定则确定 $\{P(u_i)\}$ 的 y 轴方向，即：

$$\begin{cases} z = n = \mathrm{d}u \times \mathrm{d}v \\ x = \mathrm{d}u \\ y = x \times z \end{cases} \tag{5.46}$$

式中，$\mathrm{d}u$ 和 $\mathrm{d}v$ 分别表示在 NURBS 曲面上的等 u 参数线和等 v 参数线在某点处的切矢，可由式(5.47) 获得。

$$\begin{cases} \mathrm{d}u = \dfrac{p'(u)}{\|p'(u)\|} \\ \mathrm{d}v = \dfrac{p'(v)}{\|p'(v)\|} \end{cases} \tag{5.47}$$

机器人磨抛的实现过程为机器人末端夹持待加工工件运动至砂带磨抛机附近，使得待加工工件上的磨抛点框架依次与工具坐标系重合，如图 5-15 所示。

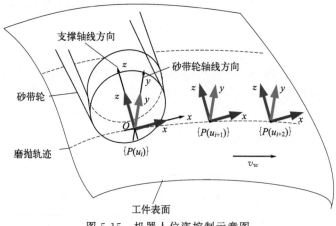

图 5-15　机器人位姿控制示意图

由此可以建立：

$$_t^0\boldsymbol{H} = _g^0\boldsymbol{H} = _6^0\boldsymbol{H}_w^6\boldsymbol{H}_g^w\boldsymbol{H} \tag{5.48}$$

式中，$_t^0\boldsymbol{H}$ 为工具坐标系框架 $\{t\}$ 相对于机器人基坐标系框架之间的转换矩阵；$_g^0\boldsymbol{H}$ 为磨抛点坐标系框架相对于机器人基坐标系框架间的转换矩阵；$_w^6\boldsymbol{H}$ 为工件坐标系框架相对于机器人末端坐标系框架的转换矩阵；$_g^w\boldsymbol{H}$ 为磨抛点坐标系框架相对于工件坐标系框架的转换矩阵。

根据已知的 $_t^0\boldsymbol{H}$、$_w^g\boldsymbol{H}$ 和 $_w^6\boldsymbol{H}$，结合机器人运动学求解的内容可计算出机器人运动至该磨抛点时的位置姿态信息：

$$_6^0\boldsymbol{H} = _t^0\boldsymbol{H}_g^w\boldsymbol{H}^{-1}{_w^6\boldsymbol{H}}^{-1} \tag{5.49}$$

5.2.5 机器人磨抛轨迹生成步骤

图 5-16 为基于 MRP 模型的机器人砂带磨抛轨迹生成过程，相应的流程图如图 5-17 所示，详细步骤如下。

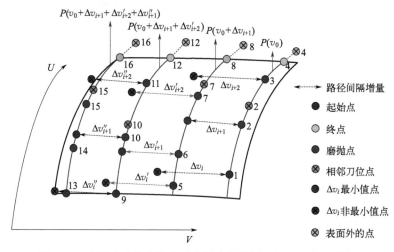

图 5-16　机器人砂带磨抛自适应轨迹规划原理图（见书后彩插）

步骤 1：输入参数，包括加工起点的位置，工件与接触轮的弹性模量、泊松比 E_1、E_2、v_1、v_2 等的物理特性参数，和接触轮速度 v_s、工件进给速度 v_w、法向接触力 F_n 等的工艺参数，以及砂带接触轮的几何参数 $R_{\_wheel}$（半径）和 $W_{\_wheel}$（宽度）。

步骤 2：根据等弦高误差算法计算 u 方向上的下一个磨抛点的位置，并根据等残留高度算法计算 v 方向上的偏置点。

步骤 3：确定下一个磨抛点是否在参数域中。如果是，继续下一步；否则，设置当前刀具路径的加工终点，然后跳至步骤 5。

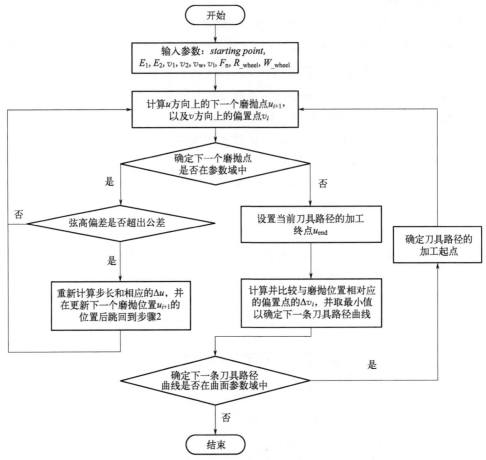

图 5-17　基于 MRP 模型的机器人砂带磨抛轨迹自适应规划流程

步骤 4：确定相邻两个磨抛点之间的弦高误差是否过大。如果是，重新计算步长和相应的 Δu，并在更新下一个磨抛点的位置后跳回到步骤 2；否则，直接跳回到步骤 2。

步骤 5：计算并比较与磨抛位置相对应的偏置点的 Δv_i，取最小值以确定下一条刀具路径曲线。

步骤 6：确定下一条刀具路径曲线是否在曲面参数域中。如果是，确定刀具路径的加工起点，然后跳回到步骤 2；否则，终止轨迹规划算法。

5.2.6　机器人磨抛轨迹规划算法验证

应用基于 OpenCasCade 自主开发的轨迹规划软件生成叶片机器人磨抛轨迹，轨迹规划的参数如表 5-1 所示。图 5-18 表明，与现有的轨迹规划算法相比，改进的轨迹规划算法自适应地增加了曲率变化较大的叶片边缘的磨抛点数量。在具有小曲率和平滑加工路径的叶片凹凸表面上，两种算法计算出的步长和磨抛点数基本相同。图 5-19 进一步比较了路径 1 上相邻两磨抛点间的弦高误差值。如图 5-19(a) 所示，采用现有的规划算法在叶片前缘和后缘处的弦高误差超出 1.5mm，大大超出了轮廓精度所需的弦高误差的理论值，导致叶片前后缘处极易发生过切现象；图 5-19(b) 表明，改进的规划算法可以很好地将叶片边缘的弦高误差控制在理论弦高误差范围内，以确保加工轮廓精度。

表 5-1　机器人磨抛轨迹规划参数

参数名称	参数值
工件的弹性模量，泊松比 E_1,v_1	114GPa,0.33
接触轮的弹性模量，泊松比 E_2,v_2	7.84MPa,0.47
工件进给速度 v_w	20mm/s(CVX,CCV),40mm/s(LE,TE)
接触轮线速度 v_1	12.56m/s
法向接触力 F_n	20N(CVX,CCV),7N(LE,TE)
砂带接触轮半径和宽度 R_{wheel},W_{wheel}	40mm,20mm
标准弦高误差值 $\varepsilon_{standard}$	0.08mm
残留高度值 h_s	0.01mm
最大加工步长 L_{max}	15mm

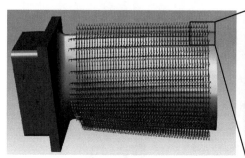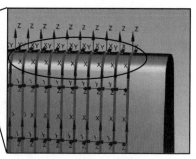

(a) 改进前

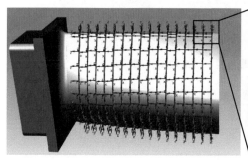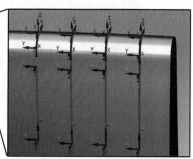

(b) 改进后

图 5-18　基于改进前后轨迹规划算法的规划结果对比

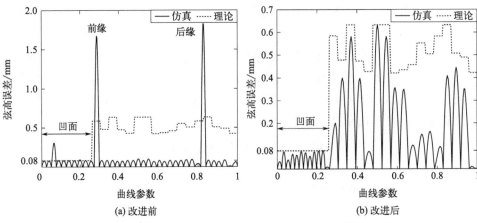

(a) 改进前　　　　　　　　　　　(b) 改进后

图 5-19　基于改进前后轨迹规划算法于路径 1 处的弦高误差分布

另外，通过比较发现改进的轨迹规划算法路径间隔比现有算法的大，并且加工路径也减少，体现了砂带磨抛宽行距加工的特点。分别将路径轨迹导入 RobotStudio 平台，并结合力控制模块做仿真试验，如图 5-20 所示。表 5-2 显示改进算法仅需要 16 条磨抛路径，比现有算法要少。因此，加工时间从 44.4min 减少到 14.2min，减少了 68%，从而显著提高了加工效率。仿真结果表明，基于 MRP 模型的自适应机器人砂带磨抛轨迹规划算法在保证加工精度的同时，兼顾了加工效率的提升。

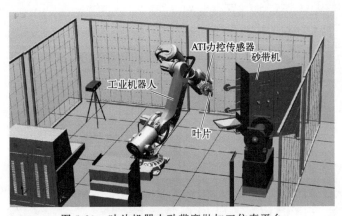

图 5-20　叶片机器人砂带磨抛加工仿真平台

表 5-2　机器人磨抛轨迹信息对比

参数	改进前	改进后
磨抛路径数量	50	16
单条路径磨抛点数目	36~38	28~30
磨抛时间/min	44.4	14.2

5.3　叶片边缘自适应轨迹规划方法

经过全局轨迹规划及加工后，曲率变化较小的叶身型面轮廓度能满足加工需求，但叶片前后缘曲率半径小且变化大。为避免加工时出现过切及烧伤问题，前后缘处的进给速度相较于叶身型面处应提高，接触力应该降低，因此单次轨迹规划及加工难以保证叶片边缘轮廓精度满足加工需求。基于视觉测量提出叶片边缘修整区域自适应轨迹规划方法，通过三维扫描仪在线检测出叶片前后缘处局部修整区域，并针对修整区域完成自适应轨迹规划与磨抛加工。

5.3.1　机器人手眼标定与点云拼接

在对叶片机器人磨抛系统进行 eye-to-hand 手眼标定时，由于三维扫描仪无法直接准确地获取任一空间点的位置，因此采用标准球作为标定工具。在数据测量的过程中，扫描仪固定，机器人末端夹持哑光标准球使其位于三维扫描仪工作范围内，通过标准球心作为建立机器人和扫描仪联系的纽带[9]。基于机器人"重定位"手眼标定过程如下。

（1）旋转矩阵的标定

为了标定机器人基坐标系 $\{b\}$ 与扫描仪坐标系 $\{s\}$ 之间的旋转矩阵，需要建立两个坐标系框架间的联系。基于机器人的运动能力以及扫描仪位置被固定的条件，采用机器人末端夹持标准球至扫描仪拍摄视野范围内运动的方案搭建两个坐标系间的联系。由于标准球与机器人末端是刚性连接，因此标准球球心与机器人 TCP 点间是固定的位置关系，即标准球球心运动轨迹与 TCP 点轨迹平行，当机器人夹持标准球使其沿着机器人基坐标系框架 $\{b\}$ 方向进行线性移动，扫描仪获取到标准球球面点云后，可以得到标准球球心的空间位置，由此能建立机器人基坐标系框架 $\{b\}$ 与扫描仪坐标系框架 $\{s\}$ 间的旋转关系，如图 5-21 所示。

旋转矩阵标定的具体步骤如下：

步骤 1：将机器人示教到合适位置，使其末端夹持的标准球位于扫描仪拍摄视野中心附近，并将机器人的运动坐标系设置为机器人基坐标系，此时扫描仪拍照获取标准球当前位置点 $X1$ 的球面点云信息，并通过球心拟合过程计算标准球球心位置信息以及对该点的点云采样质量进行评价，如果不满足评价要求，则需要调整位置重新拍照采样。

步骤 2：操作机器人夹持标准球沿着机器人基坐标系下的 x 轴的正方向线性移动至 $X2$，$X2$ 位置点尽量选取扫描仪能正常拍摄到球面点云的较远点，使得

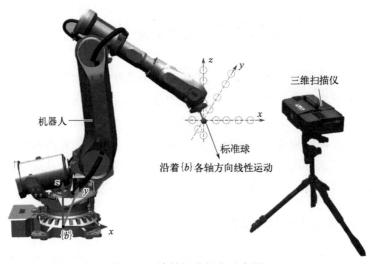

图 5-21 旋转矩阵标定示意图

$X1$、$X2$ 之间有较大的距离，此时拍照获取球面点云并拟合球心位置，向量 $\boldsymbol{X}1\boldsymbol{X}2$ 表示机器人基坐标系 x 轴的大致方向。

步骤 3：操作机器人使其在 x 方向上移动 4 次，拍照获取四个位置的球面点云并计算球心位置，结合上述步骤的 $X1$、$X2$ 位置点的信息，得到 6 个球心坐标组成的集合 $\{O_i\}$。

步骤 4：对球心坐标集合 $\{O_i\}$ 进行直线拟合，可以得到直线的单位向量，关于直线向量的正负方向确定，结合上述步骤所得到向量 $\boldsymbol{X}1\boldsymbol{X}2$，基于直线向量与向量 $\boldsymbol{X}1\boldsymbol{X}2$ 间夹角 θ 小于 90°确定单位向量 $^s\boldsymbol{V}_x$ 的方向，如图 5-22 所示。

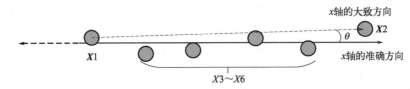

图 5-22 坐标轴方向计算示意图

步骤 5：对于机器人基坐标系的 y、z 方向，同理可以获得单位向量 $^s\boldsymbol{V}_y$ 和 $^s\boldsymbol{V}_z$，构成矩阵：

$$\boldsymbol{R}_s^b = [^s\boldsymbol{V}_x, {}^s\boldsymbol{V}_y, {}^s\boldsymbol{V}_z] \tag{5.50}$$

对应的扫描仪坐标系 $\{s\}$ 相对于机器人基坐标系 $\{b\}$ 的旋转矩阵 $\boldsymbol{R}_b^s$ 为：

$$\boldsymbol{R}_b^s = [^s\boldsymbol{V}_x, {}^s\boldsymbol{V}_y, {}^s\boldsymbol{V}_z]^{-1} \tag{5.51}$$

其中，球心的计算过程如下：

为了对包含噪声的球面点云计算标准球心，采用最小二乘法以降低噪声、异常值对结果的影响。具体为：

对混杂噪声的球面点云数据 $(x_i, y_i, z_i), i = 0, 1, 2, \cdots, N$，其中，$N$ 为点的数量，需要满足球面方程：

$$(x_i - x_0)^2 + (y_i - y_0)^2 + (z_i - z_0)^2 = R_t^2 \tag{5.52}$$

式中，(x_0, y_0, z_0) 为球心坐标，未知；R_t 为球半径，未知。

为了准确地计算球心坐标，构造误差函数：

$$E(x_0, y_0, z_0, R_t) = \sum_{i=1}^{N} [(x_i - x_0)^2 + (y_i - y_0)^2 + (z_i - z_0)^2 - R_t^2]^2 \tag{5.53}$$

满足误差函数值最小的参数 (x_0, y_0, z_0, R_t) 即为所求，式(5.54) 分别对 x_0、y_0、z_0、R_t 求偏导：

$$\frac{\partial E}{\partial x_0} = \frac{\partial E}{\partial y_0} = \frac{\partial E}{\partial z_0} = \frac{\partial E}{\partial R_t} = 0 \tag{5.54}$$

利用点云坐标差值式(5.55) 将式(5.54) 简化为式(5.56)。

$$\begin{cases} a_i = x_i - \overline{x} \\ b_i = y_i - \overline{y} \\ c_i = z_i - \overline{z} \end{cases} \tag{5.55}$$

$$\begin{cases} (\sum a_i^2)a_0 + (\sum a_i b_i)b_0 + (\sum a_i c_i)c_0 = \dfrac{\sum(a_i^3 + a_i b_i^2 + a_i c_i^2)}{2} \\ (\sum a_i b_i)a_0 + (\sum b_i^2)b_0 + (\sum b_i c_i)c_0 = \dfrac{\sum(a_i^2 b_i + b_i^3 + b_i c_i^2)}{2} \\ (\sum a_i c_i)a_0 + (\sum b_i c_i)b_0 + (\sum c_i^2)c_0 = \dfrac{\sum(a_i^2 c_i + b_i^2 c_i + c_i^3)}{2} \end{cases} \tag{5.56}$$

式中，$\overline{x}$、$\overline{y}$、$\overline{z}$ 分别为球面点云坐标 x、y、z 的均值。求解式(5.56) 可以得到坐标 (a_0, b_0, c_0)，代入式(5.55) 可以得到 (x_0, y_0, z_0)。由于 $\partial E / \partial R_t = 0$，可得到标准球半径：

$$R_t = \sqrt{\frac{\sum_{i=0}^{N}[(a_i - a_0)^2 + (b_i - b_0)^2 + (c_i - c_0)^2]}{N}} \tag{5.57}$$

(2) 平移向量的标定

针对机器人运动过程中存在重复定位精度要明显高于绝对定位精度这一要点，本节提出了基于机器人重定位的手眼平移向量标定方案，使得手眼标定方案从根源上减少了误差对标定结果的影响。如图 5-23 所示，具体标定步骤如下：

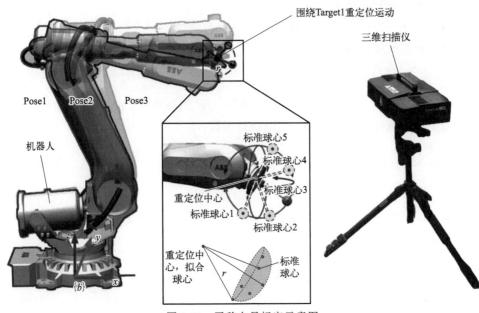

图 5-23　平移向量标定示意图

步骤 1：机器人夹持标准球运动至扫描仪视野范围中心，扫描仪拍摄获取当前位置点的球面点云并计算标准球球心坐标 (x_{O1},y_{O1},z_{O1})，并于机器人示教器记录当前 TCP 点的位置信息 $Target1(x^b_{\text{tcp}},y^b_{\text{tcp}},z^b_{\text{tcp}})$。

步骤 2：将机器人运动模式设为重复定位模式、运动坐标系设置为机器人工具坐标系（$tool0$），围绕当前 TCP 点重复定位 n 次（$n \geqslant 4$），并分别获取球面点云信息和球心坐标 (x_{On},y_{On},z_{On})。

步骤 3：由于标准球与机器人末端是刚性连接，因此标准球球心与 TCP 点间的距离 r 不变，在重复定位运动过程中，标准球球心始终在以 TCP 点为球心、以 r 为半径的球面上，如图 5-24 所示。基于上述原理，将上述步骤的 n 个标准球球心中任意 4 点代入式(5.58)，在扫描仪坐标系下的拟合球心坐标具有唯一解 $(x^s_{\text{tcp}},y^s_{\text{tcp}},z^s_{\text{tcp}})$，即求解得到 TCP 点在扫描仪坐标系下的位置信息 $(x^s_{\text{tcp}},y^s_{\text{tcp}},z^s_{\text{tcp}})$。为了削减误差的影响和避免计算结果的偶然性，将 n 个标准球球心坐标进行 C_n^4 次拟合球心计算，并求平均值。

步骤 4：基于 TCP 点于机器人基坐标系和扫描仪坐标系下的位置信息分别为 $(x^b_{\text{tcp}},y^b_{\text{tcp}},z^b_{\text{tcp}})$、$(x^s_{\text{tcp}},y^s_{\text{tcp}},z^s_{\text{tcp}})$，因此平移向量为：

$$\boldsymbol{T}^s_b = (x^s_{\text{tcp}},y^s_{\text{tcp}},z^s_{\text{tcp}})^{\text{T}} - \boldsymbol{R}^s_b \cdot (x^b_{\text{tcp}},y^b_{\text{tcp}},z^b_{\text{tcp}})^{\text{T}} \tag{5.58}$$

步骤 5：完成平行向量的标定，结合上述旋转矩阵完成 $\boldsymbol{H}^s_b = [\boldsymbol{R}^s_b,\boldsymbol{T}^s_b]$ 的标定工作。

$$\begin{cases} (x_{O1}-x_{\text{tcp}}^{s})^2+(y_{O1}-y_{\text{tcp}}^{s})^2+(z_{O1}-z_{\text{tcp}}^{s})^2=r^2 \\ (x_{O2}-x_{\text{tcp}}^{s})^2+(y_{O2}-y_{\text{tcp}}^{s})^2+(z_{O2}-z_{\text{tcp}}^{s})^2=r^2 \\ (x_{O3}-x_{\text{tcp}}^{s})^2+(y_{O3}-y_{\text{tcp}}^{s})^2+(z_{O3}-z_{\text{tcp}}^{s})^2=r^2 \\ (x_{O4}-x_{\text{tcp}}^{s})^2+(y_{O4}-y_{\text{tcp}}^{s})^2+(z_{O4}-z_{\text{tcp}}^{s})^2=r^2 \end{cases} \tag{5.59}$$

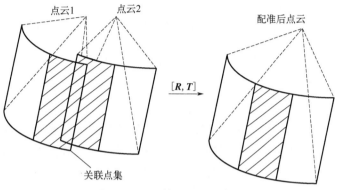

图 5-24　ICP 算法匹配示意图

由于叶片型面复杂，扫描仪单次拍摄无法完成整个叶面的点云信息采集，因此需要机器人夹持叶片变化多个角度完成拍摄。由于扫描仪固定不动，且叶片只与机器人的工具中心点（TCP）位置关系固定，因此多片扫描点云需要根据机器人的位姿信息进行转换，实现叶片点云在机器人 TCP 点处的拼接。其过程如下：

步骤 1：首先机器人夹持叶片至扫描仪拍摄视野中心附近，于示教器上记录当前机器人位置姿态信息 $\boldsymbol{H}_b^{t1}$，并完成当前角度的叶面点云信息 $^s\boldsymbol{P}_1$ 采集。

步骤 2：设置机器人的运动方式为重定位运动，并操作机器人进行第六轴的单轴运动，旋转一定角度后，记录该机器人位置姿态信息 $\boldsymbol{H}_b^{t2}$ 并完成点云信息采集。重复该步骤 n 次，直至整个叶片扫描完整。

步骤 3：通过式(5.60)完成扫描点云 $^s\boldsymbol{P}_i$ 在机器人末端坐标系 $\{t\}$ 上的叶片点云 $^t\boldsymbol{P}_i$。

$$^t\boldsymbol{P}_i=\boldsymbol{H}_b^{ti}(\boldsymbol{H}_b^{s})^{-1s}\boldsymbol{P}_i \tag{5.60}$$

5.3.2　基于优化 ICP 的精准匹配

由于机器人手眼标定存在一定误差，造成叶片重构点云在机器人末端坐标系下发生一定的错位。为高精度地重构叶片整体的型面轮廓点云，本节将通过迭代最近点算法（ICP）对末端坐标系下的叶片点云进行精确配准。ICP 算法的思想是基于欧氏距离最小准则找到目标点云与参考点云间的关联点集，利用关联点集计算出两片点云能够最大限度重合的变换矩阵。ICP 算法原理清晰易懂，主要是反复进行"搜索欧氏距离最小点对，求解当前两片点云间的变换矩阵，利用变换矩阵更新点云位置"的有限次迭代过程，直到两片点云间的最近点对距离和 Sum_dis 最小或者满足其他条件，如到达最大迭代次数、Sum_dis 变化幅度小于所设定的阈值。

在完成点云中最近点对搜索后，对错误点对进行剔除是有效避免 ICP 精配准过程过早收敛的关键步骤。ICP 算法对两片点云精确对齐的目标是使两点云重叠区域最近点点对之间的欧氏距离实现最小化，由此可得其目标函数为[10]：

$$f(\boldsymbol{R},\boldsymbol{T}) = \underset{\boldsymbol{R},\boldsymbol{T}}{\mathrm{argmin}} \frac{1}{N} \sum_{i=1}^{N} \| \boldsymbol{p}_i - \boldsymbol{R}\boldsymbol{p}'_i - \boldsymbol{T} \|^2 \tag{5.61}$$

式中，$\boldsymbol{R}$ 为旋转矢量；$\boldsymbol{T}$ 为平移矢量；$\boldsymbol{p}_i$ 为 CAD 点云中任一点；$\boldsymbol{p}'_i$ 为在扫描点云中的最近点；N 为点云对应点对数量。

在 ICP 算法每进行一次迭代时，为了避免过早陷入局部最优解，有必要对两片点云之间的重叠区域进行提取，设定阈值距离作为判定条件，以剔除欧氏距离大的对应点对[11]。因此，采用基于动态阈值约束的 ICP 算法进行点云的精确配准。由于目标点云会向参考点云逼近，阈值距离的设定应该动态可调整。以每次迭代配准误差 R_{MS}［式(5.62)］的函数作为下一次迭代的阈值距离，即在完成第 w 次迭代之后，欧氏距离不满足式(5.63) 的对应点会被剔除，不进入第 $w+1$ 次迭代。

$$R_{MS} = \sqrt{\frac{1}{N} \sum_{i=0}^{N} \| \boldsymbol{p}_i - (\boldsymbol{R}_w \boldsymbol{p}'_i + \boldsymbol{T}_w) \|^2} \tag{5.62}$$

$$\| \boldsymbol{p}_i - \boldsymbol{p}'_i \| \leqslant \delta \tag{5.63}$$

式中，$\boldsymbol{R}_w$ 为第 w 次计算的旋转矢量；$\boldsymbol{T}_w$ 为第 w 次计算的平移矢量；R_{MS} 为点云配准偏差；δ 为动态阈值距离。在假设点对距离偏差服从正态分布的情况下，距离偏差标准差的无偏估计 $\hat{\sigma}_1 = 1.4826 R_{MS}$，在剔除异常值时，$\delta \leqslant \hat{\sigma}_1$，因此所设置阈值函数为 $\delta = 3R_{MS}$。

5.3.3 零件扫描点云去噪处理

由于在扫描采集叶片点云信息时会不可避免地引入环境噪声与干扰、重复扫描等，因此在对多片点云拼接重构时会出现噪点、点云交叠等情况。为了降低这些噪点对后续局部修整区域检测造成的影响，需要对扫描点云数据进行光顺和去噪声处理。常用方法有统计滤波、中值滤波和网格体素滤波等。

① 统计滤波采用目标点集 k 邻域的平均距离和方差建立正态分布函数。设定滤波阈值或百分比对点集进行滤波，滤波函数如下：

$$f(\boldsymbol{p}_i) = \begin{cases} 1 & d_{p_i} \leqslant \mu + C\sigma \\ 0 & 其他 \end{cases}, \quad f(\boldsymbol{p}_i) = 0 \text{ 为噪点} \tag{5.64}$$

式中，$d_{p_j} \sim N(\mu, \sigma^2)$，均值 $\mu = \dfrac{1}{n}\displaystyle\sum_{j=0}^{n} \dfrac{1}{k}\left(\sqrt{\displaystyle\sum_{i=0}^{k} \|\boldsymbol{p}_j - \boldsymbol{p}_i\|^2}\right)$，方差 $\sigma =$

$\sqrt{\displaystyle\sum_{j=0}^{n} \|d_{p_j} - \mu\|^2 / n}$；$d_{p_j}$ 为点 $\boldsymbol{p}_j$ 的 k 邻域平均距离；n 为点集的点数量；C 为设定常数，也可对该距离函数设定滤波距离或百分比进行滤波。

② 中值滤波方法的思想是将样本数据按照大小依次排序后，取中值对点云集进行滤波，因此一般采用奇数个样本数据。如果样本数据为偶数个，则将排序后中间两个样本的平均值作为中值进行滤波处理，该方法只针对有序点云。

③ 网格滤波采用空间体素格的方式输入点云数据创建一个三维体素栅格，对局部区域点云进行重心化，以该重心表示该体素中的其他点，从而降低点云复杂度，保证点云整体特征。

由于实际应用中的扫描点云数据没有大小排序的要素，点云数据有顺序之分的中值排序和双边滤波排序不适合本节的研究，因此先后采用统计滤波和网格体素滤波对扫描点云进行处理，分别实现点云滤波和数据精简，如图 5-25 所示。

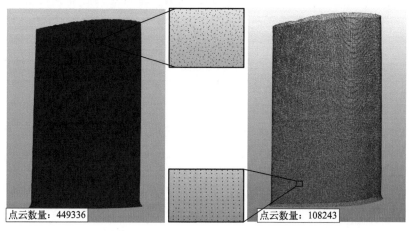

(a) 叶片点云滤波前　　　　　　　　　　　(b) 叶片点云滤波后

图 5-25　叶片点云滤波前后对比

5.3.4　叶片局部修整区域数据提取

在完成机器人末端坐标系下的叶片点云重构后，结合工件坐标系标定矩阵可以实现扫描点云与 CAD 模型点云的配准。由于机器人的运动误差，两片点云间存在一定偏差，因此继续采用 5.3.2 节的点云匹配算法。通过点云配准，实现扫描点云与 CAD 点云间的精确配准，随即计算出扫描点云集与 CAD 模型点云集间的误差分布，将超出精度范围的点云分离出来，并通过点云聚类的方式将待修整区域点云进行区域分割，将加工余量信息反馈至机器人自适应轨迹规划模块，实现叶片前后缘局部修整区域的自适应磨抛加工。

5.3.4.1　点云误差计算与聚类分割

Kdtree 是一种多维数组进行分割且能有效快速检索的树形数据结构，常用于高维空间的数据存储与搜索。对于数据量万级以上的三维点云数据，采用 Kdtree 方法对点云进行分割，可以有效提高数据点的查找速度以及算法的迭代效率。首先对 CAD 模型点云建立 Kdtree 数据结构后，对 Kdtree 进行扫描点云的最近点对搜索，当前常用的最近点搜索方式是以"点对点"距离最小模型进行

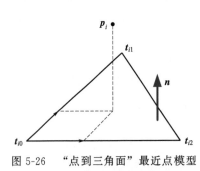

图 5-26　"点到三角面"最近点模型

搜索，在实际的搜索过程中，"点对点"搜索方式存在一定的误差，根据点云的分布情况，最近点对与 CAD 模型在该点处的法向存在一定的角度误差，这对叶片型面误差计算结果的准确性产生较大的影响。因此，本节通过"点到三角面"最近点模型计算误差分布[12]，如图 5-26 所示，通过该模型对任一扫描点搜索到的目标点云的最近点具有唯一性，且不限于 CAD 模型点云，有效提高扫描点云与

CAD 模型点云间的误差计算精度。对扫描点云 p 中任一点 $p_i \in p$，从搜索的最近点序列取最近的 3 个点，依次记为 t_{i0}、t_{i1}、t_{i2}。

对于三角平面，其法向量为 n，以 p_i 为起点作垂直于平面 $t_{i0}t_{i1}t_{i2}$ 的直线必须满足公式：

$$n = \frac{t_{i0}t_{i1} \times t_{i0}t_{i2}}{\| t_{i0}t_{i1} \times t_{i0}t_{i2} \|} \tag{5.65}$$

$$\frac{p_i p_i^{'}}{n} = n \cdot p_i t_{i0} \tag{5.66}$$

$$p_i^{'} = p_i - n \cdot (n \cdot p_i t_{i0}) \tag{5.67}$$

如果 $p_i^{'}$ 满足判定式(5.68)，则所得到的点 $p_i^{'}$ 即为点 p_i 的最近点；如果 $p_i^{'}$ 不满足式(5.68)，意味着点 $p_i^{'}$ 投影在三角面 $t_{i0}t_{i1}t_{i2}$ 外，则视最近点 t_{i0} 到 p_i 的距离 $p_i t_{i0}$ 为最近距离。

$$p_i^{'}t_{i0} = k_1 t_{i0}t_{i1} + k_2 t_{i0}t_{i2}$$
$$\text{s. t. } k_1 + k_2 \leqslant 1, k_1, k_2 \geqslant 0 \tag{5.68}$$

通过计算得到叶面点云的误差分布，分离出误差超出精度范围的点云，并基于欧氏距离聚类分割算法将超出误差范围的点云集分割为若干区域，即需进行二次加工的局部修整区域。

欧氏距离聚类分割算法是基于距离的相似性完成点云分割，点云数据集中点与点之间的距离大小可以判断两点间的相似性，两点间的距离越小，则说明两者间的相似性越高，可切分到同一区域。欧氏距离定义如式（5.69）所示，式中d_2、d_3分别表示二维和三维空间距离。

$$\begin{cases} d_2 = \sqrt{(x_1-x_2)^2+(y_1-y_2)^2} \\ d_3 = \sqrt{(x_1-x_2)^2+(y_1-y_2)^2+(z_1-z_2)^2} \end{cases} \tag{5.69}$$

完成点云聚类分割后，将各个局部修整区域下点云误差取平均值作为二次加工的余量，将其反馈至自适应轨迹规划模块。

5.3.4.2　叶片局部修整区域点云特征提取

经过点云聚类分割将缺陷点云分割为若干类群。对于每个类群，需要提取其中的特征点信息，主要是对类群的边界点信息进行识别并反馈至加工轨迹规划模块。在边界点的提取算法中，通常根据点云的曲率及法向量区分出边界点云。在边界点提取过程中，若点云中的某一位置点 O 的相邻点云分布偏向一侧，则点 O 判定为边界点，否则认定为内部点，如图 5-27 所示，图中黑色点为采样点，灰色点为其最邻近点。

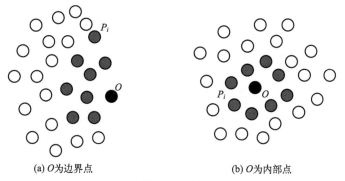

(a) O 为边界点　　　　　　　(b) O 为内部点

图 5-27　边界点云特征提取示意图

对于点云中某一位置点 O_i，其邻域点集为 $P_i \in P(i=1,2,\cdots,k)$，通过拟合位置点 O_i 与其邻域点集的局部曲面，并投影到局部曲面的拟合平面 Fp 上。如果 O 是边界点，则在 Fp 中 $\overrightarrow{OP_i}(i=1,2,\cdots,k)$ 之间存在较大的角度差值；如果 O 是内部点，则在 Fp 中 $\overrightarrow{OP_i}(i=1,2,\cdots,k)$ 之间的角度差值变化不大，如图 5-28 所示。

以向量 $\overrightarrow{OP_i}$ 为基准，O_i 的邻域内计算向量 $\overrightarrow{OP_i}$ 之间的顺时针夹角 $\theta_i(i=1,2,\cdots,k-1)$。对夹角进行排序，更新角度序列 $\theta'_i(i=1,2,\cdots,k-1)$，并逐一计算角度序列中相邻角度差值 $L=\theta'_{i+1}-\theta'_i$，其中 $i=1,2,\cdots,k$，如图 5-28 所示，

通过比较取出最大值 $L_{\max}$。假设点云分布均匀，角度阈值为 $L_{\text{threhold}} = \pi/2$，若 $L_{\max} \geqslant L_{\text{threhold}} = \pi/2$，则判别为边界点，反之为内部点。

当点云分布不均匀时，如图 5-29 所示，依据向量 $\overrightarrow{OP_i}$ 间的角度差值来判断边界点，则存在较大误差，当 k 取 12 时，则上述算法会错误地将当前点 O 判别为边界点。对此，本节在边界特征点提取中引入邻域 k 值，计算当前点 O 在不同尺度下成为边界特征点的可能性。设置尺度权值 λ，若 $L_{\max} \geqslant L_{\text{threhold}}$，则 $\lambda++$；改变 k 的大小，更新角度差值序列 L。当 λ 的值为 3 时则判定 O 为边界点。最后将边界点云加载至边界点云集合 $\{P_{\text{\_boundry\_}xyz}\}$。

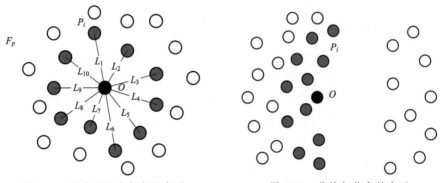

图 5-28　拟合平面内角度差序列　　　　图 5-29　非均匀分布的点云

5.3.5　叶片机器人自适应轨迹规划

确定每个局部修整区域的边界信息及余量信息后，需要将边界点云的位置信息从笛卡儿坐标系向曲面参数域转换，并提取出局部修整区域在曲面参数域内的边界范围。具体过程如下：

步骤 1：在当前区域的边界特征点云 $P(x_i, y_i, z_i) \in \{P_{\text{\_boundry\_}xyz}\}$，将点云的三维坐标通过 5.2.3 节曲面造型部分的理论转换为对应曲面参数域的参数 $P(u_i, v_i) \in \{P_{\text{\_boundry\_}uv}\}$。

步骤 2：将 $P(u_i, v_i)$ 点集基于相邻距离最小的原则进行排序，更新 $\{P_{\text{\_boundry\_}uv}\}$。

步骤 3：在点集 $\{P_{\text{\_boundry\_}uv}\}$ 中取加工行距方向（v 方向）上的最小和最大值（例如 $v_{\text{\_min}}$ 和 $v_{\text{\_max}}$），以此确定加工轨迹在行距方向上的范围。

步骤 4：在进给方向（u 方向）上，当确定当前加工轨迹曲线后，$P(u_i, v_i)$ 点集到轨迹曲线的最小距离如果小于给定的距离阈值 $dis_{\text{\_threshold}}$，则返回满足距离要求点的 u_i 值，通过比较取最小值和最大值（如 $u_{\text{\_min}}$ 和 $u_{\text{\_max}}$），以确定当前轨迹的范围。

如图 5-30 所示，确定局部修整区域范围及余量信息后，通过加工余量信息确定磨抛工艺参数，再基于 5.2 节的轨迹规划方法进行加工区域的自适应轨迹规划，实现加工检测的闭环控制，最终使叶片满足加工精度需求。

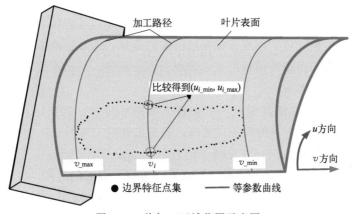

图 5-30　待加工区域范围示意图

5.4　机器人磨抛轨迹规划软件开发及试验

本节以软件功能需求为导向，根据平台的设备条件，设计开发加工轨迹规划与测量一体化软件系统，将理论问题工程化以满足工程应用需求。

5.4.1　软件系统框架设计及模块化分析

由于叶片机器人自适应磨抛轨迹规划软件主要在操作控制台上安装使用，同时考虑开发环境对软件开发效率、难度和质量的影响，因此选择在 Windows 操作系统下的 VisualStudio 2017 集成软件开发环境进行程序开发。根据算法需求，在轨迹规划软件开发过程中常用到的第三方开源库和用户界面框架，在一定程度上降低了软件开发的复杂度，并能提高程序开发的工作效率。程序开发过程中用到的开源库及框架如表 5-3 所示。

表 5-3　开源库信息

功能需求	开源库或框架
三维几何模型建模，轨迹规划算法	OpenCasCade（OCC）
三维点云数据处理，视觉在线检测	Point Cloud Library（PCL）
三维图形信息显示与人机交互	The Visualization Toolkit（VTK）
软件界面，功能菜单设计，人机交互	Qt 框架

OCC 三维图形库是一套开源的三维模型核心，是全球现今较为完善的几何模型数据库之一。OCC 是基于 C++开发的开源数据库，主要用于开发二维和三维图形建模软件，可实现轨迹规划模块的 CAD 模型的导入与模型数据提取、三维建模等需求，并能提供曲面相关算法的相关支持。

PCL 也是基于 C++编程语言开发的点云开源库，其提供了较多稳定的算法包和高效数据结构，可实现点云相关的读取、分割、滤波、配准、特征提取、识别等功能，基本满足检测模块的点云读取、点云滤波、点云配准，聚类分割，边界特征提取等功能需求。

VTK 视觉化工具函数库可用于实现三维图形显示、渲染以及可视化操作，该数据库也是基于 C++编程语言实现，具有出色的三维图形功能，代码可移植性及可重用性好等特点，其还支持多种着色的 OpenGL，拥有强大的渲染能力。VTK 可满足机器人自适应加工轨迹规划软件可视化界面的需求。

Qt 框架是完整的跨平台软件开发框架，类似于微软 MFC 库，Qt 是基于面向对象的 C++编程语言开发的界面开发框架，其提供了功能齐全的 API 接口，可实现模块化编程，为用户操作提供极大的便利，且支持 Windows、Linux、Unix 等多种操作系统，具有良好的跨平台特性，同时在消息机制、事件、窗口控件、设计模式上较微软的 MFC 更容易操作，用户可通过 Qt VS Tools 插件在 Visual Studio 软件环境下进行程序开发，适用于机器人自适应磨抛轨迹规划软件人机交互界面的设计与开发。三维扫描仪 API 接口是惟景三维扫描仪公司开发的，可供用户对三维扫描仪进行编程控制，包括扫描仪启停、参数设置、数据获取等相关函数接口，适用于测量部分控制三维扫描仪进行点云数据的采集工作。

C++语言是面向对象编程语言，其提供了大量的函数、方法、数据结构，为软件开发过程提供了极大的便利。另外，OCC 图形开源库、PCL 点云库、VTK 可视化工具、Qt 框架、三维扫描仪 API 均提供了 C++开发包，因此选择 C++语言作为机器人自适应磨抛轨迹规划软件的开发语言。

综合考虑并分析软件需求，得出软件所需具备的软件功能有：手动操作、系统日志查询、文件管理、视觉检测、加工轨迹规划。主要采用面向对象的编程思路，将整个系统框架分解为各个独立的功能模块，该设计思路不仅使得整个软件工作简单清晰化，还能加快开发效率，方便后期的软件维护，降低成本。对此，根据系统功能需求，将软件分为人机交互模块、文件管理模块、视觉检测模块、轨迹规划模块、手动操作模块、三维可视化模块以及系统日志模块。其中，视觉检测模块包括扫描模块、点云重构模块、点云匹配模块以及局部修正区域检测模块。轨迹规划模块包括局部、全局轨迹规划模块。软件框架及功能模块间的逻辑关系如图 5-31 所示，在整个软件架构中，人机交互模块是实现软件总体运转的枢纽，全局控制其他各个功能模块的调用与执行。

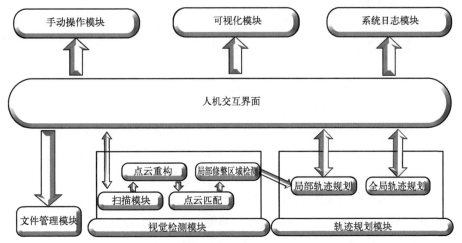

图 5-31　机器人自适应磨抛轨迹规划软件各模块的逻辑关系

软件系统根据功能需求将整个框架细分为各个功能模块：

（1）视觉检测模块

视觉检测模块主要包括以下子功能：①完成扫描仪相对于机器人位置关系的手眼标定，并计算出手眼标定矩阵；②控制三维扫描仪完成叶片型面点云采集，包括对扫描仪 API 函数库的调用，对扫描仪拍照启动、停止进行控制，并利用手眼标定矩阵和机器人位姿信息完成叶片点云重构处理；③扫描点云与 CAD 模型点云的配准，分为粗匹配和精匹配；④两片点云间误差分布计算并生成误差分布色谱图；⑤对超出误差的点云进行聚类分割，局部修整区域边界信息提取，并生成相应格式的文本文件，反馈至自适应轨迹规划模块。

（2）轨迹规划模块

轨迹规划模块主要分为两个部分：第一部分是全局轨迹规划模块，主要是实现第 2 章所提出的算法，该模块可通过人机交互界面获取到用户选定的加工型面，以及加工起点，并确定加工方式及相关的工艺参数，即可生成该加工型面的磨抛点位信息，并根据 ABB 机器人的加工指令格式生成相应的加工路径指令信息，生成文本文件输出；另一部分是局部轨迹规划模块，算法原理与前者一致，但该模块是根据视觉检测模块传递的局部修整区域的边界信息及余量信息进行局部区域的自适应轨迹规划，生成局部修整区域的磨抛点位信息及相应的加工指令信息。

（3）系统日志模块

系统日志模块的功能是根据用户的各项操作进行实时应答、提供故障报错和操作提示等，同时输出显示处理结果。系统日志信息输出格式为"时间＋步骤＋结果"，提示操作者该步骤是否有效或者报错。

（4）文件管理模块

文件管理主要实现：文件读取、文件显示以及文件导出等功能。文件操作遵循用户的操作习惯，主要按照 Windows 操作系统风格设计，极大方便广大用户完成相关操作。

（5）三维可视化模块

三维可视化模块主要利用 VTK 在 Qt 环境中编译生成的 Qvtkwidget 控件，实现对三维点云可视化操作，如手眼标定、点云重构、点云误差色谱图结果预览；在轨迹规划模块可实现对叶片三维模型的显示、磨抛点集和相应坐标系框架的显示。另外，3D 界面支持人机交互，支持点选、圈选、框选、复制、粘贴、删除等操作。其中，鼠标左键使视图绕自身旋转，鼠标中键可自由移动视图，鼠标滚动轮可放大/缩小视图，鼠标右键使图像以点击中心为原点放大/缩小。

5.4.2　机器人磨抛轨迹规划软件调试

本节主要对已开发完成的软件进行仿真及调试，调试的模块包括手眼标定功能模块、叶片点云重构功能模块、局部修整区域提取功能模块、自适应轨迹规划功能模块，以及全局轨迹规划功能模块。图 5-32 为机器人自适应磨抛轨迹规划软件主界面。

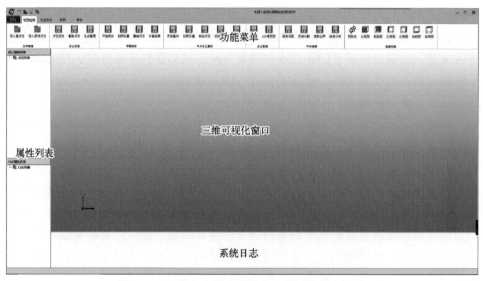

图 5-32　机器人自适应磨抛轨迹规划软件主界面

手眼标定的测试结果如图 5-33 所示。机器人通过既定要求完成点云采集后，软件经过删减多余点云、点云去噪，对多组标准球面点云进行球心拟合并最后计算出手眼标定矩阵结果。

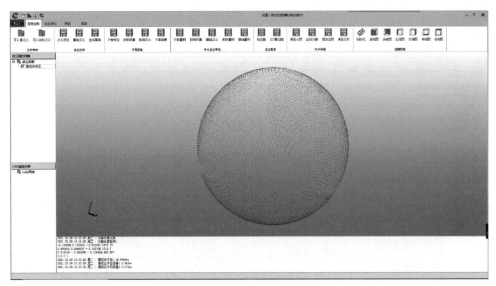

图 5-33　手眼标定测试结果

完成手眼标定后，机器人夹持叶片并完成叶片的多视角叶面点云采集，软件通过手眼矩阵及机器人位置姿态信息完成叶面点云重构，并计算扫描点云与 CAD 模型点云间的误差分布，生成误差色谱图，如图 5-34 所示。

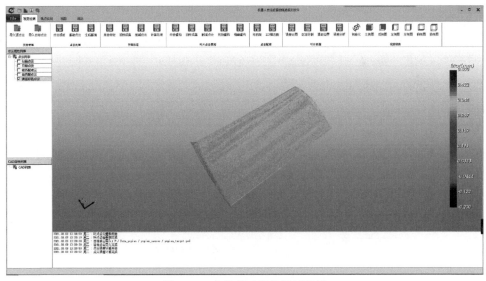

图 5-34　叶片点云重构测试结果

通过点云配准后，计算两片点云间的误差分布，提取误差超出精度范围的点集，并做点云聚类分割处理。图 5-35 为点云聚类分割效果。对叶片边缘局部修整区域点云计算边界信息，将边界点云信息保存至文本文件，如图 5-36 所示。

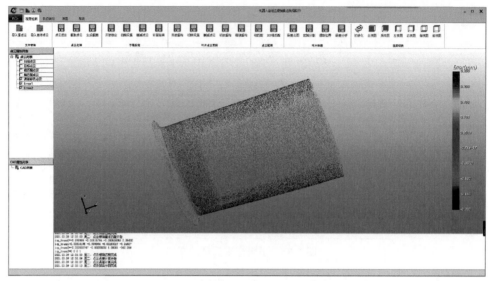

图 5-35　点云聚类分割测试结果

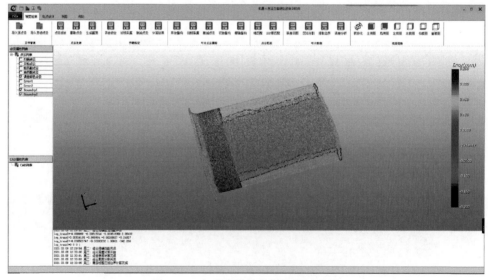

图 5-36　点云边界信息提取测试结果

根据视觉检测模块获得边界点云信息，局部轨迹规划模块根据边界点云信息完成局部修整区域的轨迹规划处理，操作界面如图 5-37 所示，测试结果如图 5-38 所示。

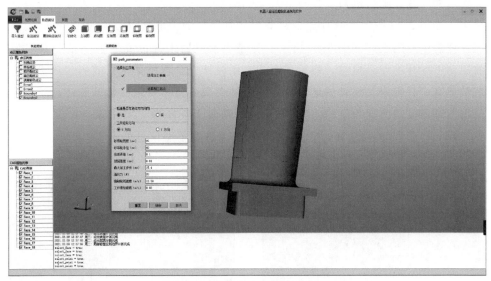

图 5-37 局部轨迹规划操作界面

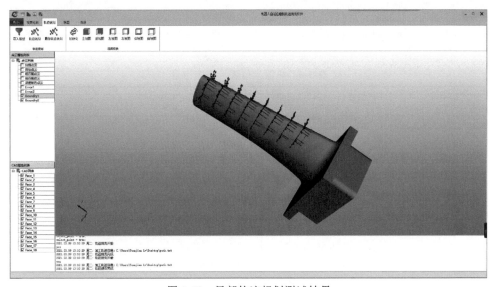

图 5-38 局部轨迹规划测试结果

5.4.3 叶片边缘机器人磨抛及测量试验

5.4.3.1 叶片重构误差试验

完成手眼标定后，拆卸机器人末端的标准球并安装上工装夹具，夹具上夹持精铣后的叶片。随后机器人夹持叶片至扫描仪工作范围内完成叶片表面点云信息采集，如图 5-39 所示。叶片点云采集过程如下：首先机器人夹持叶片到达扫描仪的视野中心附近，如图 5-40 所示，记录当前机器人的位姿信息并拍照获取当前视角下叶片的点云信息，然后机器人在示教器上设置机器人当前的运动状态为单轴运动，并锁定其他轴的运动状态，机器人只进行第六轴的单轴旋转运动，当前第六轴角度与上次角度差值约 40°。最后重复上述步骤，共记录 9 个视角下的叶片点云，获取叶片的 360°扫描。9 个机器人位置姿态信息如表 5-4 所示。

图 5-39　叶片机器人在线测量

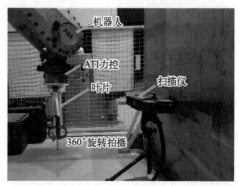

图 5-40　叶片表面点云采集方案示意图

表 5-4　机器人位置、姿态信息

实验项目	TCP 位置(x,y,z)/mm	末端坐标系姿态(w,x,y,z)
叶片点云重构	(1542.17,1029.83,936.75)	(0.0258535,0.973815,−0.224801,−0.0219235)
	(1542.17,1029.83,936.75)	(0.0318033,0.837634,−0.545179,−0.0117283)
	(1542.18,1029.82,936.75)	(0.0338971,0.600132,−0.799183,−0.0001227)
	(1542.17,1029.82,936.75)	(0.0319076,0.291528,−0.955961,0.0114441)
	(1542.17,1029.82,936.75)	(0.0260833,−0.0524131,−0.99805,0.0216507)
	(1542.18,1029.82,936.75)	(0.0170948,−0.390907,−0.919806,0.0292704)
	(1542.17,1029.84,936.75)	(0.00592279,−0.684681,−0.728055,0.033355)
	(1542.17,1029.84,936.75)	(0.00571708,0.890697,0.453334,−0.0333938)
	(1542.17,1029.83,936.74)	(0.0167812,0.991987,0.12171,−0.0294296)

　　叶片与扫描仪间经过多角度拍摄后，在扫描仪坐标系下的叶片点云信息如图 5-41(a) 所示。结合上节的手眼标定矩阵以及表 5-4 中的机器人位姿信息，可将各视角下的叶片点云转换至机器人末端坐标系，并实现叶片表面点云的粗配准重构，如图 5-41(b) 所示。由于机器人的绝对定位误差，粗配准重构中各视角间相同部分点云难免会出现一定程度的错位情况，如图 5-42(a) 中的各片点云颜色分明。因此，在粗匹配重构的基础上，采用 5.3.2 节提出的基于动态阈值的

ICP 算法实现各视角下的叶片点云的精确配准，修正粗配准重构时的位置偏差叶片，型面点云精匹配前后的结果对比如图 5-42(b) 所示。

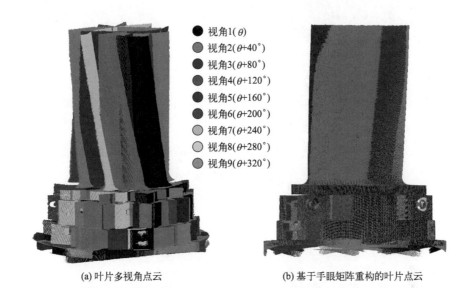

●视角1(θ)
●视角2(θ+40°)
●视角3(θ+80°)
●视角4(θ+120°)
●视角5(θ+160°)
●视角6(θ+200°)
●视角7(θ+240°)
●视角8(θ+280°)
●视角9(θ+320°)

(a) 叶片多视角点云　　　　　　(b) 基于手眼矩阵重构的叶片点云

图 5-41　基于手眼标定矩阵及机器人位姿信息的叶片点云重构

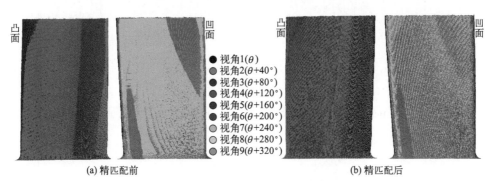

●视角1(θ)
●视角2(θ+40°)
●视角3(θ+80°)
●视角4(θ+120°)
●视角5(θ+160°)
●视角6(θ+200°)
●视角7(θ+240°)
●视角8(θ+280°)
●视角9(θ+320°)

(a) 精匹配前　　　　　　　　　(b) 精匹配后

图 5-42　基于精匹配前后的叶片点云重构结果比较（见书后彩插）

为了验证叶片点云重构的可靠性及精度，将叶片重构点云与 CAD 模型点云进行比对，其中 CAD 模型点云通过第三方软件 Meshlab 将三维实体的叶片离散为三维点云数据，CAD 模型点云数量要多于扫描点云数量。通过点云配准实现叶片重构点云经过预处理后与 CAD 模型点云间的精确配准，如图 5-43(a) 所示，并记录当前两片点云间的转换矩阵（可作为工件标定矩阵），并通过 5.3.4.1 节的"点到三角面"最近点模型计算两片点云间的误差分布，误差分析如图 5-43(b) 和表 5-5 所示，其中叶片重构点云相对于 CAD 模型的平均误差值为 0.311mm，计算余量与铣削工序留下的加工余量 0.3mm 相接近。

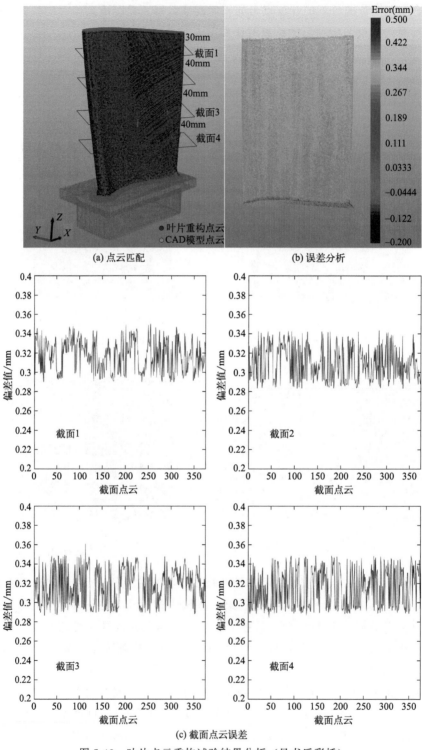

(a) 点云匹配   (b) 误差分析

(c) 截面点云误差

图 5-43　叶片点云重构试验结果分析（见书后彩插）

表 5-5　各截面处点云误差分析结果

截面序号	截面 1	截面 2	截面 3	截面 4
平均误差/mm	0.3165	0.3102	0.3181	0.3153
标准差/mm	0.0168	0.0177	0.0192	0.0206

为了进一步验证叶片重构点云误差，对叶片型面取 4 个截面（截面厚度为 0.5mm），截取叶面重构点云模型与 CAD 点云，计算各截面处的点云误差分布，如图 5-43（c）所示，其中平均误差值为 0.315mm，误差绝对值为 0.015mm，误差与余量比值为 5%，由此验证叶片点云重构的可行性。

5.4.3.2　叶片机器人磨抛试验

图 5-44 为叶片机器人砂带磨抛实验平台。由于叶片边缘的轮廓精度对接触力较为敏感[13]，因此叶片机器人砂带磨抛条件下的实验验证采用变过程参数策略[14-16]，如图 5-45 所示，整个磨抛过程中保持接触轮速度为恒值，其大小为 12.56m/s；在磨抛叶片凸面和凹面时，设定工件进给速度为 20mm/s，法向力为 20N；在磨抛叶片前后缘时，设定工件进给速度为 40mm/s，法向力为 7N，并结合当前叶面的余量信息设定叶片在当前加工轨迹加工次数。图 5-46 为某一条加工路径上的机器人砂带磨抛力形图。

图 5-44　叶片机器人自适应磨抛实验平台

5.4.3.3　叶片机器人测量实验

经过当前加工轨迹磨抛叶片后，机器人夹持叶片从 5.4.3.1 节试验记录的叶片机器人扫描位姿运动至扫描位置并获取扫描点云，如图 5-47 所示，并通过手眼标定矩阵及机器人位姿信息完成叶片点云于机器人末端坐标系下的初始拼接；通过点云去噪及点云切割保留各视角下的叶面处点云数据，再运用 5.3.2 节提出的点云精确匹配技术完成叶片点云重构，并对叶片重构点云进行采样滤波处理，最终获得叶面当前状态的重构点云，如图 5-48 所示。

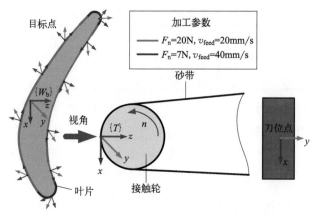

图 5-45　叶片机器人砂带磨抛工艺参数策略示意图

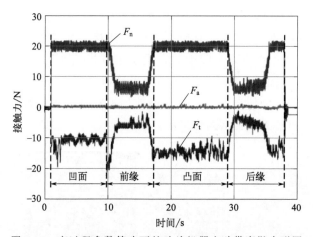

图 5-46　变过程参数策略下的叶片机器人砂带磨抛力形图

图 5-47　叶片机器人在线测量试验

(a) 叶片点云初始重构　　(b) 叶片点云精确重构　　(c) 点云采样滤波

图 5-48　叶片点云重构处理过程

利用 5.4.3.1 节计算得到的转换矩阵（工件标定转换矩阵）可以实现当前叶片扫描点云与 CAD 模型点云间较高精度的配准。但由于机器人存在绝对定位误差，因此两片点云间仍存在一定程度的偏差，在此基础上通过 ICP 精确配准算法修正两者位置偏差，实现点云高精度配准，再计算两片点云间的误差分布，如图 5-49(a) 所示。提取超出精度要求范围的点云（0.1mm），并通过点云聚类分割将欠磨区域的点云数据分割为若干个集群并计算余量信息，如图 5-49(b) 所示。进一步，通过点云特征提取欠磨区域边界信息，再将其反馈至轨迹规划模块，如图 5-49(c) 所示。由图 5-49 可以看出，经过全局加工后，叶片的叶盆和叶背处的轮廓度基本在精度要求范围之内，而前后缘处的误差还超出精度范围。

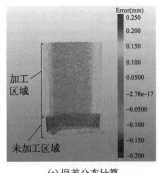
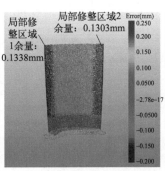
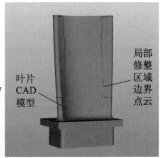

(a) 误差分布计算　　(b) 点云分割　　(c) 边界提取

图 5-49　叶片局部修整区域信息提取处理过程

如图 5-50 所示，针对欠磨区域的位置及余量分布，通过轨迹规划模块生成待加工区域的加工轨迹指令；机器人根据加工指令完成局部修整区域的自适应磨抛、加工检测循环控制，直至局部修整区域满足加工轮廓精度要求；最后，进行叶片全局磨抛，去除表面显像剂，实现叶面整体抛光。

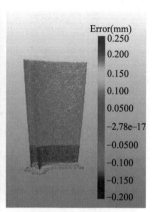

(a)叶片自适应轨迹规划　　(b)叶片前缘磨抛　　(c)叶片后缘磨抛　　(d)叶片型面误差分布

图 5-50　叶片自适应磨抛轨加工处理过程

　　叶片磨抛前后的对比如图 5-51 所示，其中磨抛加工前（精铣后）的叶片如图 5-51(a) 所示，叶面的表面粗糙度 Ra 约为 $2.5\mu m$，表面具有清晰可见的铣削纹路。而磨抛加工后的叶片如图 5-51(b) 所示，叶面表面呈现光滑平整的效果。为进一步验证叶片表面加工精度，通过粗糙度测量仪采集叶片表面粗糙度数据，数据采集位置如图 5-52 所示，整理分析后的粗糙度分析结果如表 5-6 和表 5-7 所示。从中可以得到，叶片凸面的粗糙度 Ra 平均值为 $0.277\mu m$，标准差为 $0.024\mu m$，凹面的粗糙度 Ra 平均值为 $0.264\mu m$，标准差为 $0.022\mu m$，满足加工表面粗糙度精度要求（小于 $Ra0.4\mu m$）。

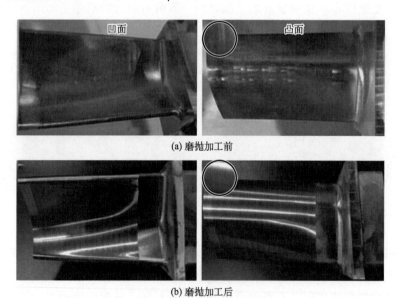

图 5-51　叶片磨抛前后效果对比图

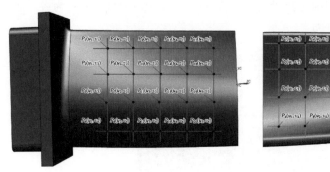

(a)叶片凸面　　　　　　　　　　　　　　　(b)叶片凹面

图 5-52　磨抛加工后叶片表面粗糙度数据采集位置

表 5-6　叶片凸面粗糙度检测结果　　　　　　　　　单位：μm

采集位置	v_1	v_2	v_3	v_4	v_5	平均值	标准差
u_1	0.264	0.246	0.282	0.250	0.284	0.265	0.018
u_2	0.266	0.262	0.314	0.324	0.294	0.292	0.028
u_3	0.246	0.271	0.249	0.310	0.302	0.276	0.030
u_4	0.260	0.266	0.296	0.286	0.260	0.274	0.016
平均值	0.259	0.261	0.285	0.293	0.285	**0.277**	
标准差	0.009	0.011	0.027	0.032	0.018		**0.024**

表 5-7　叶片凹面粗糙度检测结果　　　　　　　　　单位：μm

采集位置	v_1	v_2	v_3	v_4	v_5	平均值	标准差
u_1	0.248	0.304	0.261	0.282	0.273	0.274	0.021
u_2	0.271	0.304	0.245	0.252	0.267	0.268	0.023
u_3	0.212	0.246	0.250	0.287	0.270	0.253	0.028
u_4	0.255	0.265	0.236	0.279	0.269	0.261	0.016
平均值	0.247	0.280	0.248	0.275	0.270	**0.264**	
标准差	0.025	0.029	0.010	0.016	0.003		**0.022**

　　为了进一步验证叶片加工型面的轮廓精度，通过三坐标测量仪获取其加工型面的轮廓点集数据，如图 5-53 所示。从上端面沿着 z 负方向分别偏置 30mm、70mm 和 100mm 三个截面获取叶面截面曲线作为检测路径，分别为 Path1、Path2、Path3，检测路径分布如图 5-54 所示，各条路径的检测结果整理如图 5-54 所示，其中图 5-54(a～c) 中分别展示了叶面实际轮廓曲线接近理论轮廓线，并始终在精度要求的上下偏差范围之内，为方便展示，误差范围线、测量轮

廓线相对于理论轮廓线之间的距离沿着法向放大 10 倍，图 5-54(d～f) 为各个截面曲线上各个测点的误差分布。

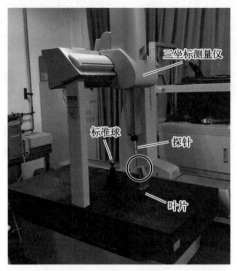

图 5-53　通过三坐标测量仪测量叶片轮廓度

　　由图 5-54 可以得到 Path1、Path2、Path3 的最大偏差分别为 －0.0917mm、－0.0898mm、－0.0886mm；平均误差分别为 0.0221mm、0.0218mm 和 0.0234mm，以上数据均在加工轮廓精度要求的范围之内（±0.1mm），且 Path1、Path2、Path3 的加工型面误差的标准差分别为 0.0261mm、0.0265mm、0.0252mm，进一步验证了所提出的叶片加工轨迹规划算法的可行性及有效性，具有良好的表面加工一致性。对比 Xu 等[17] 机器人砂带磨抛加工航空发动机叶片获得的轮廓度为最大误差 0.2130mm、平均误差 0.1273mm，改进的轨迹规划方法分别将最大误差和平均误差降低了 56.3% 和 82.4%。

　　图 5-55 为所提的轨迹规划算法与现有的传统轨迹规划算法的叶片前后缘加工效果。由图 5-55(a) 中可以看出，所提的算法加工叶片前后缘处的叶片轮廓圆滑，未出现明显的过切及烧伤现象，而图 5-55(b) 中显示基于传统轨迹规划算法的叶片前后缘处出现了较为明显的过切现象。为了进一步验证叶片前后缘处的轮廓度，将前后缘处的轮廓数据进行整理分析，图 5-56、图 5-57、图 5-58 分别显示了 Path1、Path2 和 Path3 的叶片前缘和后缘处的加工轮廓误差分布，Path1 的前后缘处的平均误差分别为 0.0324mm、0.0311mm；Path2 的为 0.0356mm、0.0265mm；Path3 的为 0.0347mm、0.0247mm；则计算得到平均误差为 0.0308mm，均满足加工轮廓精度需求，充分表明，所提出的改进的轨迹规划方法可以较好地应用于复杂曲面工件机器人砂带磨抛加工，可以满足更高轮廓精度的要求。

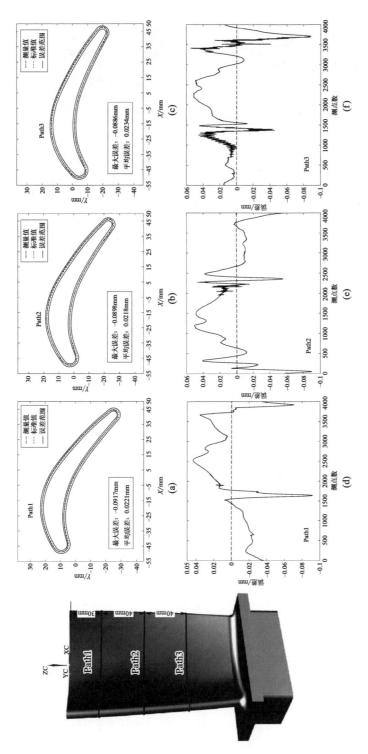

图 5-54　叶片磨抛后在三个截面处的轮廓误差分布（图 a、b、c 中的误差放大 10 倍）

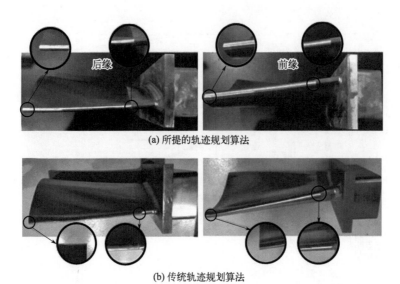

(a) 所提的轨迹规划算法

(b) 传统轨迹规划算法

图 5-55　基于改进前（b）后（a）轨迹规划算法的叶片磨抛效果对比

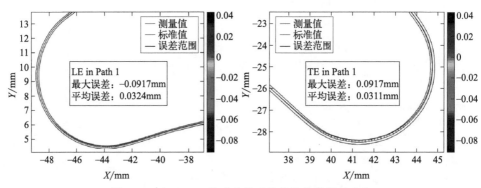

图 5-56　在 Path 1 的叶片前后缘处的轮廓误差分布

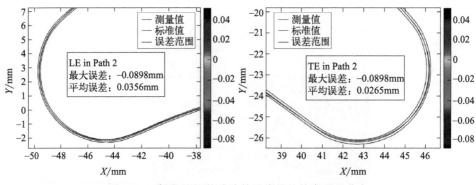

图 5-57　在 Path 2 的叶片前后缘处的轮廓误差分布

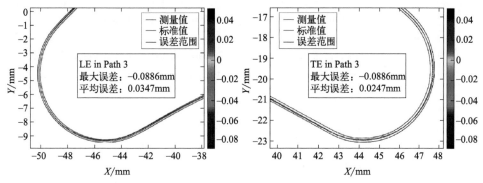

图 5-58　在 Path 3 的叶片前后缘处的轮廓误差分布

参考文献

［1］　吕远健. 叶片前后缘机器人自适应磨抛加工轨迹规划技术研究［D］. 武汉：武汉理工大学，2021.

［2］　Lv Y，Peng Z，Qu C，et al. An adaptive trajectory planning algorithm for robotic belt grinding of blade leading and trailing edges based on material removal profile model［J］. Robotics and Computer-Integrated Manufacturing，2020，66：101987.

［3］　Qu C，Lv Y，Yang Z，et al. An improved chip-thickness model for surface roughness prediction in robotic belt grinding considering the elastic state at contact wheel-workpiece interface［J］. International Journal of Advanced Manufacturing Technology，2019，104 (5-8)：3209-3217.

［4］　Li X，Wang S，Jie Z. Analysis of elliptical Hertz contact of steel wires of stranded-wire helical spring［J］. Journal of Mechanical Science and Technology，2014，28 (7)：2797-2806.

［5］　Wang Y，Hou B，Wang F，et al. A controllable material removal strategy considering force-geometry model of belt grinding processes［J］. International Journal of Advanced Manufacturing Technology，2017，93 (1-4)：241-251.

［6］　Qi J，Zhang D，Li S，et al. A micro-model of the material removal depth for the polishing process［J］. International Journal of Advanced Manufacturing Technology，2016，86 (9-12)：2759-2770.

［7］　Xu X，Zhu D，Zhang H，et al. Application of novel force control strategies to enhance robotic abrasive belt grinding quality of aero-engine blades［J］. Chinese Journal of Aeronautics，2019，32 (10)：2368-2382.

［8］　Farouki R T，Tsai Y F. Exact Taylor series coefficients for variable-feedrate CNC curve interpolators［J］. Computer-Aided Design，2001，33 (2)：155-165.

［9］　Li W，Xie H，Zhang G，et al. Hand-eye calibration in visually-guided robot grinding［J］. IEEE Transactions on Cybernetics，2015，46：1-9.

［10］　Besl P J，McKay N D. A method for registration of 3-D shapes［J］. IEEE Transactions on Pattern Analysis and Machine Intelligence，1992，14 (2)：239-256.

［11］　彭真，吕远健，渠超，等. 基于关键点提取与优化迭代最近点的点云配准［J］. 激光与光电子学进展，2020，57 (6)：68-79.

［12］　彭真. 基于特征匹配的叶片机器人磨抛系统标定技术及应用软件开发［D］. 武汉：武汉理工大学，2020.

[13] Xiao G, Huang Y. Equivalent self-adaptive belt grinding for the real-R edge of an aero-engine precision-forged blade [J]. International Journal of Advanced Manufacturing Technology, 2016, 83 (9-12): 1697-1706.

[14] Chen F, Zhao H, Li D, et al. Robotic grinding of a blisk with two degrees of freedom contact force control [J]. International Journal of Advanced Manufacturing Technology, 2019, 101 (1-4): 461-474.

[15] Chen F, Zhao H, Li D, et al. Contact force control and vibration suppression in robotic polishing with a smart end effector [J]. Robotics and Computer-Integrated Manufacturing, 2019, 57: 391-403.

[16] Xu X, Chen W, Zhu D, et al. Hybrid active/passive force control strategy for grinding marks suppression and profile accuracy enhancement in robotic belt grinding of turbine blade [J]. Robotics and Computer-Integrated Manufacturing, 2021, 67: 102047.

[17] Xu X, Zhu D, Wang J, et al. Calibration and accuracy analysis of robotic belt grinding system using the ruby probe and criteria sphere [J]. Robotics and Computer-Integrated Manufacturing, 2018, 51: 189-201.

[18] 毛洋洋, 赵欢, 韩世博, 等. 面向复杂曲面的机器人砂带磨抛路径规划及后处理研究 [J]. 机电工程, 2017, 34 (8): 829-834.

第6章

机器人磨抛工艺机理分析

分析砂带磨抛材料去除的机制与理论是获取机器人磨抛工艺参数设计方案的基础，有助于进一步了解机器人砂带磨抛材料去除不确定的原因。同时，砂带磨抛材料去除深度不仅取决于磨抛工艺参数（如法向力、机器人进给速度、砂带旋转速度等），砂带表面形貌特征也会对其产生影响（如磨粒形状、磨粒分布等）。本章总结概述现阶段机器人砂带磨抛机理以及对砂带表面形貌进行研究。

6.1 机器人砂带磨抛过程分析

砂带磨抛是众多聚集在一起的磨粒以一定线速度和法向压力与工件接触，从工件上切除材料的过程，也是磨粒微量切削的累积效应。其中，砂带是由基材、磨粒和黏结剂组成的一种带状磨抛工具，如图6-1所示，因为组成砂带的基材、黏结剂均具有一定的弹性，机器人砂带磨抛一般也会采用具有弹性的橡胶材料作为接触轮外轮制造材料，所以砂带磨抛属于弹性接触磨抛。这种特点使得在磨抛过程中，同一时间参与切削的磨粒数目多，单颗磨粒受力小且均匀，进而使去除单位体积材料所消耗的能量较小。同时，由于砂带的制造工艺，砂带磨粒大小整齐、分布均匀，使其容屑空间大，切削能力、切削温度方面都较之砂轮有其优越性。

砂带作为材料去除的工具和其他切削加工工具一样，在加工过程中，砂带与工件进行相对摩擦运动，必然会产生各种形式的磨损。砂带磨损会影响加工精度与表面质量，所以磨抛加工必须要考虑砂带的磨损状态。在正常情况下，砂带磨损有粘盖、脱落和磨钝三种形式，锆刚玉磨粒磨损形貌如图6-2所示[1]。发生磨粒粘盖和脱落现象主要是因为砂带选择和使用不当，其次可能是加工材料太软或者砂带黏结剂质量太差而造成的，磨钝则是在整个磨抛过程中都存在的。

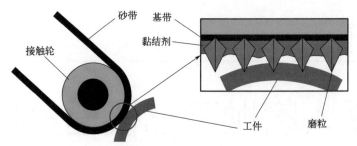

图 6-1　砂带组成示意图

(a) 磨粒粘盖　　　　　　(b) 磨粒脱落　　　　　　(c) 磨粒磨钝

图 6-2　砂带磨粒磨损形貌

图 6-3 为砂带磨损高度 δ 与时间的变化曲线图。砂带磨损过程有两个阶段，即初期快速磨损阶段（SA 阶段）和稳定磨损阶段（AB 阶段）。一般初期磨损阶段较短，在 $1\sim2\min$ 内，因此在工程应用中，一条新的砂带在用于磨抛之前，都要进行预磨，处理方法是将砂带在试磨件上磨抛一段时间或者用旧砂带对磨后使用，使其表面校平修正，保证砂带磨抛精度和表面质量。在经过初期快速磨损之后，直至使用寿命结束，砂带将一直保持在稳定磨损阶段。

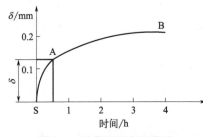

图 6-3　砂带磨损高度曲线

图 6-4 为机器人砂带磨抛示意图，一般由机器人末端夹持工件，以一定的压力靠近转动的砂带并以一定的进给速度移动，以达到材料去除的目的。机器人砂带磨抛控制方式有两种：一是恒进给磨抛，是在磨抛过程中控制磨抛深度 a_p 不变。该方式会因为受到系统刚度和机器人精度的影响，使离线编程磨抛轨迹和实际工件表面磨抛路径存在偏差，导致最终加工出的工件可能出现"过磨"或"欠磨"现象，影响磨抛工件尺寸精度和表面质量；二是恒压力磨抛，在机器人磨抛过程中通过不断施压来保持法向磨抛力 F_n 不变，进而使磨抛去除深度不断增

大。恒力磨抛控制方式能够通过力传感器保证砂带与工件的接触状态良好，保证最终加工的尺寸精度。如图 6-5 所示，ABB 公司通过实验对比了两种磨抛控制方式在同样的离线程序和工艺条件下的磨抛效果[2]，对比力控和非力控结果可知，力控磨抛控制能使砂带更好地贴合工件。

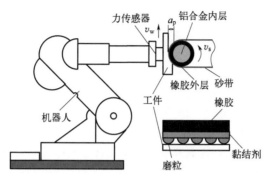

图 6-4　机器人砂带磨抛示意图

(a) 磨抛前　　　　(b) 非力控磨抛　　　　(c) 力控磨抛

图 6-5　非力控与力控磨抛方式对比

由于恒力磨抛系统能够修正离线程序偏差，保证砂带与工件的接触状态良好，使其满足加工精度，且其材料去除率（Material Removal Rate，MRR）较大，但相比恒进给磨抛方式，其磨抛表面质量较差。现在大多数研究主要是基于恒压力磨抛。所以本节基于恒力磨抛系统建立砂带材料去除预测模型，并进行钛合金材料机器人砂带恒力磨抛实验。

6.2　基于 Hertz 理论的材料去除模型

在众多砂带磨抛材料去除预测模型中，结合 Preston 方程与 Hertz 接触理论所建立的材料去除模型揭示了砂带磨抛机理且受到广泛认可。其模型在 Preston 方程中引入磨抛滑动弧长 ds，得到：

$$\frac{da_p}{ds} \times \frac{ds}{dt} = K_p p v_r \tag{6.1}$$

式中，v_r 为砂带与工件相对磨抛速度，$v_r = v_s \pm v_w$，v_s 为砂带线速度，v_w 为机器人进给速度；顺磨时取加号，逆磨时取减号。结合 $v_w = ds/dt$，整理式（6.1）可得：

$$da_p = \frac{K_p p v_r}{v_w} ds \tag{6.2}$$

一般磨抛实验中砂带线速度 v_s 都远大于机器人进给速度 v_w，所以可将式（6.2）中的相对磨抛速度 v_r 看作砂带线速度 v_s：

$$da_p = \frac{K_p p v_s}{v_w} ds \tag{6.3}$$

由式（6.3）可以看出，得到弧长 ds 和接触区域压强 p 之间的联系即可求出位置的材料去除深度。

其中，Hertz 接触理论是求解磨抛接触区域压力分布的常用方法[3]：假设接触轮与叶片表面的接触区域为椭圆，接触压强服从半椭球分布，如图 6-6 所示[4]。

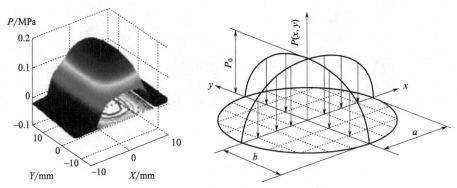

图 6-6　Hertz 椭圆接触压力分布模型

根据 Hertz 接触理论，接触区域的半椭球压力分布表达式为：

$$p(x,y) = p_0 \sqrt{1 - \left(\frac{x}{a}\right)^2 - \left(\frac{y}{b}\right)^2} \tag{6.4}$$

最大接触压力 p_0 位于椭圆的中心位置，大小为：

$$p_0 = \frac{3F_n}{2\pi ab} = \frac{1}{\pi} \left(\frac{6F_n E^{*2}}{R_e^2}\right)^{1/3} \tag{6.5}$$

式中，F_n 为法向压力；E^* 为等效弹性模量：

$$\frac{1}{E^*} = \frac{1-\nu_1^2}{E_1} + \frac{1-\nu_2^2}{E_2} \tag{6.6}$$

式中，v_1 和 v_2 分别为接触轮与工件的泊松比；E_1 和 E_2 分别为接触轮和工件的弹性模量。在本节所用磨抛系统中，接触轮由铝合金内轮与外层橡胶组成，如图 6-7 所示，根据模量与泊松比的定义及其几何关系[4]，可以得到接触轮的组合弹性模量和泊松比：

$$\begin{cases} E_1 = \dfrac{r_1}{\dfrac{r_1}{E_{11}} + \dfrac{r_1}{r_2} \times \dfrac{r_2 - r_1}{E_{12}}} \\[2ex] \nu_1 = \dfrac{1}{r_2} [\nu_{11} r_1 + \nu_{12}(r_2 - r_1)] \end{cases} \tag{6.7}$$

式中，E_{11} 和 E_{12} 为铝合金和橡胶的弹性模量；r_1、r_2 为铝合金芯和接触轮的半径；v_{11}、v_{12} 为铝合金和橡胶的泊松比。R_e 为有效接触半径，可表示为：

$$R_e = \left[\kappa_1 \kappa_2 \left(\frac{\kappa_1 + \kappa_2}{2} \right) \right]^{-1/3} \tag{6.8}$$

式中，κ_1、κ_2 为接触轮与工件在磨削接触点的主曲率，可通过下式计算[5]：

$$\kappa_1 + \kappa_2 = \frac{1}{R_1} + \frac{1}{R_1'} + \frac{1}{R_2} + \frac{1}{R_2'} \tag{6.9}$$

$$\kappa_2 - \kappa_1 = \left[\left(\frac{1}{R_1} - \frac{1}{R_1'} \right)^2 + \left(\frac{1}{R_2} - \frac{1}{R_2'} \right)^2 + 2 \left(\frac{1}{R_1} - \frac{1}{R_1'} \right) \left(\frac{1}{R_2} - \frac{1}{R_2'} \right) \cos(2\phi) \right]^{1/2} \tag{6.10}$$

R_1 和 R_1' 是砂带接触轮在接触点的主曲率半径，R_2 和 R_2' 是工件在接触点的主曲率半径。需要注意的是，如果接触物体的表面是凸的，则假定曲率半径为正；如果表面是凹的，则假定曲率半径为负。ϕ 是接触轮与工件在接触点的主曲率方向之间的夹角。

接触椭圆的半径 a、b 分别为：

$$a = \left(\frac{3 \kappa^2 \varepsilon F_n R}{\pi E^*} \right)^{1/3} \tag{6.11}$$

$$b = \left(\frac{3 \varepsilon F_n R}{\pi \kappa E^*} \right)^{1/3} \tag{6.12}$$

式中：

$$R = \frac{1}{\kappa_1 + \kappa_2} \tag{6.13}$$

$$\varepsilon \approx 1.0003 + 0.5968 \times \frac{\kappa_1}{\kappa_2} \tag{6.14}$$

$$\kappa \approx 1.0339 \left(\frac{\kappa_2}{\kappa_1} \right)^{0.636} \tag{6.15}$$

式(6.4)、式(6.5) 给出了接触区域中利用 Hertz 接触理论计算的压力分布。

取磨抛接触区域的极小单元 M，如图 6-8 所示。磨抛路径上的弧长切线 $\mathrm{d}y$ 代替式(6.3) 中的弧长 $\mathrm{d}s$[6]，由此得：

$$a_\mathrm{p}(x) = \int_{y_1}^{y_2} K_\mathrm{p} p \frac{v_\mathrm{s}}{v_\mathrm{w}} \mathrm{d}y \tag{6.16}$$

图 6-7　砂带磨抛接触轮

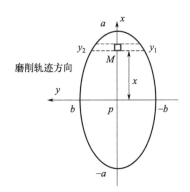

磨削轨迹方向

图 6-8　接触椭圆示意图

根据椭圆几何大小可知：

$$y_2 = b \sqrt{1 - \left(\frac{x}{a}\right)^2} \tag{6.17}$$

沿 y_1、y_2 的接触压强分布为：

$$p = p_0' \sqrt{1 - \left(\frac{y}{y_2}\right)^2} \tag{6.18}$$

$$p_0' = p_0 \sqrt{1 - \left(\frac{x}{a}\right)^2} \tag{6.19}$$

将式(6.17)、式(6.18) 和式(6.19) 代入式(6.3)，可得：

$$
\begin{aligned}
a_\mathrm{p}(x) &= 2K_\mathrm{p} \frac{v_\mathrm{s}}{v_\mathrm{w}} p_0' \int_0^{y_2} \sqrt{1 - \left(\frac{y}{y_2}\right)^2} \mathrm{d}y \\
&= 2K_\mathrm{p} \frac{v_\mathrm{s}}{v_\mathrm{w}} p_0 \sqrt{1 - \left(\frac{x}{a}\right)^2} \frac{\pi y_2}{4} \\
&= K \frac{v_\mathrm{s} b}{v_\mathrm{w}} p_0 \left(1 - \frac{x^2}{a^2}\right)
\end{aligned}
\tag{6.20}
$$

式(6.20) 中，$K = \pi K_\mathrm{p}/2$，此方法是将工件与接触轮的接触问题假设为两圆柱体交叉接触模型求解。另外，有学者根据弹性 Hertz 接触理论，将工件与接触轮的接触简化为平面与圆柱弹性接触问题[7]，如图 6-9 所示。

此时简化的 Hertz 接触压力分布表达式为：

$$p(x) = \frac{2F_\mathrm{n}}{\pi a^2 L} \sqrt{a^2 - x^2} \tag{6.21}$$

$$a = \sqrt{\frac{4F_n R_e}{\pi E^* L}} \tag{6.22}$$

$$p_0 = \frac{2F_n}{\pi a L_1} = \sqrt{\frac{F_n E^*}{\pi R_e L}} \tag{6.23}$$

$$R_e = \frac{1}{R_1} + \frac{1}{R_2} \tag{6.24}$$

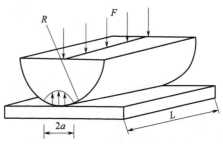

图 6-9 平面-圆柱接触模型

式(6.21)中的 x 为当前点到磨抛路径中心的距离，L 表示接触区域长度，接触区域的宽度为 $2a$。R_1 和 R_2 分别代表接触轮和工件表面的曲率半径，式(6.22)、式(6.23)给出了接触宽度 a 与中心应力值 p_0 的计算公式。

根据工程经验，实际接触压力 p 与 Hertz 接触理论计算出的名义接触压力 $p(x,y)$ 并不相等，满足以下近似比例关系[8]：

$$p = K_p p(x,y) \tag{6.25}$$

式中，K_p 为比例系数。

6.3　基于磨粒形貌的材料去除模型

砂带磨抛材料去除的本质是众多微小磨粒与工件表面的相互作用，在磨抛过程中工件表面会发生弹性变形、塑性变形与材料的去除，同时伴随着砂带磨损、磨粒变形等。砂带磨抛效率与所采用的砂带磨粒形状相关[9]。除个别磨粒形状规则的砂带外，一般砂带存在多种形状的磨粒。由于磨粒形状的复杂性，不同形状磨粒材料的去除机理也不相同，增加了机器人砂带磨抛定量去除的难度。

所以，在分析单颗磨粒磨抛机理之前先要明确磨粒的几何模型。本节采用 Keyence VHX-1000E 超景深数字显微镜和美国 FEI Nova NanoSEM 450 场发射扫描电子显微镜，对磨抛砂带的磨粒形状进行观测，如图 6-10 所示。

不同型号的砂带具有不同形状的磨粒，图 6-10(a)（b）分别为德国 Hermes 公司生产的碳化硅空心球 P180 砂带的 100 倍显微镜图和 100 倍电镜图，可以清

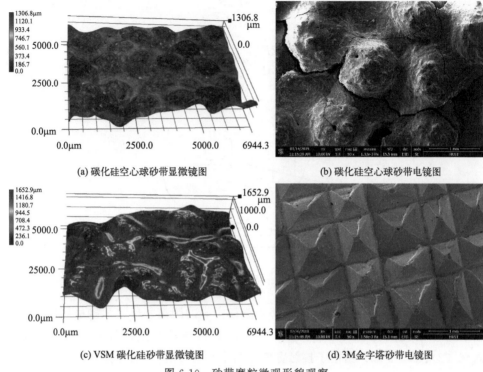

(a) 碳化硅空心球砂带显微镜图   (b) 碳化硅空心球砂带电镜图

(c) VSM 碳化硅砂带显微镜图   (d) 3M金字塔砂带电镜图

图 6-10　砂带磨粒微观形貌观察

晰地看出其磨粒为球形磨粒；图 6-10（c）为德国 VSM 氧化铝堆积 P180 砂带 100 倍显微镜放大图，观察到有圆锥形磨粒和一些类似于棱锥形状的磨粒；图 6-10（d）为 3M 金字塔氧化铝 A100 砂带电镜图，砂带由规则且排列整齐的四棱锥磨粒组成，是 3M 公司研磨一致性更佳、切削效率更高、散热性更好的高品质磨抛产品，可以预测磨粒形状规则排列整齐是砂带制造发展的一种趋势。

通过观察分析砂带磨粒数字显微镜图和电镜图，将单颗磨粒归类为球形、球锥形、三棱锥形和四棱锥形 4 种不同的形状模型，并选用这 4 种形状磨粒进行磨抛加工机理分析。图 6-11 为 4 种磨粒磨削工件表面示意图。

在机器人砂带磨抛中，不同的砂带材质因其磨粒形状尺寸、排列间距密度不同，其磨粒材料去除的能力与加工后工件的表面质量也有所不同。另外，磨粒形状和磨粒切削刃的变化也会影响磨屑形态、磨屑脱离的难易程度以及砂带的使用寿命。从图 6-11（a）中可以看出，球形磨粒在磨抛过程中，磨粒两侧和磨粒前方工件表面轻微隆起；图 6-11（b）中，磨粒以圆锥体的形状进行磨削加工，和球形磨粒磨抛状态类似，磨粒两侧和前方发生塑性变形隆起，但较之球形磨粒，塑性变形程度小；图 6-11（c）是正三棱锥形磨粒，磨粒磨抛前方切削刃为尖棱状，磨屑呈卷曲状分布在前方棱线两侧，随着磨粒切入深度的增大，磨屑弯曲程度变

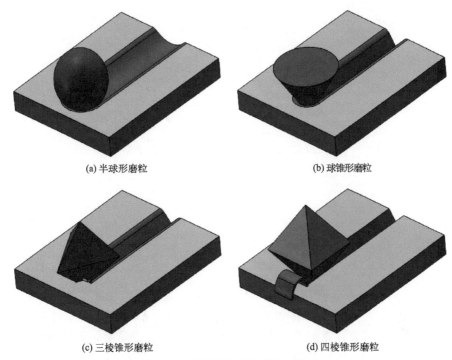

(a) 半球形磨粒　　　　　　　　　　(b) 球锥形磨粒

(c) 三棱锥形磨粒　　　　　　　　　(d) 四棱锥形磨粒

图 6-11　单颗磨粒磨抛简化示意图

大，厚度变厚；在图 6-11(d) 中，正四棱锥磨粒以较大的负前角对工件进行切削，导致其磨屑形态为卷曲形，磨屑尺寸较宽，在砂带磨抛过程中，随着砂带的磨损，磨粒的负前角逐渐增大，会使其磨抛能力降低，而工件表面质量提高。

在实际机器人磨抛工程中，在进行砂带类型的选择时，需要进行多方面考虑，如砂带磨粒对工件表面质量的影响、磨粒的耐磨性与寿命长短以及磨粒的几何形状等。在众多磨粒模型中，球形磨粒、带圆角的圆锥状磨粒、三棱锥磨粒和四棱锥磨粒比较有代表性，本节选此 4 种形状磨粒作为研究对象，来研究单颗磨粒磨抛材料去除过程，以此建立砂带磨抛材料去除预测模型。

6.3.1　单颗磨粒弹性变形分析

首先以球形磨粒为研究对象，对于单颗磨粒来说，如图 6-12 所示，假设球形磨粒半径为 R_s，当施加的法向压力为 F_0，磨粒切入深度为 δ，磨粒与工件表面的截面圆半径为 r_p 时，根据弹性力学理论，则有如下表达式[10]：

$$r=\left(\frac{3R_s F_0}{4E_1^*}\right)^{1/3} \qquad (6.26)$$

$$\delta=\left(\frac{9F_0^2}{16R_s E_1^{*2}}\right)^{1/3} \qquad (6.27)$$

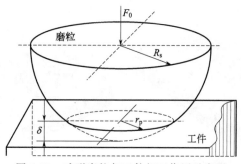

图 6-12 球形磨粒与工件相互作用示意图

$$p_0 = \frac{1}{\pi}\left(\frac{16E_1^{*2}F_0}{9R_s^2}\right)^{1/3} \tag{6.28}$$

$$\frac{1}{E_1^*} = \frac{1-\nu_2^2}{E_2} + \frac{1-\nu_3^2}{E_3} \tag{6.29}$$

式中，p_0 为单颗磨粒所受的平均压强；E_1^* 为单颗磨粒和工件的等效接触弹性模量，ν_2、ν_3 分别为工件和单一磨粒的泊松比，E_2 和 E_3 为工件和单一磨粒的弹性模量。需要注意的是，这里使用的是单颗磨粒的参数，不是接触轮的参数。设工件表面的布氏硬度为 H_B，根据弹塑性变形基础理论可知[11]：当工件受到的平均压强 $p_0 < H_B/3$ 时，工件表面只发生弹性变形；当平均压强 $p_0 \geqslant H_B/3$ 时，工件会产生塑性变形。将其理论应用到单颗磨粒磨抛弹性变形中，将临界压强 $p_0 = H_B/3$ 代入式（6.27）和式（6.28）联立的方程式可计算工件发生弹性变形时球形磨粒的最大切入深度为：

$$\delta_{\max} = \frac{\pi^2 R H_B^2}{16E_1^{*2}} \tag{6.30}$$

将表 6-1 中所用试块和砂带磨粒的参数代入式（6.30）进行计算。通过实验得知，在砂带磨抛过程中，磨粒的平均切入深度一般为 μm 级[12]，而利用上表数据计算 $\delta_{\max}$ 结果为 $2.6 \times 10^{-2} \mu m$，远远小于磨粒平均切入深度，因此可以忽略工件的弹性变形量。

表 6-1　试块和砂带材料参数

P180 碳化硅空心球砂带		Ti-6Al-4V 钛合金试块	
磨粒平均半径 R	$40\mu m$	布氏硬度 H_B	334HB
磨粒弹性模量 E_3	450GPa	弹性模量 E_2	110GPa
磨粒泊松比 ν_3	0.14	泊松比 ν_2	0.33

6.3.2　基于单颗磨粒的材料去除建模

砂带磨抛实质上是利用砂带表面上突出磨粒进行微切削的加工过程，因此砂带磨抛材料去除深度不仅取决于磨抛工艺参数，如法向磨抛力、机器人进给速度和砂带旋转速度等，还取决于砂带表面形貌特征，如砂带磨粒形状和磨粒分布特点等。所以本节以磨粒形状为研究对象，建立单颗磨粒材料去除深度模型。

在砂带磨抛中，磨粒的平均切入深度一般为微米级，经过计算，磨粒产生的弹性变形量远小于磨粒平均切入深度，因此在下面计算中忽略磨粒弹性变形部分。图 6-13 为球形磨粒磨削示意图，在一次切削过程中，从 P_1 到 P_2，假设单颗磨粒的切入深度 δ 保持不变，单颗磨粒与工件接触的横截面积为图中阴影部分 S_0，在单位时间 $\mathrm{d}t$ 内，单颗磨粒的去除体积 V_0 为：

$$V_0 = S_0 \mathrm{d}y \tag{6.31}$$

式中，$\mathrm{d}y$ 为在单位时间 $\mathrm{d}t$ 内砂带与工件的接触路径：

$$\mathrm{d}y = v_\mathrm{w} \mathrm{d}t \tag{6.32}$$

式中，v_w 为工件的进给速度。

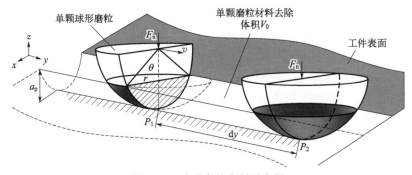

图 6-13　球形磨粒磨削示意图

根据上述求解单颗磨粒材料去除体积的角度，分别分析球形、球锥形、三棱锥形和四棱锥形的单颗磨粒去除体积。

6.3.2.1　球形磨粒材料去除体积

假设磨粒出刃高度为 h，结合 6.3.1 节切入深度为 $\delta = h - h_0$，球形磨粒半径为 R_s。在磨抛路径的垂直平面上，磨粒与工件接触区域的法向投影面积如图 6-14 阴影部分所示，r_p 为磨粒与工件水平表面圆形接触半径，$\delta_{\max}$ 为工件发生的弹性变形量，但 $\delta_{\max}$ 对于切深 δ 来说数量级很小可以忽略，所以 $\delta_{\max} + \delta \approx \delta$，则有：

$$S_{01} = \frac{\pi R_\mathrm{s}^2 \arcsin(r_\mathrm{p}/R_\mathrm{s})}{180°} - r_\mathrm{p}\sqrt{R_\mathrm{s}^2 - r_\mathrm{p}^2} \tag{6.33}$$

$$r_\mathrm{p} = \sqrt{(h - h_0)(2R_\mathrm{s} - h + h_0)} \tag{6.34}$$

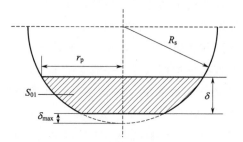

图 6-14　球形磨粒磨抛法向截面

单颗球形磨粒单位时间内的材料去除体积可表示为：

$$V_{01} = S_{01} \mathrm{d}y \tag{6.35}$$

设工件表面布氏硬度为 H_B，当 $p_0 \geqslant H_B/3$，砂带与工件存在相对滑动，工件表面产生塑性变形，磨抛处于滑擦和犁耕阶段，在此阶段通常设定塑性变形引起的平均压强 $p_0 = H_B/2$[11]，根据法向压力等于压强与受力面积的乘积，可以得到单颗磨粒所受法向磨抛力为：

$$F_{n1} = \frac{\pi H_B}{2}(2R_s - h + h_0)(h - h_0) \tag{6.36}$$

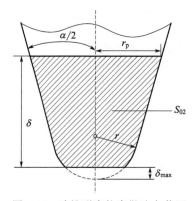

图 6-15　球锥形磨粒磨抛法向截面

6.3.2.2　球锥形磨粒材料去除体积

球锥形磨粒的尺寸参数如图 6-15 所示，球顶半径为 r，圆锥顶角为 α，同样假设磨粒与工件在水平面上的接触半径为 r_p，切入深度为 $\delta = h - h_0$。结合前面所建立的磨粒出刃高度分布函数，球锥形磨粒可根据切入深度的不同分为球形磨抛和球锥形磨抛：磨粒最大高度为 3σ，磨粒最大切入深度为 $m = 3\sigma - h_0$，当砂带最大切入深度 $\delta_{max} < m \leqslant r$ 时，即 $3\sigma \leqslant r + h_0$，工件只发生球形磨粒材料去除，单颗磨粒材料去除法向横截面积为：

$$S_{02s} = \frac{\pi r^2 \arcsin(r_p/r)}{180°} - r_p \sqrt{r^2 - r_p^2} \tag{6.37}$$

$$r_p = \sqrt{(h - h_0)(2r - h + h_0)} \tag{6.38}$$

单颗球锥形磨粒单位时间内球形材料去除体积为：

$$V_{02s} = S_{02s} \mathrm{d}y \tag{6.39}$$

则单颗磨粒所受法向磨抛力为：

$$F_{n2s} = \frac{\pi H_B}{2}(2r - h + h_0)(h - h_0) \tag{6.40}$$

当最大切入深度 $m > r$ 时，工件发生球形和球锥形材料去除，单颗磨粒材料去除法向横截面积为：

$$S_{02} = \frac{\pi r^2}{2} + (r + r_p)(\delta - r) \tag{6.41}$$

$$r_p = (h - h_0)\tan\frac{\alpha}{2} \tag{6.42}$$

此时单颗球锥形磨粒去除体积为：

$$V_{02} = S_{02}\mathrm{d}y \tag{6.43}$$

则单颗磨粒所受法向磨抛力为：

$$F_{n2} = \pi r_p^2 \frac{H_B}{2} = \frac{\pi H_B}{2}(h - h_0)^2 \tan^2(\alpha/2) \tag{6.44}$$

6.3.2.3　三棱锥形磨粒材料去除体积

假设磨粒形状为正三棱锥，其中顶锥角为 $2\theta_t$，在切入深度为 δ 时，磨粒与工件接触面正三角形边长为 $2a$，侧棱长为 l。在磨抛过程中，随着切入深度的增大，三角形边长和侧棱长都会跟随增大，无法直接测量得到，所以横截面积应使用顶锥角 θ_t 和切入深度 δ 来表示，图 6-16 中粗线三角形为计算参数所用到的辅助计算三角形。

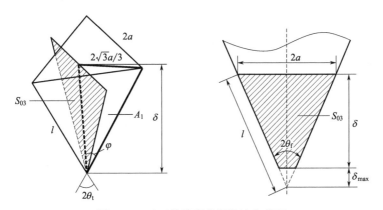

图 6-16　正三棱锥磨粒磨抛法向截面

$$S_{03} = ah = \frac{\sqrt{3}}{2}(h - h_0)^2 \tan\varphi \tag{6.45}$$

$$a = \frac{\sqrt{3}}{2}(h - h_0)\tan\varphi \tag{6.46}$$

$$\varphi = \arcsin\left(\frac{2\sqrt{3}}{3}\sin\theta_t\right) \tag{6.47}$$

此时单颗三棱锥磨粒去除体积为：

$$V_{03} = S_{03}\,\mathrm{d}y \tag{6.48}$$

则单颗磨粒所受法向磨抛力为：

$$F_{n3} = \sqrt{3}\,a^2\,\frac{H_B}{2} = \frac{3\sqrt{3}\,H_B}{8}(h-h_0)^2\tan^2\varphi \tag{6.49}$$

6.3.2.4 四棱锥形磨粒材料去除体积

如图 6-17 所示，假设磨粒形状为正四棱锥，其中锥顶锥角为 $2\theta_f$，在切入深度为 δ 时，磨粒与工件接触面正四边形边长为 $2a$，侧棱长为 l，同样图中粗线三角形为辅助计算的三角形。

$$S_{04} = ah = \frac{\sqrt{2}}{2}(h-h_0)^2\tan\varphi \tag{6.50}$$

$$a = \frac{\sqrt{2}}{2}(h-h_0)\tan\varphi \tag{6.51}$$

$$\varphi = \arcsin(\sqrt{2}\sin\theta_f) \tag{6.52}$$

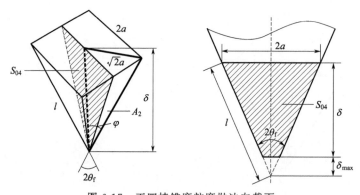

图 6-17 正四棱锥磨粒磨抛法向截面

此时单颗三棱锥磨粒去除体积为：

$$V_{04} = S_{04}\,\mathrm{d}y \tag{6.53}$$

同样，其单颗磨粒所受法向磨抛力为：

$$F_{n4} = 4a^2\,\frac{H_B}{2} = H_B(h-h_0)^2\tan^2\varphi \tag{6.54}$$

6.3.2.5　基于单位面积的材料去除建模

设在某根砂带磨粒总数中，球形、球锥形、三棱锥形和四棱锥形磨粒形状比例分别为 p_1、p_2、p_3、p_4；砂带单位面积的有效磨粒数 $N_e = \dfrac{N}{\sqrt{2\pi}\sigma}\displaystyle\int_{h_0}^{3\sigma} e^{\frac{-h^2}{2\sigma^2}} dh$，根据单颗磨粒磨抛力计算和球锥形磨粒材料去除分析，当最大切入深度 $m = 3\sigma - h_0 \leqslant r$，即 $3\sigma \leqslant r + h_0$ 时，磨削过程中磨粒只发生球形材料去除，单位面积法向力即压强为：

$$
\begin{aligned}
P_s &= N_e(p_1 F_{n1} + p_2 F_{n2s} + p_3 F_{n3} + p_4 F_{n4}) \\
&= \frac{N}{\sqrt{2\pi}\sigma}
\begin{bmatrix}
p_1\displaystyle\int_{h_0}^{3\sigma} F_{n1} e^{\frac{-h^2}{2\sigma^2}} dh + p_2\int_{h_0}^{3\sigma} F_{n2s} e^{\frac{-h^2}{2\sigma^2}} dh \\
+ p_3\displaystyle\int_{h_0}^{3\sigma} F_{n3} e^{\frac{-h^2}{2\sigma^2}} dh + p_4\int_{h_0}^{3\sigma} F_{n4} e^{\frac{-h^2}{2\sigma^2}} dh
\end{bmatrix}
\end{aligned}
\tag{6.55}
$$

当切入深度 $3\sigma - h_0 > r$ 时，磨抛过程中球锥形磨粒同时发生球形材料去除和锥形材料去除，砂带单位面积所受法向力为：

$$
\begin{aligned}
P_{s+c} &= N_e\left(p_1 F_{n1} + p_2\begin{bmatrix} F_{n2s} \\ F_{n2} \end{bmatrix} + p_3 F_{n3} + p_4 F_{n4}\right) \\
&= \frac{N}{\sqrt{2\pi}\sigma}
\begin{bmatrix}
p_1\displaystyle\int_{h_0}^{3\sigma} F_{n1} e^{\frac{-h^2}{2\sigma^2}} dh + p_2\int_{h_0}^{h_0+r} F_{n2s} e^{\frac{-h^2}{2\sigma^2}} dh + p_2\int_{h_0+r}^{3\sigma} F_{n2} e^{\frac{-h^2}{2\sigma^2}} dh \\
+ p_3\displaystyle\int_{h_0}^{3\sigma} F_{n3} e^{\frac{-h^2}{2\sigma^2}} dh + p_4\int_{h_0}^{3\sigma} F_{n4} e^{\frac{-h^2}{2\sigma^2}} dh
\end{bmatrix}
\end{aligned}
\tag{6.56}
$$

其中，根据前面计算可知：

$$
\begin{cases}
F_{n1} = \dfrac{\pi H_B}{2}(2R - h + h_0)(h - h_0) \\[2mm]
F_{n2s} = \dfrac{\pi H_B}{2}(2r - h + h_0)(h - h_0) \\[2mm]
F_{n2} = \dfrac{\pi H_B}{2}(h - h_0)^2 \tan^2(\alpha/2) \\[2mm]
F_{n3} = \dfrac{3\sqrt{3} H_B}{8}(h - h_0)^2 \tan^2\varphi \\[2mm]
F_{n4} = H_B(h - h_0)^2 \tan^2\varphi
\end{cases}
\tag{6.57}
$$

根据切入深度的大小，接触压力函数为：

$$P = \begin{cases} P_{s} & 3\sigma \leqslant r + h_0 \\ P_{s+c} & 3\sigma > r + h_0 \end{cases} \tag{6.58}$$

基于上述 Hertz 接触求得的压力分布 $p(x,y)$，可由数值积分求出接触椭圆区域内各点对应的平均磨粒高度到工件表面的距离 h_0 以及磨粒的最大切入深度 $m = 3\sigma - h_0$。

在工件与砂带磨抛路径上，取一无限小微元 M，如图 6-18 所示，设其长度和宽度分别为 $\mathrm{d}y$ 与 $\mathrm{d}x$，在时间 $\mathrm{d}t$ 内参与磨抛的砂带面积为：

$$S_1 = \mathrm{d}l\,\mathrm{d}x = v_t \mathrm{d}t\,\mathrm{d}x \tag{6.59}$$

式中，$v_t = v_s \pm v_w$，为工件与砂带的相对速度，v_s、v_w 分别为砂带线速度和机器人进给速度。需要注意的是，顺磨时，取减号；逆磨时，取加号。

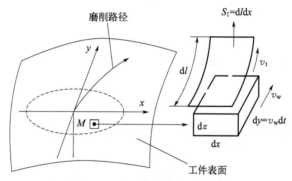

图 6-18　磨抛单元接触示意图

在 $\mathrm{d}t$ 时间内，微元面积 $\mathrm{d}x$、$\mathrm{d}y$ 内的有效磨粒数为：

$$N_1 = S_1 N_e \tag{6.60}$$

在时间 $\mathrm{d}t$ 时间内，砂带材料去除体积可表示为：

$$\mathrm{d}V = \mathrm{d}x\,\mathrm{d}y\,\mathrm{d}a_p \tag{6.61}$$

其中，单位时间内的去除体积还可以表示为：

$$\mathrm{d}V = N_1 V_0 \tag{6.62}$$

联立式(6.59)～式 (6.62)，可推导出如下关系式：

$$\mathrm{d}a_p = \frac{\mathrm{d}V}{\mathrm{d}x\,\mathrm{d}y} = \frac{N_1 V_0}{\mathrm{d}x\,\mathrm{d}y} = \frac{S_1 N_e S_0\,\mathrm{d}y}{\mathrm{d}x\,\mathrm{d}y} = \frac{v_t \mathrm{d}t\,\mathrm{d}x N_e S_0\,\mathrm{d}y}{\mathrm{d}x\,\mathrm{d}y} = v_t N_e S_0\,\mathrm{d}t \tag{6.63}$$

整理式(6.63) 得单位时间的材料去除深度：

$$\frac{\mathrm{d}a_p}{\mathrm{d}t} = S_0 N_e v_t \tag{6.64}$$

将 $dy = v_w dt$ 代入式(6.64)，并定义 $H = da_p/dy$ 为线性去除率，表示在磨抛路径上单位接触长度 dy 上的材料去除深度：

$$H = \frac{da_p}{dy} = \frac{v_t N_e S_0}{v_w}$$

$$= \frac{N(v_w \pm v_s)}{v_w} \int_{h_0}^{3\sigma} S_0 f(h) dh \qquad (6.65)$$

由于球锥形磨粒分析的特殊性，式(6.65) 中 $\int_{h_0}^{3\sigma} S_0 f(h) dh$ 可根据最大切削深度有不同的计算形式。

同样地，当 $m = 3\sigma - h_0 \leqslant r$，磨抛过程中磨粒只发生球形材料去除：

$$\int_{h_0}^{3\sigma} S_0 f(h) dh = p_1 \int_{h_0}^{3\sigma} S_{01} f(h) dh + p_2 \int_{h_0}^{3\sigma} S_{02s} f(h) dh +$$

$$p_3 \int_{h_0}^{3\sigma} S_{03} f(h) dh + p_4 \int_{h_0}^{3\sigma} S_{04} f(h) dh \qquad (6.66)$$

当最大切入深度 $3\sigma - h_0 > r$ 时，磨抛过程中磨粒同时发生球形材料去除和锥形材料去除：

$$\int_{h_0}^{3\sigma} S_0 f(h) dh = p_1 \int_{h_0}^{3\sigma} S_{01} f(h) dh +$$

$$p_2 \left[\int_{h_0}^{h_0+r} S_{01} f(h) dh + \int_{h_0+r}^{3\sigma} S_{02} f(h) dh \right] +$$

$$p_3 \int_{h_0}^{3\sigma} S_{03} f(h) dh + p_4 \int_{h_0}^{3\sigma} S_{04} f(h) dh \qquad (6.67)$$

对 H 积分得到沿磨抛接触路径砂带与工件接触区域无限小 M 处的去除深度，即：

$$a_p = \int_{y_1}^{y_2} H dy \qquad (6.68)$$

式中，a_p 为磨抛路径上任意无限小 M 处的去除深度；y_1、y_2 为磨抛接触路径的起点和终点。

在机器人砂带磨抛加工中，对于砂带材料去除的指标，用材料去除率 MRR 将微观磨抛机理与尺寸精度、表面质量和磨削效率联系起来是一种可靠的评价方法[13]。图 6-19 为接触轮一次磨抛过程中从工件上去除的材料体积示意图，其中：

$$V = b a_p L_w \qquad (6.69)$$

因此，工件的材料去除率可表示为：

$$MRR = v_w a_p b \tag{6.70}$$

式中，v_w 为机器人进给速度；a_p 为材料去除深度；b 为接触轮的有效宽度。

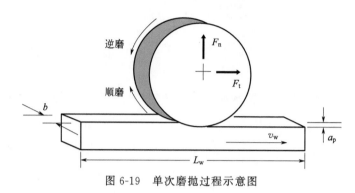

图 6-19　单次磨抛过程示意图

由式（6.68）、式（6.69）可得砂带磨抛材料去除率为：

$$MRR = a_p v_w b = \int_{y_1}^{y_2} N_e (v_s \pm v_w) S_0 b \, \mathrm{d}y \tag{6.71}$$

本书推导得出的单位时间材料去除深度为：

$$\frac{\mathrm{d}a_p}{\mathrm{d}t} = S_0 N_e v_t = \frac{N v_t}{\sqrt{2\pi}\,\sigma} \int_{h_0}^{3\sigma} S_0 \mathrm{e}^{\frac{-h^2}{2\sigma^2}} \mathrm{d}h \tag{6.72}$$

式中，N 为单位面积内的磨粒总数；v_t 为工件与砂带的相对速度；σ 为磨粒出刃高度分布函数标准方差；h_0 为函数原点到工件表面的垂直距离；S_0 为单颗磨粒切入深度为 h 时平均法向截面积。

其中，$\dfrac{N}{\sqrt{2\pi}\,\sigma}$ 由砂带的粒度名称和植砂密度决定，一旦确定砂带的型号，可以将其视为经典经验公式 Preston 方程 $\left(\dfrac{\mathrm{d}a_p}{\mathrm{d}t} = K_p p v_t \right)$ 中的比例常数 K_p。根据

6.3.1 节的分析可知，$\int_{h_0}^{3\sigma} S_0 \mathrm{e}^{\frac{-h^2}{2\sigma^2}} \mathrm{d}h$ 中的未知量 h_0 需要通过 Hertz 接触压强 p 分布。化简后，式（6.72）可以转化为和 Preston 方程相同的形式，可间接证明所推导模型的正确性。

材料去除深度计算步骤如图 6-20 所示，根据 6.2 节所提的 Hertz 接触理论求解无穷小 M 的压力；联立压强式（6.4）和单位面积法向力式（6.58）计算磨粒突出高度函数中的未知量 h_0，即平均磨粒高度到工件表面的距离；将 h_0 的值代入式（6.65）可求解出线性去除率 H；再根据 M 的磨削接触路径，利用式（6.4）求解 y_1、y_2，最后根据式（6.68）对 H 进行积分求出 M 上的去除深度。

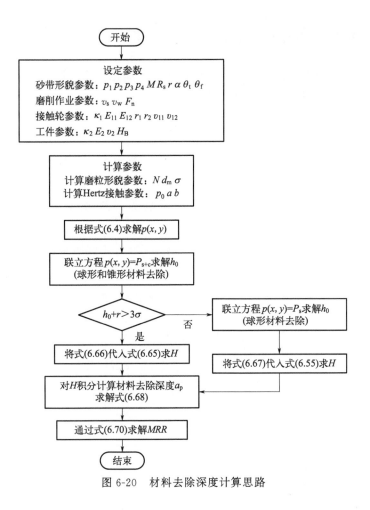

图 6-20　材料去除深度计算思路

6.4　机器人砂带磨抛工艺试验分析

在机器人砂带磨抛过程中，工件加工质量不仅与系统标定、力控制策略等有关，还与砂带磨抛加工工艺和材料去除机理有关。在一定程度上，加工工艺的优劣决定着最终的加工质量。砂带磨抛加工属于多变量耦合的场景，影响加工质量的因素众多，其中主要包含：机器人进给速度、砂带线速度、磨抛力、砂带材质和粒度、接触轮硬度和形状、磨抛温度、机器人系统颤振、砂带磨损等。不同的工艺参数组合对加工质量的影响程度不同，因此需要从加工工艺机理着手分析，通过单因素和多因素变量控制法，来分析这些因素的单一效果和综合效果，从而对加工过程进行优化控制，得到最佳的工艺参数组合，进而保证工件的加工质量。

197

6.4.1 机器人砂带磨抛工艺参数分析

本节主要探讨上述因素的影响程度，从而来优化工艺参数，进一步指导机器人砂带磨抛过程，得到理想的加工效果。

6.4.1.1 机器人磨抛加工三要素影响

采用钛合金试块与 P120 粒度的 3M 金字塔砂带进行机器人砂带磨抛加工试验分析，其中磨抛机的接触轮直径为 180mm，接触轮带有 45°斜槽特征，其洛氏硬度为 35HRC。对应的砂带磨削工艺参数为：砂带线速度 v_c（8.37m/s，12.56m/s，16.75m/s）；机器人进给速度 v_r（20mm/s，40mm/s，60mm/s）；法向磨抛力 F_n（20N，40N，60N，80N）。通过选择 36 组正交试验来分析加工三要素对加工质量的影响，具体的试验工艺参数如表 6-2 所示。

表 6-2　钛合金试块机器人 3M 金字塔砂带磨抛加工试验

序号	$v_r/$ (mm/s)	$v_c/$ (m/s)	$F_n/$ N	序号	$v_r/$ (mm/s)	$v_c/$ (m/s)	$F_n/$ N	序号	$v_r/$ (mm/s)	$v_c/$ (m/s)	$F_n/$ N
1	20	8.37	20	13	20	12.56	20	25	20	16.75	20
2	20	8.37	40	14	20	12.56	40	26	20	16.75	40
3	20	8.37	60	15	20	12.56	60	27	20	16.75	60
4	20	8.37	80	16	20	12.56	80	28	20	16.75	80
5	40	8.37	20	17	40	12.56	20	29	40	16.75	20
6	40	8.37	40	18	40	12.56	40	30	40	16.75	40
7	40	8.37	60	19	40	12.56	60	31	40	16.75	60
8	40	8.37	80	20	40	12.56	80	32	40	16.75	80
9	60	8.37	20	21	60	12.56	20	33	60	16.75	20
10	60	8.37	40	22	60	12.56	40	34	60	16.75	40
11	60	8.37	60	23	60	12.56	60	35	60	16.75	60
12	60	8.37	80	24	60	12.56	80	36	60	16.75	80

（1）机器人法向磨抛力的影响

在采用 3M 金字塔砂带进行机器人磨抛时，通过上述的力控制策略对法向力进行恒力控制。其加工工艺参数为：砂带线速度 $v_c=16.75$m/s，机器人进给速度 $v_r=40$mm/s，理论法向磨抛力 $F_n=20$N，40N，60N，80N。图 6-21 为四条不同参数加工路径的过程力监控图，可以发现，在切入和切出阶段法向力的波动较大。

根据不同的法向磨抛力进行加工，得到的材料去除量和表面粗糙度值如图 6-22 所示。其中，由于在切入和切出时，实际法向力的波动较大，导致材料

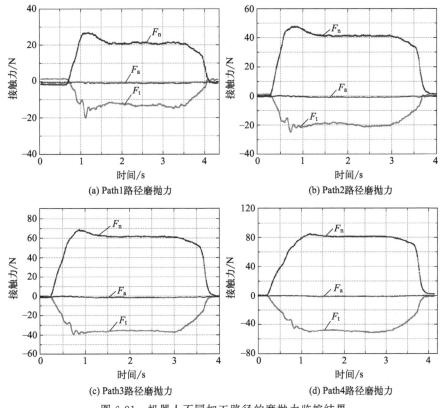

图 6-21　机器人不同加工路径的磨抛力监控结果

去除量大于或小于稳定情况时的值，即在切入和切出时产生了"过磨"和"欠磨"；在一定条件下，随着法向磨抛力的增大，材料去除量也随之增大，但增加的幅度逐渐减小，同时材料去除率也随之增大；随着法向力增加到一定程度，材料去除量基本不再变化；在工艺参数一定情况下，所获得的工件表面粗糙度均满足加工要求（$Ra < 0.4\mu m$），但随着法向磨抛力的增大，工件表面的粗糙度值也随之增大。

（2）机器人进给速度的影响

在探究机器人进给速度所带来的影响时，其加工工艺参数为：砂带线速度 $v_c = 12.56m/s$；理论法向磨抛力 $F_n = 40N$；机器人进给速度 $v_r = 20mm/s$，$40mm/s$，$60mm/s$。图 6-23 为三条加工路径的过程力监控图，可以发现，在切入和切出时力的波动较大。

根据不同的机器人进给速度进行加工，得到的材料去除量和表面粗糙度值如图 6-24 所示。其中，由于在切入和切出时，工件与接触轮之间的弹性变形较为严重，则实际法向力的波动较大，进而导致材料去除量大于或小于稳定情况时的值，即在切入和切出时产生了"过磨"和"欠磨"；在一定条件下，随着机器人

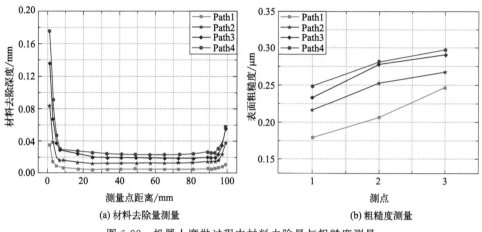

(a) 材料去除量测量　　　　　(b) 粗糙度测量

图 6-22　机器人磨抛过程中材料去除量与粗糙度测量

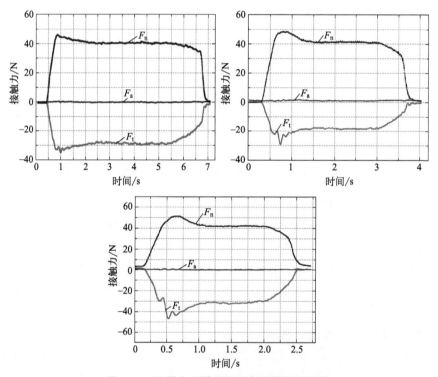

图 6-23　机器人不同进给速度的磨抛力监控

进给速度的增大，材料去除量也随之减小，但是减小的幅度逐渐减小，同时材料去除率也随之减小；随着机器人进给速度增加到一定程度，材料去除量基本上不再变化；在一定的工艺参数情况下，所获得的工件表面粗糙度均满足加工要求（$Ra<0.4\mu m$），但随着机器人进给速度的增大，单位时间内有效磨粒数减少，工件表面的粗糙度值也随之增大。

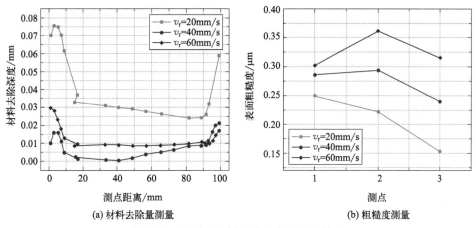

(a) 材料去除量测量　　　　　　　　　　(b) 粗糙度测量

图 6-24　机器人不同进给速度的测量结果

(3) 砂带线速度的影响

在探究砂带线速度所带来的影响时，其工艺参数为：理论法向磨抛力 $F_n=$ 40N；机器人进给速度 $v_r=60$mm/s；砂带线速度 $v_c=8.37$m/s，12.56m/s，16.75m/s。图 6-25 为三条加工路径的过程力监控图，可以发现，在切入和切出时力的波动较大。

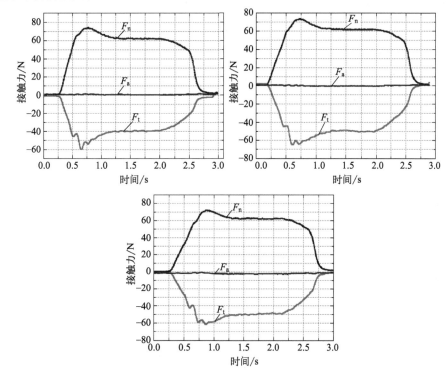

图 6-25　砂带线速度变化时的磨抛力监控结果

根据不同的砂带线速度进行加工，得到的材料去除量和表面粗糙度值如图 6-26 所示。其中，由于在切入和切出时，工件与接触轮间的弹性变形较为严重，则实际法向力的波动较大，进而导致材料去除量大于或小于稳定情况时的值，即在切入和切出时产生了"过磨"和"欠磨"；在一定条件下，随着砂带线速度的增大，工件与接触轮的接触时间相应较小，则材料去除量也随之减小，同时材料去除率也随之较小；但是在切入和切出部分，由于接触力波动的幅度不同，导致材料去除量也有所变化，不一定随着砂带线速度的增加就逐渐较小，这主要取决于接触力的波动情况；在工艺参数一定情况下，所获得的工件表面粗糙度均满足加工要求（$Ra < 0.4\mu m$），但随着砂带线速度增大，工件表面的粗糙度值就越大。即砂带线速度越高，金属塑性变形的传播速度大于进给速度，导致钛合金材料来不及变形，致使表层金属的塑性变形减小，单位时间内有效参与磨粒数减少，则工件表面的粗糙度值随之增大。

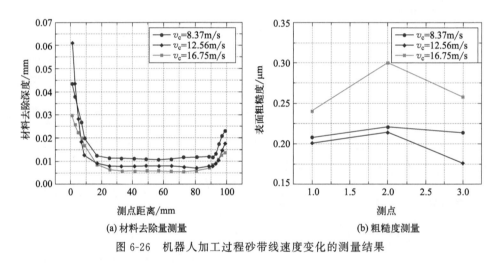

(a) 材料去除量测量   (b) 粗糙度测量

图 6-26   机器人加工过程砂带线速度变化的测量结果

6.4.1.2   砂带材质和粒度影响

(1) 砂带磨损机理

在砂带磨抛过程中，砂带磨损现象无法避免。砂带只有单层或多层涂附磨粒，无法像砂轮可以实现自修整，砂带磨损后继续使用，势必引起加工状况恶化，严重影响加工精度与表面质量。砂带磨损机理可分为粘盖、脱落和磨钝三种[14]。

粘盖：微细切屑残留并粘焊在磨粒外表面上，阻碍磨粒继续参与切削，严重降低磨抛能力。

脱落：磨粒所受的作用力超过其黏着力时，磨粒将从黏结剂中脱落或与黏结剂一起掉落，这会在砂带工作表面形成很多的空位，若磨粒脱落过多，砂带磨抛能力将明显降低或完全丧失。

磨钝：由于磨粒与被加工材料多次反复摩擦，使磨粒顶点钝化为小平面或磨粒尖顶部的破断而无切刃，这时不仅会减少材料切除量，还会进一步增加磨粒与工件表面的摩擦引起磨削区发热量增加并使磨钝加剧，引起工件表面烧伤[15]。

砂带磨损同砂轮磨损相似，如图 6-27 所示。其中，C-C 为磨耗磨损，它是由于磨粒与工件相对运动时的摩擦所致。破碎磨损是磨粒因受冲击顶尖破碎（图中 B-B）或整个磨粒因黏结剂的破裂而脱落（图中 A-A）。破碎磨损比磨耗磨损对磨具的磨抛性能影响更大，其强烈程度取决于磨抛力大小或磨粒与黏结剂强度[16]。

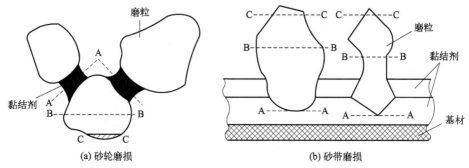

(a) 砂轮磨损　　　　　　　　　　　(b) 砂带磨损

图 6-27　磨削加工中的磨耗磨损和破碎磨损情况

如图 6-28 所示，相对于砂轮磨损过程的三个阶段——初期磨损、稳定磨损和剧烈磨损，砂带磨损可分为初期磨损阶段（OA 段）和稳定磨损阶段（AB 段）两阶段。一般初期磨损时间较短，在 1～2min。初期磨损高度以 δ_0 表示，δ_0 的大小对工件的尺寸精度和粗糙度有较大的影响。稳定磨损阶段的时间受工件材质、砂带自身特性和工艺参数等影响，视具体情况而定[17,18]。

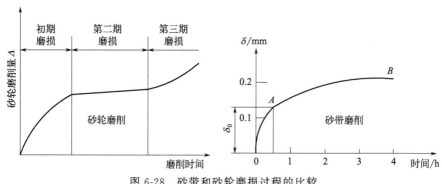

图 6-28　砂带和砂轮磨损过程的比较

随着砂带磨抛力的增加，磨粒切削深度增大，单个磨粒的切向载荷增大，摩擦发热的温度也增加，磨耗磨损增加，磨粒也会因承载过大而破碎，从而使得砂带的磨损量增加。随着砂带线速度的增加，砂带磨损加剧，其中磨耗磨损所占的比例增加更显著。因为线速度的增加，单位时间内磨粒同工件接触的次数增多，磨粒在接触加工区内停留时间短，磨粒刃口不易切入工件，减少了金属实际切除量，增加了磨损过程中的滑擦和耕犁效应，使得接触区发热增加，并促使磨耗磨损的发生，有时甚至可能使金属微屑粘焊在磨粒刃尖上，即发生所谓粘盖现象，极大地降低砂带磨抛能力；同时砂带线速度的增加，单颗磨粒磨抛厚度减小，磨抛力减小。

（2）砂带材质对加工质量的影响

在机器人砂带磨抛过程中，不同的砂带材质因其磨粒排布方式不同，磨粒去除材料能力不同，最终的加工效果也有所不同。砂带的组成主要分为：基材、磨料和黏结剂。其中，磨料是使砂带具有磨削、研磨和抛光的基本因素，可以分为人造磨料和天然磨料；而人造磨料主要为刚玉类、碳化物类和超硬磨料。根据不同的加工材质需求，所选择的磨料种类也不同。

堆积砂带从外观上看是由一系列粗大的磨粒构成，实际上每个大磨粒都包含微细的氧化铝或碳化硅磨粒。图 6-29 为德国 Hermit 的氧化铝堆积砂带的不同状态下的微观图；图 6-30 为德国 VSM 碳化硅堆积砂带不同状态下的微观图；图 6-31 和图 6-32 分别为 3M 金字塔砂带和陶瓷砂带不同状态下的微观图。其中，金字塔砂带是由外形规则整齐排列的四棱锥磨粒团组成，磨料为氧化铝。实心磨粒团堆积砂带由外观更粗糙、近似球状的磨粒团构成，其内部结构是相似的，即每个磨粒都是由大量比锥形磨粒或磨粒团更小的磨料黏结而成。表层磨粒切除一定量的材料后会钝化，磨钝的小磨粒则会从锥形磨料或球状磨粒团上破碎脱落，同时位于里层的新磨粒就会露出来参与磨抛加工。因此，这种锥形磨料砂带由于其堆积效果在磨抛过程中不断有锋利切削刃产生，所以具有较长的使用寿命，并且能够得到较好的加工表面质量[19]。

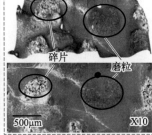
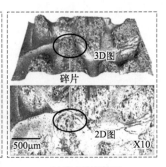

(a) 无磨损情况　　　　　(b) 部分磨损情况　　　　　(c) 完全磨损情况

图 6-29　Hermit 氧化铝砂带不同状态下的微观形貌

图 6-33 为德国 Hermit 碳化硅空心球砂带在不同状态下的微观图。空心球复

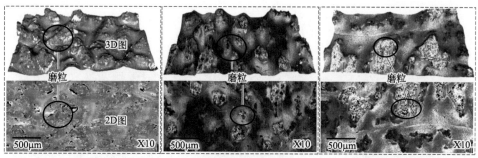

(a) 无磨损情况　　　　　　(b) 部分磨损情况　　　　　　(c) 完全磨损情况

图 6-30　VSM 碳化硅砂带在不同状态下的微观形貌

(a) 无磨损情况　　　　　　(b) 部分磨损情况　　　　　　(c) 完全磨损情况

图 6-31　3M 金字塔砂带在不同状态下的微观形貌

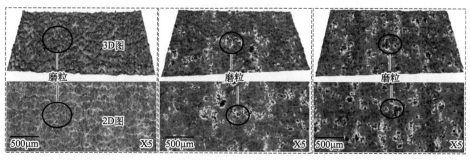

(a) 无磨损情况　　　　　　(b) 部分磨损情况　　　　　　(c) 完全磨损情况

图 6-32　3M 陶瓷砂带在不同状态下的微观形貌

合磨料砂带也可归类到堆积磨料砂带，它的磨粒又称为密致颗粒磨料，不仅可用于工件的研磨和抛光，而且其重负荷磨抛效果更显著。空心球要求薄而脆，加工过程中磨料磨钝后，这些单个切削质点会从复合磨粒中突破出来，锋利的磨粒参与切削，即达到自锐效果，这种磨料的砂带保持了单层砂带柔软性和多层砂带耐用性高的优点。

　　不同的砂带材质和粒度对加工质量影响也有所不同。在一般情况下，只要砂

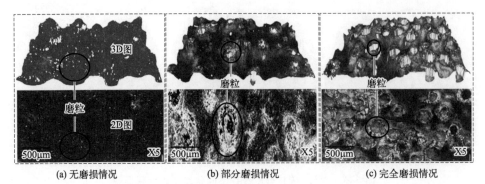

| (a) 无磨损情况 | (b) 部分磨损情况 | (c) 完全磨损情况 |

图 6-33　Hermit 碳化硅砂带在不同状态下的微观形貌

带强度允许，且在不改变接触轮弹性的条件下，砂带张紧力越大，材料去除量就越大，即材料去除率越高。如图 6-34 所示为不同砂带磨料材质的材料去除量和粗糙度值，其中工艺参数为：机器人进给速度为 40mm/s，砂带线速度为16.75m/s，法向磨抛力为 40N，接触轮洛氏硬度为 35HRC，接触轮形状为 0°无槽，Hermit 氧化铝砂带和碳化硅砂带以及 VSM 碳化硅砂带粒度为 P180，3M金字塔砂带和陶瓷砂带粒度为 A60。根据机器人加工结果可知：在不考虑切入和切出情况下，3M 陶瓷砂带的材料去除能力最高，其次为 Hermit 氧化铝砂带和Hermit 碳化硅砂带，3M 金字塔砂带和 VSM 碳化硅砂带的材料去除能力最差，并且这两种砂带的去除能力相差无几。在合理的工艺参数条件下，加工工件的表面粗糙度都能够满足工艺要求，但是不同材质的砂带所带来的粗糙度结果也不相同。由图可知，3M 陶瓷砂带的表面粗糙度值最低，即表面加工效果最好，其次为 3M 金字塔砂带、Hermit 碳化硅砂带、Hermit 氧化铝砂带，VSM 碳化硅砂带的表面粗糙度最大，甚至超过了工件表面的加工需求，即 $Ra < 0.4\mu m$。

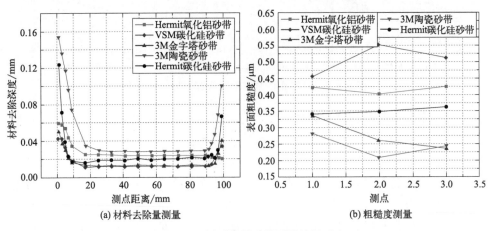

| (a) 材料去除量测量 | (b) 粗糙度测量 |

图 6-34　不同砂带材质的测量结果对比

（3）砂带粒度对加工质量的影响

采用同一种材质不同粒度的砂带进行加工，所得到的加工效果也不同。如图 6-35 所示为 Hermit 碳化硅砂带和氧化铝砂带的材料去除量和加工工件表面粗糙度值，其中加工工艺参数为：机器人进给速度 40mm/s，砂带线速度 16.75m/s，法向磨抛力 60N，接触轮洛氏硬度为 35HRC，接触轮形状为 0°无槽。由图可知，无论砂带的磨粒材质是碳化硅还是氧化铝，随着砂带粒度的增加，材料去除量也随之减小，则相应的材料去除率也逐渐减小。主要是由于砂带的粒度号越大，磨粒越细，切下的磨屑就越薄，此时磨粒的滑擦力与耕犁力较大。而且在砂带张紧力一定时，砂带粒度越细，有效磨削磨粒数目越多，单颗磨粒受力减小，切入工件深度降低，材料去除率也相应减小。但是，随着砂带粒度号的增大，加工的工件的表面粗糙度也随之降低，即越细的砂带，所获得的工件表面加工效果越好。

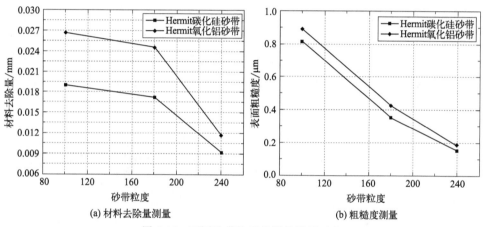

图 6-35　不同砂带粒度的测量结果对比

6.4.2　机器人磨抛力建模与分析

6.4.2.1　试验观察与问题提出

在探索机器人砂带磨抛加工机理过程中，为方便研究其变化规律和影响，选择钛合金试块作为研究对象，其尺寸为 180mm×200mm×20mm。材料去除量测量装置由自主研发的三轴运动平台和 LVDT 测量装置组成，其测量精度为 1μm。实验所采用的砂带为氧化铝堆积砂带，其型号为德国 Hermes RB590Y，粒度为 P180，即平均磨粒半径为 61μm，宽度为 25mm。机器人磨抛过程中影响加工质量因素众多，但可控因素主要为：机器人进给速度、砂带线速度、磨抛力，其在一定程度上可以决定最终的加工质量。因此，本节主要通过控制这三个因素来探究其影响和规律，具体的试验工艺参数如表 6-3 所示。

表 6-3　钛合金试块机器人砂带磨抛加工正交试验表

序号	$v_r/$ (mm/s)	$v_c/$ (m/s)	$F_n/$ N	序号	$v_r/$ (mm/s)	$v_c/$ (m/s)	$F_n/$ N	序号	$v_r/$ (mm/s)	$v_c/$ (m/s)	$F_n/$ N
1	20	8.37	40	10	20	12.56	40	19	20	16.75	40
2	20	8.37	60	11	20	12.56	60	20	20	16.75	60
3	20	8.37	80	12	20	12.56	80	21	20	16.75	80
4	40	8.37	40	13	40	12.56	40	22	40	16.75	40
5	40	8.37	60	14	40	12.56	60	23	40	16.75	60
6	40	8.37	80	15	40	12.56	80	24	40	16.75	80
7	60	8.37	40	16	60	12.56	40	25	60	16.75	40
8	60	8.37	60	17	60	12.56	60	26	60	16.75	60
9	60	8.37	80	18	60	12.56	80	27	60	16.75	80

图 6-36 为根据表 6-3 中的试验工艺参数组合 1～12 来进行机器人砂带磨抛加工钛合金试块的形貌。其中，按照机器人的加工方向，可以将每个试块上的三条加工路径分为切入部分、中间部分和切出部分三部分。其中，切入部分和切出部分是工具和工件刚刚开始和结束接触的阶段，此时在切入部分和切出部分出现了"过磨"和"欠磨"。

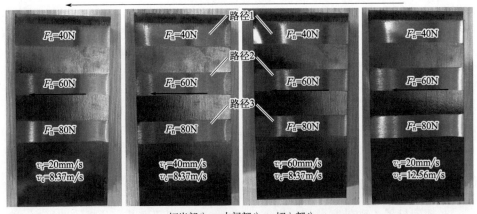

图 6-36　机器人砂带磨抛加工钛合金试块表面形貌

图 6-37 为对应沿机器人加工路径方向测量的钛合金试块表面轮廓。可以发现，在加工路径切入部分和切出部分出现了"过磨"和"欠磨"，而在中间部分的材料去除量较为恒定。即切入部分和切出部分的材料去除量远大于或略小于正常部分的值，从而导致加工表面轮廓精度和一致性较差，无法满足加工质量需求。

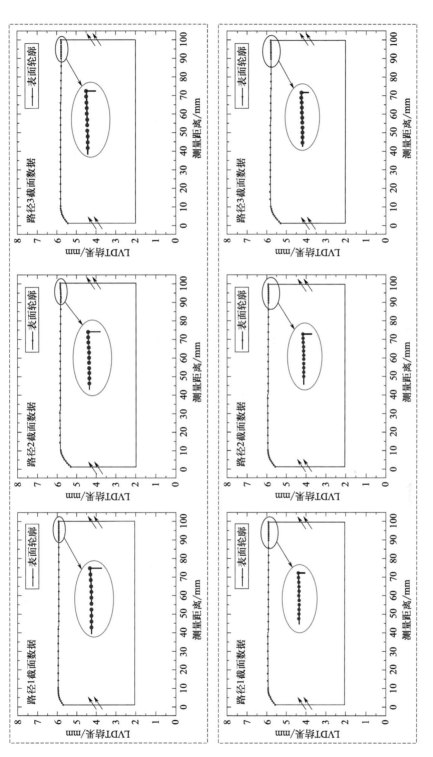

图 6-37

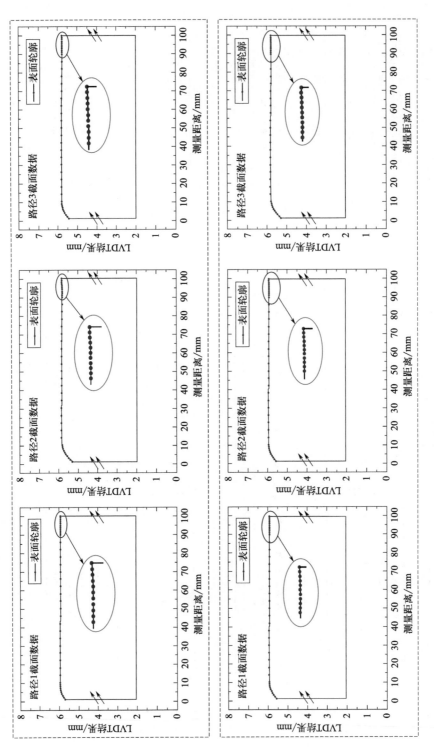

图 6-37 钛合金试块加工路径 LVDT 测量结果

6.4.2.2　材料去除建模与分析

根据图 6-37 的实验观察结果，在切入和切出部位存在着严重的"过磨"和"欠磨"，通过微观测量结果可知，在加工路径的切入和切出部分的实际加工轨迹为不规则的弧线形，其范围有限，大概在 $1\sim2\text{mm}$ 以内，因此为简化计算，将其优化为斜线形来计算材料去除率。图 6-38 为优化的整个机器人砂带磨抛的具体材料去除过程。

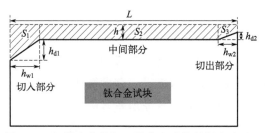

图 6-38　机器人磨抛加工钛合金试块材料去除过程

图 6-38 中的 h 和 S_2 分别表示中间部分的材料切除深度和去除面积；S_1 和 S_3 分别表示切入和切出部分的材料去除面积。则沿磨抛方向的每条路径的材料去除面积为：

$$\begin{cases} S_1 = hh_{w1} + \dfrac{1}{2}h_{d1}h_{w1} = h_{w1}\left(h + \dfrac{1}{2}h_{d1}\right) \\[2mm] S_2 = (L - h_{w1} - h_{w2})h \\[2mm] S_3 = hh_{w2} - \dfrac{1}{2}h_{d2}h_{w2} = h_{w2}\left(h - \dfrac{1}{2}h_{d2}\right) \end{cases} \quad (6.73)$$

因此，在接触时间 t 内的材料去除率分别为：

$$\begin{cases} Q_{w1} = \dfrac{V_1}{t_1} = \dfrac{S_1 b}{t_1} = \dfrac{h_{w1}b\left(h + \dfrac{1}{2}h_{d1}\right)}{h_{w1}/v_r} = bv_r\left(h + \dfrac{1}{2}h_{d1}\right) \\[4mm] Q_{w2} = \dfrac{V_2}{t_2} = \dfrac{S_2 b}{t_1} = \dfrac{hb(L - h_{w1} - h_{w2})}{(L - h_{w1} - h_{w2})/v_r} = hv_r b \\[4mm] Q_{w3} = \dfrac{V_3}{t_3} = \dfrac{S_3 b}{t_1} = \dfrac{h_{w2}b\left(h - \dfrac{1}{2}h_{d2}\right)}{h_{w2}/v_r} = bv_r\left(h - \dfrac{1}{2}h_{d2}\right) \end{cases} \quad (6.74)$$

式中，h_{w1} 和 h_{d1} 分别为切入部分的材料去除宽度和高度；h_{w2} 和 h_{d2} 为切出部分的材料去除宽度和高度；L 为试块的总宽度；b 为接触轮的宽度；v_r 为机器人进给速度。

在考虑切入和切出现象后的总材料去除率 Q_w 为：

$$Q_w = \frac{V_1 + V_2 + V_3}{t_1 + t_2 + t_3} = \frac{h_{w1}b\left(h + \frac{1}{2}h_{d1}\right) + hb(L - h_{w1} - h_{w2}) + h_{w2}b\left(h - \frac{1}{2}h_{d2}\right)}{h_{w1}/v_r + (L - h_{w1} - h_{w2})/v_r + h_{w2}/v_r}$$

$$= \frac{v_r b(2Lh + h_{d1}h_{w1} - h_{d2}h_{w2})}{2L}$$

$$(6.75)$$

在不考虑切入和切出影响情况下，传统的材料去除率可计算为：

$$Q_w^0 = v_r bh \qquad (6.76)$$

6.4.2.3 机器人加工三分力建模与分析

在机器人磨抛过程中，为保证加工质量和加工过程的稳定性，采用第 4 章所提出的力控制技术。因此，机器人磨抛过程的微观三分力分析应该在力控制情况下进行，同时还应该考虑切入切出现象所带来的影响。

机器人加工的钛合金试块型号为 Ti-6Al-4V 合金，它是 $\alpha + \beta$ 双相钛合金，具有良好综合性能，组织稳定性好，有良好的韧性、塑性和高温变形性能。其化学成分是 5.6% 铝元素，3.86% 钒元素，0.18% 铁元素，<0.01% 硅元素，0.02% 碳元素，0.023% 氮元素，<0.01% 氢元素，0.17% 氧元素[20]。具体钛合金材料性能参数如表 6-4 所示。

表 6-4　钛合金物理性能参数表

密度/(kg/m³)	弹性模量/GPa	屈服强度/MPa	抗拉强度/MPa	洛氏硬度 HRC
4430	114	834	932	36
熔点/℃	热导率/(W/m·K)	比热容/(J/kg·℃)	泊松比	伸长率/%
1668	6.7	691	0.33	14

(1) 机器人磨抛过程三分力建模

如图 6-39 所示为单颗磨粒的磨抛过程。在 EP 阶段，由于切削深度极小，磨粒刃尖圆弧形成的实际负前角很大，磨粒仅在工件表面滑擦而过，所引起的变形

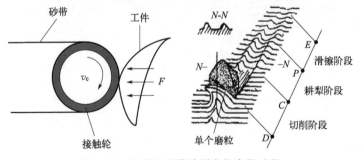

图 6-39　机器人砂带单颗磨粒磨抛过程

完全可以弹性恢复，在工件表面不会留下加工沟槽，因此称为滑擦弹性阶段。在PC阶段，随着磨粒挤入工件深度的增大，磨粒与工件表面间的压力逐步增加，磨粒在工件表面上挤压、刻画出加工沟痕，沟痕的两侧由于材料的塑形滑移而隆起，因此称为塑形耕犁阶段。在CD阶段，磨粒的挤入深度增加，被磨粒挤压的区域出现了明显的滑移，并形成切屑从磨粒的前刀面流出，因此称为塑性切削阶段。单颗磨粒磨抛的整个过程包括：滑擦（EP）、耕犁（PC）、和切削（CD）三个阶段。在实际加工过程中，因加工材料和环境不同，磨粒切削过程三个阶段在整个磨抛过程中所占比例也不一样[21]。

由上述分析可知，磨抛力可表示为：

$$F = F_{sliding} + F_{ploughing} + F_{cutting} \tag{6.77}$$

在机器人磨抛过程中，法向力 F_n 和切向力 F_t 相比于轴向力 F_a 数值较大，所占比重较多，对加工质量的影响也较大。同时，在机器人磨抛过程中通过采用力控制技术可以使法向磨抛力 F_n 保持不变。因此，只需要建立切向力 F_t 的三分力模型来分析微观机理。其主要包含滑擦分量 $F_{t \cdot sl}$、耕犁分量 $F_{t \cdot pl}$、切削分量 $F_{t \cdot ch}$，则可得：

$$F_t = F_{t \cdot sl} + F_{t \cdot pl} + F_{t \cdot ch} \tag{6.78}$$

机器人加工过程的磨抛力比可定义为切向力与法向力的比值[22]，则可得：

$$\mu = \frac{F_t}{F_n} = \frac{F_{t \cdot sl} + F_{t \cdot pl} + F_{t \cdot ch}}{F_n} \tag{6.79}$$

从能量的角度来说，以低能耗快速度去除材料，则认为机器人砂带磨抛加工过程是高效率的。因此，比磨削能被广泛地作为加工效率的衡量指标。在加工过程中，比磨削能定义为加工功率与材料去除率的比值[23]：

$$e_c = \frac{P}{Q_w} = \frac{F_t v_c}{Q_w} \tag{6.80}$$

式中，e_c 为比磨削能；P 为总功率；Q_w 为材料去除率；v_c 为砂带线速度。

随着熔融温度的接近，切屑吸收的能量受到剪切应力迅速减小的限制，则可以估算出切屑去除的能量，即比切削能。大多数砂带磨抛过程都是在短时间内将大量的能量集中到一小块材料中，从而实现材料的去除。通过计算和测量表明，磨粒的接触温度超过了材料的软化温度，并且接近熔化温度。因此，比切削能可估算为[24]：

$$e_{ch} = \rho C \theta_{mp} = \frac{F_{t \cdot ch} v_c}{Q_w} \tag{6.81}$$

式中，ρ 为材料的密度；C 是材料的比热容；θ_{mp} 是材料的熔点温度。

因此，切削摩擦系数可为：

$$\mu_{\mathrm{ch}} = \frac{F_{\mathrm{t \cdot ch}}}{F_{\mathrm{n}}} = \frac{\rho C \theta_{\mathrm{mp}} Q_{\mathrm{w}}}{F_{\mathrm{n}} v_{\mathrm{c}}} \tag{6.82}$$

根据文献 [23，24]，则耕犁摩擦系数可为：

$$\mu_{\mathrm{pl}} = \frac{F_{\mathrm{t \cdot pl}}}{F_{\mathrm{n}}} = \frac{2}{\pi} \left\{ \left(\frac{2R}{r}\right)^2 \arcsin \frac{r}{2R} - \left[\left(\frac{2R}{r}\right)^2 - 1\right]^{1/2} \right\} \tag{6.83}$$

式中，R 为平均磨粒半径；d 为压痕深度；r 为磨粒轴心与工件表面接触点距离，并且满足：

$$\begin{cases} R^2 = (R-d)^2 + r^2 & 2R > d \\ R = r & 2R \leqslant d \end{cases} \tag{6.84}$$

因此，式(6.79) 的总磨削力比系数为：

$$\mu = \mu_{\mathrm{sl}} + \frac{2}{\pi} \left\{ \left(\frac{2R}{r}\right)^2 \arcsin \frac{r}{2R} - \left[\left(\frac{2R}{r}\right)^2 - 1\right]^{1/2} \right\} + \frac{\rho C \theta_{\mathrm{mp}} Q_{\mathrm{w}}}{F_{\mathrm{n}} v_{\mathrm{c}}} \tag{6.85}$$

根据 6.4.2.2 节提出的材料去除量计算公式，可得：

$$\begin{cases} \mu_1 = \dfrac{F_{\mathrm{t1}}}{F_{\mathrm{n1}}} = \mu_{\mathrm{sl1}} + \dfrac{2}{\pi} \left\{ \left(\dfrac{2R}{r}\right)^2 \arcsin \dfrac{r}{2R} - \left[\left(\dfrac{2R}{r}\right)^2 - 1\right]^{1/2} \right\} + \dfrac{\rho C \theta_{\mathrm{mp}} Q_{\mathrm{w1}}}{F_{\mathrm{n}} v_{\mathrm{c}}} \\[3mm] \mu_2 = \dfrac{F_{\mathrm{t2}}}{F_{\mathrm{n2}}} = \mu_{\mathrm{sl2}} + \dfrac{2}{\pi} \left\{ \left(\dfrac{2R}{r}\right)^2 \arcsin \dfrac{r}{2R} - \left[\left(\dfrac{2R}{r}\right)^2 - 1\right]^{1/2} \right\} + \dfrac{\rho C \theta_{\mathrm{mp}} Q_{\mathrm{w2}}}{F_{\mathrm{n}} v_{\mathrm{c}}} \\[3mm] \mu_3 = \dfrac{F_{\mathrm{t3}}}{F_{\mathrm{n3}}} = \mu_{\mathrm{sl3}} + \dfrac{2}{\pi} \left\{ \left(\dfrac{2R}{r}\right)^2 \arcsin \dfrac{r}{2R} - \left[\left(\dfrac{2R}{r}\right)^2 - 1\right]^{1/2} \right\} + \dfrac{\rho C \theta_{\mathrm{mp}} Q_{\mathrm{w3}}}{F_{\mathrm{n}} v_{\mathrm{c}}} \end{cases} \tag{6.86}$$

并且根据传统方法和考虑切入切出现象计算的材料去除率的总磨削力比为：

$$\begin{cases} \mu_t = \dfrac{F_{\mathrm{t}}^0}{F_{\mathrm{n}}^0} = \mu_{\mathrm{sl}} + \dfrac{2}{\pi} \left\{ \left(\dfrac{2R}{r}\right)^2 \arcsin \dfrac{r}{2R} - \left[\left(\dfrac{2R}{r}\right)^2 - 1\right]^{1/2} \right\} + \dfrac{\rho C \theta_{\mathrm{mp}} Q_{\mathrm{wt}}}{F_{\mathrm{n}} v_{\mathrm{c}}} \\[3mm] \mu^0 = \dfrac{F_{\mathrm{t}}^0}{F_{\mathrm{n}}^0} = \mu_{\mathrm{sl}} + \dfrac{2}{\pi} \left\{ \left(\dfrac{2R}{r}\right)^2 \arcsin \dfrac{r}{2R} - \left[\left(\dfrac{2R}{r}\right)^2 - 1\right]^{1/2} \right\} + \dfrac{\rho C \theta_{\mathrm{mp}} Q_{\mathrm{w}}^0}{F_{\mathrm{n}} v_{\mathrm{c}}} \end{cases} \tag{6.87}$$

式中，μ_1、μ_2 和 μ_3 分别为切入、中间和切出部分的磨抛力比系数；μ_t 为考虑切入切出现象的磨抛力比系数，μ^0 为传统方法计算的磨抛力比系数。F_{t1}、F_{t2}、F_{t3} 分别为切入、中间和切出部分的切向磨抛力；F_{n1}、F_{n2}、F_{n3} 分别为切入、中间和切出部分的法向磨抛力；F_{t0} 和 F_{n0} 是整条磨抛路径的实际切向和法向平均磨抛力。

因此，切向力在切入、中间和切出部分的三分力模型为：

$$\begin{cases} F_{t \cdot ch1} = \mu_{ch1} F_n = \dfrac{\rho C \theta_{mp} Q_{w1}}{F_n v_c} F_n \\[3mm] F_{t \cdot ch2} = \mu_{ch2} F_n = \dfrac{\rho C \theta_{mp} Q_{w2}}{F_n v_c} F_n \\[3mm] F_{t \cdot ch3} = \mu_{ch3} F_n = \dfrac{\rho C \theta_{mp} Q_{w3}}{F_n v_c} F_n \end{cases} \tag{6.88}$$

$$\begin{cases} F_{t \cdot sl1} = \mu_{sl1} F_n = (\mu_1 - \mu_{ch1} - \mu_{pl1}) F_n \\[2mm] F_{t \cdot sl2} = \mu_{sl2} F_n = (\mu_2 - \mu_{ch2} - \mu_{pl2}) F_n \\[2mm] F_{t \cdot sl3} = \mu_{sl3} F_n = (\mu_3 - \mu_{ch3} - \mu_{pl3}) F_n \end{cases} \tag{6.89}$$

$$\begin{cases} F_{t \cdot pl1} = \mu_{pl1} F_n = \dfrac{2}{\pi} \left\{ \left(\dfrac{2R}{r}\right)^2 \arcsin \dfrac{r}{2R} - \left[\left(\dfrac{2R}{r}\right)^2 - 1\right]^{1/2} \right\} F_n \\[3mm] F_{t \cdot pl2} = \mu_{pl3} F_n = \dfrac{2}{\pi} \left\{ \left(\dfrac{2R}{r}\right)^2 \arcsin \dfrac{r}{2R} - \left[\left(\dfrac{2R}{r}\right)^2 - 1\right]^{1/2} \right\} F_n \\[3mm] F_{t \cdot pl3} = \mu_{pl3} F_n = \dfrac{2}{\pi} \left\{ \left(\dfrac{2R}{r}\right)^2 \arcsin \dfrac{r}{2R} - \left[\left(\dfrac{2R}{r}\right)^2 - 1\right]^{1/2} \right\} F_n \end{cases} \tag{6.90}$$

(2) 机器人磨抛过程比磨削能建模

在机器人砂带磨抛过程中，高效加工会产生较低的比磨削能，而低效加工则需要较高的比磨削能。Kannapan 和 Malkin[25] 提出将砂带磨抛加工过程中产生的能量分成三个部分，分别为切削比能 e_{ch}、犁耕比能 e_{pl} 和滑擦比能 e_{sl}。

$$e_c = e_{ch} + e_{pl} + e_{sl} \tag{6.91}$$

滑擦比能 e_{sl} 定义为与磨粒面实际摩擦面积成比例的能量分量，则滑擦比能与磨粒磨损面积的关系为：

$$e_{sl} = \dfrac{\mu_{sl} F_{ns} v_c}{Q_w} \tag{6.92}$$

式中，μ_{sl} 为滑擦力摩擦系数；$\mu_{sl} F_{ns}$ 定义为克服滑擦力所需的切向力的一部分 $F_{t \cdot sl}$，则式(6.92)变为：

$$e_{sl} = \dfrac{F_{t \cdot sl} v_c}{Q_w} \tag{6.93}$$

Malkin[26] 认为，随着材料去除率的增加，滑擦比能降低，而切削比能保持不变。因此，在切入部分（e_{c1}）、中间部分（e_{c2}）和切出部分（e_{c3}）的总比磨削能为：

$$\begin{cases} e_{c1} = \dfrac{F_{t1} v_c}{Q_{w1}} \\[3mm] e_{c2} = \dfrac{F_{t2} v_c}{Q_{w2}} \\[3mm] e_{c3} = \dfrac{F_{t3} v_c}{Q_{w3}} \end{cases} \tag{6.94}$$

在切入部分（e_{ch1}）、中间部分（e_{ch2}）和切出部分（e_{ch3}）的切削比能为：

$$e_{ch} = e_{ch1} = e_{ch2} = e_{ch3} = \rho C \theta_{mp} \qquad (6.95)$$

在切入部分（e_{sl1}）、中间部分（e_{sl2}）和切出部分（e_{sl3}）的滑擦比能为：

$$\begin{cases} e_{sl1} = \dfrac{F_{t \cdot sl1} v_c}{Q_{w1}} \\[3mm] e_{sl2} = \dfrac{F_{t \cdot sl2} v_c}{Q_{w2}} \\[3mm] e_{sl3} = \dfrac{F_{t \cdot sl3} v_c}{Q_{w3}} \end{cases} \qquad (6.96)$$

因此，在切入部分（e_{pl1}）、中间部分（e_{pl2}）和切出部分（e_{pl3}）的耕犁比能为：

$$\begin{cases} e_{pl1} = e_{c1} - e_{ch1} - e_{sl1} \\ e_{pl2} = e_{c2} - e_{ch2} - e_{sl2} \\ e_{pl3} = e_{c3} - e_{ch3} - e_{sl3} \end{cases} \qquad (6.97)$$

（3）机器人磨抛钛合金试块试验分析

如表 6-5 所示，根据表 6-3 中的 27 组磨抛工艺参数来选择 9 组进行正交单因素实验。其中，砂带线速度 v_c 为 8.37m/s、12.56m/s、16.75m/s，机器人进给速度 v_r 为 20mm/s、40mm/s、60mm/s，法向磨抛力 F_n 为 40N、60N、80N。在每次试验后，用三轴运动测量平台来测量材料去除量，从而计算出对应材料去除率。

表 6-5　机器人磨抛钛合金试块工艺参数表

序号	$v_r/$ (mm/s)	$v_c/$ (m/s)	$F_n/$ N	切入部分			中间部分			切出部分		
				$F_{n1}/$ N	$F_{t1}/$ N	$Q_{w1}/$ (mm³/s)	$F_{n2}/$ N	$F_{t2}/$ N	$Q_{w2}/$ (mm³/s)	$F_{n3}/$ N	$F_{t3}/$ N	$Q_{w3}/$ (mm³/s)
1	20	12.56	40	43	35	48.28	40	29	24.63	38	30	17.23
2	20	12.56	60	63	47	65.86	60	46	31.34	58	44	21.54
3	20	12.56	80	83	64	81.59	80	60	38.34	78	58	25.71
4	40	8.37	40	44	27	68.02	39	25	12.22	38	23	9.17
5	40	12.56	40	46	32	93.04	38	28	39.59	37	28	31.44
6	40	16.75	40	45	34	35	39	23	23	38	25	22
7	20	16.75	80	82	54	59.5	80	50	12.5	78	56	8.75
8	40	16.75	80	81	58	40.5	80	52	25	79	52	22.5
9	60	16.75	80	78	57	41.25	79	49	7.5	77	53	6.75

表 6-6 为机器人磨抛钛合金试块不同工艺参数和不同阶段的磨抛力比结果。可以发现，在力控制策略下，不管是采用传统的材料去除率计算方法还是采用本节的考虑切入切出现象的材料去除率计算方法，所获得的总磨抛力比系数总是在 0.62~0.86 的范围内，不仅表明其具有较高的能量利用效率，还表明其加工过

程具有稳定性和可靠性。

表 6-6　机器人加工钛合金试块不同阶段的磨削力比结果

序号	μ_1	μ_2	μ_3	μ_t	μ^0
1	0.854	0.725	0.789	0.756	0.756
2	0.783	0.767	0.759	0.767	0.767
3	0.810	0.75	0.744	0.772	0.772
4	0.643	0.641	0.605	0.667	0.667
5	0.744	0.737	0.757	0.721	0.721
6	0.810	0.590	0.658	0.690	0.690
7	0.675	0.625	0.718	0.725	0.725
8	0.734	0.650	0.658	0.722	0.722
9	0.731	0.620	0.688	0.7731	0.7731

图 6-40 所示为在砂带线速度（12.56m/s）和机器人进给速度（20mm/s）不变而改变理论法向磨抛力的情况下，切入部分、中间部分和切出部分的切削力、耕犁

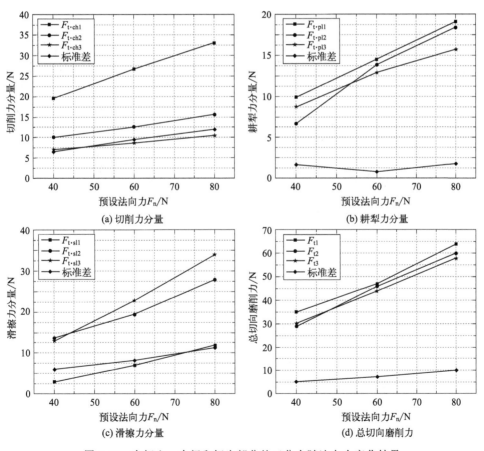

(a) 切削力分量　　　　　　　　　　(b) 耕犁力分量

(c) 滑擦力分量　　　　　　　　　　(d) 总切向磨削力

图 6-40　在切入、中间和切出部分的三分力随法向力变化结果

力和滑擦力分量和总切向力的结果。结果表明，切向力及其三分力，即切削力、耕犁力和滑擦力在切入部分中间部分和切出部分与法向磨抛力呈正相关。并且，切削力分量变化最为明显，在切入部分的数值大小是中间部分的 2 倍，而切出部分相对较小，这在一定程度上反映了切入切出部分的"过磨"和"欠磨"。在给定法向力的情况下，滑擦力分量在切入部分远小于中间部分和切出部分的数值；耕犁力分量在切入部分、中间部分和切出部分的变化不大；同时切削力分量标准差最大，耕犁力分量标准差最小。总的来说，在法向力变化情况下考虑切入切出的三分力变化规律为：在切入部分有 $F_{t \cdot ch} > F_{t \cdot pl} > F_{t \cdot sl}$；在中间部分和切出部分有 $F_{t \cdot sl} > F_{t \cdot pl} > F_{t \cdot ch}$。这与 Zhu 等[20,27] 的研究结果不同，其为 $F_{t \cdot sl} > F_{t \cdot pl} > F_{t \cdot ch}$，主要是未考虑切入切出现象所带来的影响。虽然随着法向磨抛力的增大，总切向力的标准差变化较小，但是当法向力为 60N 时，法向力在切入、中间和切出部分的数值都基本接近 45N，显示出较好的加工表面质量。

实际上，可通过增加法向磨抛力来获得更大的材料去除深度或材料去除率，这涉及砂带磨抛效率，其定义为切削比能与总比磨削能之比。图 6-41 为切入部

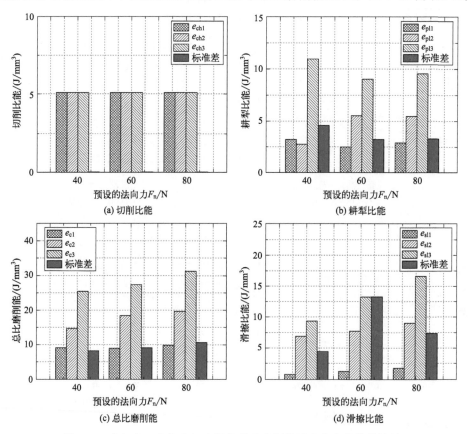

图 6-41 在切入、中间和切出部分的比磨削能随法向力变化的结果

分、中间部分和切出部分的切削比能、耕犁比能、滑擦比能和总比磨削能结果。从图中可以看出，在机器人加工过程中，切入部分、中间部分和切出部分的比磨削能始终保持在 5.106J/mm³，表明机器人砂带磨抛过程中采用力控制技术可以提高加工效率。不同于切削比能，耕犁比能和滑擦比能随着法向磨抛力的增加而增加，但切入部分的耕犁比能先减小后增加。总体来说，切出部分总比磨削能是切入部分的 2 倍左右，表明加工效率较差，其变化规律为 $e_{c1} < e_{c2} < e_{c3}$，间接证明了在切入部分和切出部分产生 "过磨" 和 "欠磨"，也表明在中间部分和切出部分需要降低滑擦比能和耕犁比能来避免能量的过度浪费，从而提高加工效率。总比磨削能标准差随法向力增大而增大，但增加幅度较小，基本保持 10J/mm³ 左右，这表明法向力达到一定程度时对比磨削能的影响较小。因此，为提高能量利用率，保证机器人砂带磨抛过程稳定性，法向力应选择 60N。

如图 6-42 所示为机器人的进给速度（40mm/s）和法向磨抛力（40N）保持不变而砂带线速度变化时，切削力、耕犁力、滑擦力及总切向磨削力的变化情

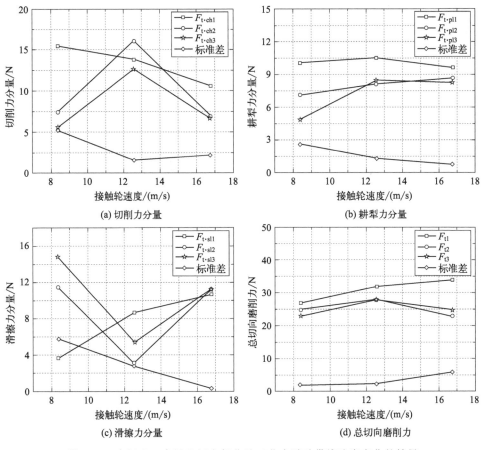

(a) 切削力分量　　　　　　　　　　(b) 耕犁力分量

(c) 滑擦力分量　　　　　　　　　　(d) 总切向磨削力

图 6-42　在切入、中间和切出部分的三分力随砂带线速度变化的结果

况。实验结果表明，在机器人加工过程中，总切向磨抛力在切入部分与砂带线速度呈正相关，但是在中间部分和切出部分，其与砂带线速度存在着二次效应，即先增加后减小。而滑擦力、耕犁力和切削力没有统一的变化规律，但其在切入部分、中间部分和切出部分的变化数值随着砂带线速度的增加而逐渐减小，此时如果砂带线速度过小，则接触过程时间就会增加，从而"过磨"和"欠磨"就越严重。当砂带线速度为 8.37m/s 时，切削力分量、犁耕力分量和滑擦力分量的标准差最大，分别为 5N、3N、6N。总体来说，平均滑擦力占据主要比例，其次是耕犁力和切削力。相比于没有力控制的情况，在机器人加工过程中，平均滑擦力占总切向磨抛力的 45%，而在力控制实施的情况下，在切入部分、中间部分和切出部分占的比例分别为 41%、62% 和 65%。切向力的标准差随砂带线速度逐渐增加，但是，在砂带线速度为 12.56m/s 时，切向力在切入、中间和切出部分的数值最为接近，此时力波动最小，可得到更好的机器人加工质量。

从图 6-43 可以看出，在切入部分、中间部分和切出部分的切削比能数值都

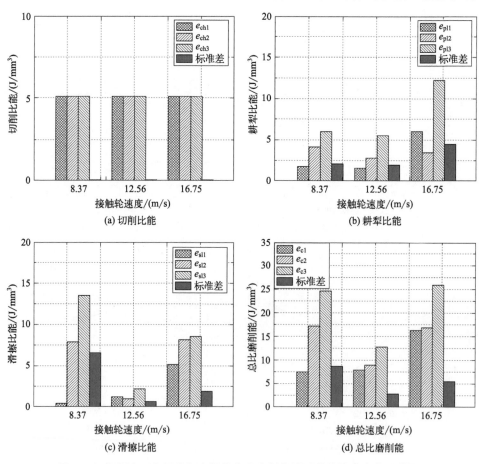

图 6-43　在切入、中间和切出部分的比磨削能随砂带线速度变化的结果

为 5.106J/mm³，表明在机器人砂带磨削过程中具有较高的加工效率。滑擦比能和耕犁比能在中间和切出部分的数值分别达到了 8J/mm³ 和 13J/mm³，6J/mm³ 和 12J/mm³，并且滑擦比能、耕犁比能和总比磨削能的标准差随砂带线速度变化先减小后增大，始终保持在 8J/mm³ 以内。比磨削能的变化规律为 $e_{c1} < e_{c2} < e_{c3}$；同时，e_{c1} 与砂带的线速度呈正相关，而 e_{c2} 和 e_{c3} 随着砂带线速度增加先减小后增加，总的比磨削能也是先减小后增加。这表明较小和较大的砂带线速度都会导致较低的切削效率，从而造成能源的过度浪费，尤其是在中间部分和切出部分更加明显。当砂带线速度为 12.56m/s 时，滑擦比能、耕犁比能和总比磨削能最小，其数值为 2.5J/mm³、2J/mm³ 和 1J/mm³。因此，砂带线速度应选择为 12.56m/s，从而能够避免能量耗费，达到预期的加工效率。

图 6-44 为在砂带线速度（16.75m/s）和法向磨抛力（80N）不变的情况下，机器人的进给速度对滑擦力、耕犁力和切削力在切入部分、中间部分和切出部分的影响。与砂带线速度变化规律不一样，随着机器人进给速度的变化，在切入部

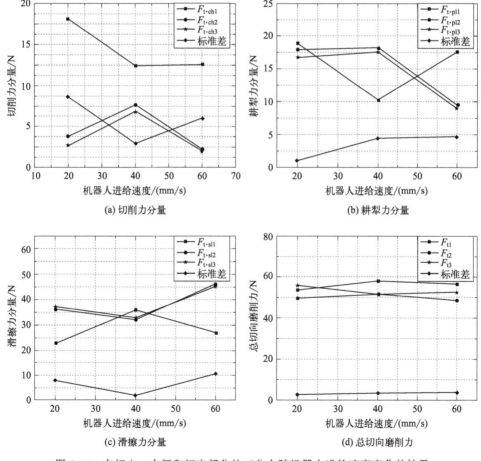

(a) 切削力分量　　　　　　　　　(b) 耕犁力分量

(c) 滑擦力分量　　　　　　　　　(d) 总切向磨削力

图 6-44　在切入、中间和切出部分的三分力随机器人进给速度变化的结果

分、中间部分和切出部分的切削力和滑擦力的差值及其标准差先减小后增加；最大的切削力差值可达到15N左右，而最大的滑擦力差值可达到17N左右。并且，在切入部分的切削力总是高于中间部分和切出部分，导致在切入部分产生严重的"过磨"。随着机器人进给速度的提高，耕犁力的差值在逐渐增加。随着机器人进给速度的增加，耕犁力和总切向磨削力的标准差随之增大，但当机器人进给速度达到40mm/s时，其值变化不大。总体来说，在机器人砂带磨抛过程中，对于较小或者较高的机器人进给速度，总的切向力变化分别为$F_{t3}>F_{t1}>F_{t2}$或者$F_{t1}>F_{t3}>F_{t2}$。因此，在机器人砂带磨抛钛合金试块的过程中，机器人进给速度不宜太小或太大，否则影响加工效率。

图6-45为在砂带线速度和法向磨削力不变的情况下，机器人的进给速度对滑擦比能、耕犁比能、切削比能和总比磨削能在切入部分、中间部分和切出部分的影响。与法向磨削力和砂带线速度的变化规律一样，切削比能在切入部分、中间部分和切出部分的数值都为5.106J/mm³，表明其具有较高的切削效率。而当

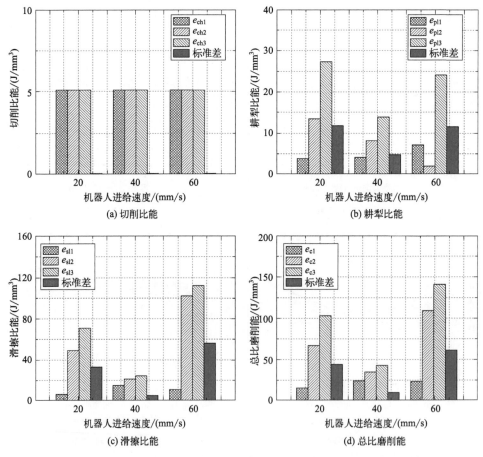

图 6-45　在切入、中间和切出部分的比磨削能随机器人进给速度变化的结果

机器人进给速度为 60mm/s 时，耕犁比能在切出部分高达 27J/mm^3，而滑擦比能在中间部分和切出部分分别高达 102J/mm^3 和 112J/mm^3，表明当机器人进给速度达到一定数值时，机器人与工件的磨抛接触过程太短，造成能量浪费，从而导致加工效率较低。总体来看，除了切入部分，总比磨削能随着机器人进给速度的增加先减小后增加，满足 $e_{c1} < e_{c2} < e_{c3}$。耕犁比能、滑擦比能和总比磨削能的标准差也随着机器人进给速度增大而逐渐减小，当机器人进给速度为 40mm/s时，数值最小，分别为 5J/mm^3、5J/mm^3 和 9J/mm^3。因此，机器人进给速度应选择 40mm/s，避免能量浪费，提高机器人砂带磨抛加工效率。

根据以上对砂带磨抛机理的分析，可得到机器人加工最优工艺参数组合 $v_c = 16.75$m/s，$v_r = 40$mm/s，$F_n = 60$N。图 6-46 为在此工艺参数下的机器人加工钛合金试块磨抛效果和表面粗糙度结果。可以发现，机器人加工结果能够满足表面质量要求（$Ra < 0.4\mu$m），并且机器人加工表面光滑柔顺。通过对三分力和比磨削能分析，不仅可以优化工艺参数，还在保证机器人加工效率的同时，提高加工质量。

图 6-46　机器人加工钛合金试块磨抛效果和粗糙度结果

参 考 文 献

[1]　霍文国，徐九华，傅玉灿. 近 α 钛合金砂带磨削的磨粒磨损研究 [J]. 山东大学学报（工学版），2010，40（1）：53-58.

[2]　杨龙. 机器人砂带磨抛力建模及其在钛合金叶片加工中的应用 [D]. 武汉：华中科技大学，2015.

[3]　Qi J，Zhang D，Li S，et al. A micro-model of the material removal depth for the polishing process [J]. International Journal of Advanced Manufacturing Technology，2016，86（9-12）：2759-2770.

[4]　Wu S，Kazerounian K，Gan Z，et al. A simulation platform for optimal selection of robotic belt grinding system parameters [J]. International Journal of Advanced Manufacturing Technology，2013，64（1-4）：447-458.

[5]　Zhang Y，Tam H Y，Yuan C-M，et al. An investigation of material removal in polishing with fixed abrasives [J]. Proceedings of the Institution of Mechanical Engineers，Part B：Journal of Engineering Manufacture，2002，216（1）：103-112.

[6]　赵燕涛. 自由曲面变压力砂带磨削相关技术的研究 [D]. 沈阳：东北大学，2014.

[7] Wang W，Liu F，Liu Z，et al. Prediction of depth of cut for robotic belt grinding [J]. International Journal of Advanced Manufacturing Technology，2017，91：699-708.

[8] 吴昌林，丁和艳，陈义. 材料去除深度与磨粒的关系建模方法研究 [J]. 中国机械工程，2011，22 (3)：300-304.

[9] 黄云，黄智. 现代砂带磨削技术及工程应用 [M]. 重庆：重庆大学出版社，2009.

[10] Qu C，Lv Y，Yang Z，et al. An improved chip-thickness model for surface roughness prediction in robotic belt grinding considering the elastic state at contact wheel-workpiece interface [J]. International Journal of Advanced Manufacturing Technology，2019，104 (5-8)：3209-3217.

[11] 吴昌林，丁和艳，陈义. 材料去除深度与磨粒的关系建模方法研究 [J]. 中国机械工程，2011，22 (3)：300-304.

[12] Xie Y，Williams J A. The prediction of friction and wear when a soft surface slides against a harder rough surface [J]. Wear，1996，196 (1-2)：21-34.

[13] Axinte D，Butler-Smith P，Akgun C，et al. On the influence of single grit micro-geometry on grinding behavior of ductile and brittle materials [J]. International Journal of Machine Tools and Manufacture，2013，74：12-18.

[14] 黄云，杨春强，黄智. 304 不锈钢砂带磨削试验研究 [J]. 中国机械工程，2011，3：291-295.

[15] 吴建强，黄云. 船用螺旋桨叶片四坐标砂带磨削的研究 [J]. 机械科学与技术，2011，30 (8)：1226-1229.

[16] 黄智. 叶片型面数控砂带磨削技术基础及应用研究 [D]. 重庆：重庆大学，2010.

[17] 李鑫. 镁合金产品表面砂带磨削基础技术研究 [D]. 重庆：重庆大学，2008.

[18] 王洋. 核电高压容器壳体堆焊层高效砂带磨削基础技术研究 [D]. 重庆：重庆大学，2007.

[19] 陈延君，黄云，朱凯旋，等. 国内外砂带技术的发展及应用 [J]. 航空制造技术，2007，7：86-91.

[20] Zhu D，Xu X，Yang Z，et al. Analysis and assessment of robotic belt grinding mechanisms by force modeling and force control experiments [J]. Tribology International，2018，120：93-98.

[21] Rowe W B. Principles of modern grinding technology [M]. New York：William Andrew，Inc.，2009.

[22] Marinescu I D，Rowe W B，Dimitrov B，et al. Tribology of abrasive machining processes [M]. New York：William Andrew，Inc.，2004.

[23] Venkatachalam S，Liang S Y. Effects of ploughing forces and friction coefficient in microscale machining [J]. Journal of Manufacturing Science and Engineering，2007，129：274-80.

[24] Peng L F，Mao M Y，Fu M W，et al. Effect of grain size on the adhesive and ploughing friction behaviours of polycrystalline metals in forming process [J]. International Journal of Mechanical Sciences，2016，117：197-209.

[25] Kannapan S，Malkin S. Effects of grain size and operating parameters on the mechanics of grinding [J]. Journal of Engineering for Industry，1972，94：833-842.

[26] Malkin S. Grindingtechnology [M]. Ellis Horwood，1989.

[27] Zhu D，Luo S，Yang L，et al. On energetic assessment of cutting mechanisms in robot-assisted belt grinding of titanium alloys [J]. Tribology International，2015，90：55-59.

应用案例篇

第**7**章

机器人磨抛典型应用案例

通过以上对机器人磨抛系统误差建模及补偿、机器人系统标定与测量、机器人磨抛恒力控制、机器人磨抛轨迹规划和机器人磨抛工艺机理探索等关键技术的研究，形成了一套完整的机器人"测量-加工"一体化理论、方法和工艺软件。本章旨在将上述关键技术应用到压气机叶片、增材修复叶片和大型车身等典型复杂零件的机器人磨抛加工中，从而提升加工质量和效率。

7.1 压气机叶片机器人砂带磨抛应用

压气机叶片是航空发动机和燃气轮机中数量最多、直接参与能量转换的关键零件，其加工精度和表面质量直接决定了动力设备使用性能、作业效率和使役寿命。压气机叶片大多采用合金化程度很高的热强钢、钛合金以及高温合金等难加工材料，设计为薄壁、弯扭曲零件，经过精锻、精铸、冷轧或者机加工后，均需对其型面进行磨抛加工，以此来保证轮廓精度和表面光洁度。

7.1.1 叶片机器人砂带磨抛系统组成

压气机叶片机器人砂带磨抛研究涉及机器人技术、砂带磨抛技术、传感测量技术、力控制技术和加工工艺机理等[1]，其系统主要由硬件系统和软件系统组成。其中，硬件系统包括机器人加工系统、机器人标定系统、机器人测量系统和机器人力控制系统；软件系统包括机器人运动控制软件、离线编程软件、机器人力控制软件、机器人加工系统集成软件和三轴运动平台测量软件。这些子系统集成能够实现压气机叶片机器人自动化磨抛，提升叶片加工质量与效率。

7.1.1.1 机器人砂带磨抛硬件系统

如图 7-1 所示，机器人砂带磨抛硬件系统主要包括机器人、磨抛机、扫描仪、力传感器、总控柜、探针、标准球、上下料机构、压气机叶片及工装等，可进一步细分为机器人加工硬件系统、标定硬件系统、测量硬件系统和力控制硬件系统。

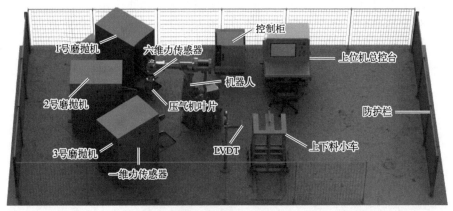

图 7-1　机器人砂带磨抛系统总布局

（1）机器人加工硬件系统

机器人加工硬件系统可以分为 6 个部分：

① 机器人部分：机器人为 ABB 公司的 IRB4400-60/1.96，其末端最大负载为 60kg，工作半径为 1.96m，重复定位精度为 0.19mm。该机器人单独配置了连杆机构和配重模块，提高了机器人的静态和动态刚性，保证了加工过程中机器人自身的稳定性和可靠性，从而为叶片精密加工提供了基础与保证。

② 磨抛机部分：磨抛机型号为 HS-R136，其本体结构与软件界面如图 7-2所示。磨抛机系统包含 3 台磨抛机。1 号磨削机用于压气机叶片粗磨工序，采用 P120 的 Hermit 碳化硅砂带，该过程去除压气机叶片铣削加工后的刀纹；2 号磨削机用于压气机叶片精磨工序，采用 P180 或 P240 的 Hermit 碳化硅砂带，该过程主要对粗磨工序的磨削痕迹进行平整化，提高型面精度；3 号磨削机用于压气

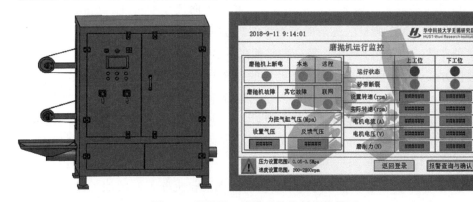

图 7-2　磨抛机三维模型及控制软件界面

机叶片抛光工序，采用尼龙带，该过程主要是对精磨后的表面进行抛光，降低表面粗糙度，提高光洁度。

③ 上下料部分：机器人磨抛系统上下料装置为自行设计研发，如图7-3所示，其主要结构包含小车、小车定位架、传感器支架和叶片夹具等，其中底部的小车定位架用于小车导向及定位夹紧；小车定位架主要由热轧普通槽钢焊接而成，小车主要结构由冷弯空心方钢焊接而成；小车移动使用脚轮，导向定位用螺栓式轨迹滚轮。

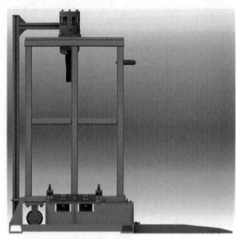

图 7-3　机器人磨抛加工系统上下料装置结构图

④ 操作台部分：操作台是整个机器人磨抛系统操作与控制中心，负责所有生产流程的控制。其中，操作台内部嵌入计算机、工业交换机、PLC控制器和总控开关等设备，为机器人、传感器、扫描仪、控制柜等机器人系统外围设备提供通信接口；操作台外部安装计算器显示屏、总控开关、工作状态按钮等，为操作人员提供了人机交互界面和可控开关，实现机器人磨抛系统集中操作与控制。

⑤ 压气机叶片工装部分：压气机叶片长度方向尺寸不超过260mm，有一定的扭转角度，属于典型的复杂曲面类零件。根据叶片的几何特征，自行研发设计了两种夹具，如图7-4所示。第一种采用机械装夹方式，快换机构采用气缸与滚珠连接方式，能够快速自动地进行叶片的抓取与释放；第二种为自动装夹方式，直接将叶片放置物料小车上，机器人自动进行抓取与释放，其动作是由气缸伸缩与信号变化来实现。工装夹具、压气机叶片、快换机构等与上下料小车一起组成闭环，通过停放到固定位置，实现机器人自动取放叶片，为后续磨抛加工和自动化测量做准备。

⑥ 系统集尘部分：采用高负压集尘系统来回收机器人磨抛加工过程产生的金属粉尘，其型号为广州普华环保设备有限公司生产的JS9-30。在生产过程中所

图 7-4　压气机叶片夹具三维模型

产生的粉尘和气体分别被吸进集尘器内，定期将粉尘自动抖落在集尘箱内，及时将粉尘卸出，从而保持稳定可靠的集尘效果。

（2）机器人标定硬件系统

机器人标定硬件系统布局如图 7-5 所示，包括机器人、固定探针、活动探针、标准球、磨抛机等。其中，需要标定的坐标系有固定探针坐标系、活动探针坐标系、标准球坐标系、工具（磨抛机）坐标系和工件（叶片）坐标系等。通过标定机器人磨抛系统坐标系，从而建立起不同设备之间的空间位置和姿态关系，保证加工过程的有效性和精确性。

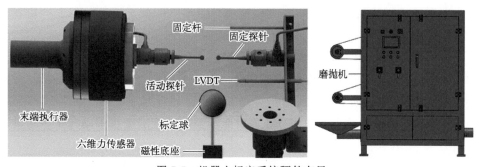

图 7-5　机器人标定系统硬件布局

（3）机器人测量硬件系统

机器人磨抛加工测量硬件系统主要用于机器人加工前后工件表面参数的测量，从而进行对比衡量加工质量的好坏。根据压气机叶片加工需求将对应测量指标分为材料去除量测量、表面轮廓测量和表面粗糙度测量。

① 材料去除量测量

材料去除量测量装置主要包含直线位移传感器（LVDT）和三轴运动控制系统。机器人磨抛加工属于精加工，材料去除量较小，一般都是微米级以上，因此采用分辨率为 0.1μm 的 LVDT 来进行接触式测量，获取加工工件的材料去除量。LVDT 采用基恩士的 GT2-PA12K 型号，测量范围为 12mm，分辨率为 0.1μm，精度为 1μm，测量力为 1N，测量周期为 4ms，机械响应为 10Hz。采用 USB 与上位机进行通信连接，利用差动变压原理进行实时测量。三轴运动控制系统根据测量需求自行搭建，其机械结构采用 xyz 轴的形式。如图 7-6 所示，其控制柜上安装有 x 轴移动机构，龙门支架上安装有 y 轴移动机构，y 轴移动机构上安装有 z 轴移动机构。

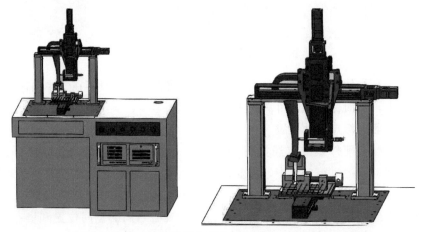

图 7-6   三轴 LVDT 机器人磨抛加工材料去除量测量装置

三轴运动控制系统硬件包括 IPC 机体、完整 NC 单元、驱动器、电机等。IPC 机体提供了一个软件的开发平台（Windows 操作系统），在控制系统的开发过程中，根据完整 NC 单元提供的 SDK（软件开发包）开发出专用的数控系统。控制系统以完整 NC 单元为核心，如图 7-7 所示。其中，IPC 通过以太网通信与 NC 单元交换信息，向 NC 单元输出运动控制指令以及运动参数，NC 单元通过转接板向伺服驱动器输出控制信号，再由驱动器驱动伺服电机带动各个轴运动，

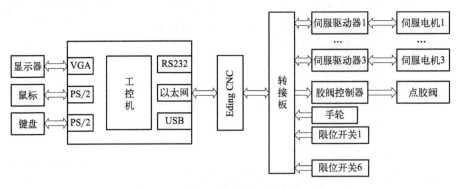

图 7-7   三轴运动控制系统硬件结构图

同时 NC 单元也接收来自伺服电机上编码器以及各轴的限位开关的反馈信号，以实现对各轴运行位置的检测和限位控制。三轴运动系统的控制精度可达到 $5\mu m$，分辨率为 $0.1\mu m$，能够满足压气机叶片材料去除量测量过程中的运动控制需求。

② 表面轮廓测量

型面精度是衡量压气机叶片加工质量的重要指标之一。机器人磨抛加工后需要对不同位置的叶片截面进行扫描测量，获取对应位置的型面参数，从而与理论误差范围进行比较，确定叶片加工型面是否合格。型面测量设备三坐标测量机（CMM）如图 7-8 所示，其型号为温泽 Xorbit 系列，具有 5 个自由度，分别为 xyz 和 AB 方向。

图 7-8　气机叶片三坐标轮廓测量装置

③ 表面粗糙度测量

表面粗糙度是衡量压气机叶片质量的又一个关键指标。通过测量叶片表面不同部位的粗糙度来衡量叶片加工质量，粗糙度测量装置型号为日本三丰公司的 SJ-210 系列。其测量范围为 x 轴 $17.5mm$、z 轴 $360\mu m$，分辨率为 $0.02\mu m$。测量力为 $0.75mN$，测量速度分别为 $0.25mm/s$、$0.5mm/s$ 和 $0.75mm/s$。

(4) 机器人力控制硬件系统

机器人磨抛过程中的接触力不仅影响材料去除量，还影响加工的表面质量，因此需要进行力控制。如图 7-9 所示，机器人磨抛过程力控制硬件包含机器人、六维力传感器、工装夹具及叶片、上位机、数据采集卡 DAQ 和 PXI 机箱等。通过机器人末端安装的六维力传感器来感知机器人磨抛过程中的力信息，并通过相应的力控制算法来保证机器人加工过程的稳定性，从而提高工件表面加工质量。

六维力传感器型号为 ATI Omega 160 系列，其测量参数如表 7-1 所示。数据采集系统采用的是 NI PXIe 4492 数据采集卡和 1073 机箱。其具体参数为：8 通道动态数据采集、24 位分辨率、自带抗混叠滤波器和电流激励、最大采样频率为 $204.8kS/s$，具有单端信号输入和伪差分信号输入等多种方式。将 4492 数

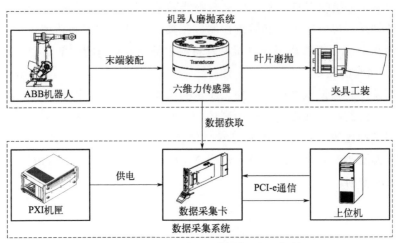

图 7-9　机器人磨抛加工力控制系统硬件装置

据采集卡安装在 1073 机箱中，可减少外界的信号干扰和电磁干扰，保证信号的真实度。

表 7-1　ATI Omega 160 传感器参数信息

Omega160 传感器	F_x/N	F_y/N	F_z/N	T_x/N·m	T_y/N·m	T_z/N·m
测量范围	±1500	±1500	±3750	±240	±240	±240
测量精度	1/16	1/16	1/8	1/160	1/160	1/160
测量不确定性	1.50%	1.50%	1.25%	1.00%	1.25%	1.25%
测量置信等级	95%	95%	95%	95%	95%	95%

7.1.1.2　机器人砂带磨抛软件系统

机器人砂带磨抛软件系统分为：机器人编程控制软件 RobotStudio、机器人离线编程软件 Blade Machining、机器人加工系统集成软件 RobotGrinder、机器人加工力控制软件 Robot Force Control 和三轴运动平台测量软件 GT-Monitor。这几部分软件共同对机器人磨抛加工过程进行监控与管理，实现精细化、精密化、一体化加工。

(1) 机器人编程控制软件 RobotStudio

RobotStudio 是 ABB 公司专门开发的工业机器人离线编程软件，主要用于对机器人单元进行工作站的创建、三维建模、离线编程、离线仿真和在线操作与控制。它能够提供与真实加工环境相匹配的仿真环境，建立对应的工作站，进行离线仿真，实现对真实工作站的布局优化和加工路径优化等。

(2) 机器人离线编程软件 Blade Machining

RobotStudio 是一款通用型软件，可以实现机器人离线编程与在线控制。但针对型面较为复杂的零件无法满足轨迹规划的要求，并且操作过程复杂，轨迹精度也无法保证。压气机叶片具有复杂曲面特征，因此需要根据叶片型面特征进行二次开发，完成相应的加工路径离线规划，如图 7-10 所示。

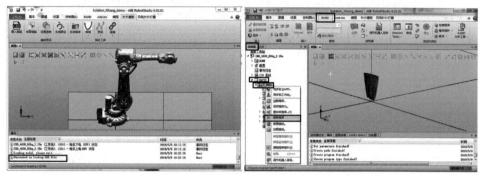

图 7-10　机器人磨抛加工离线编程软件 Blade Machining

如图 7-11 所示，通过 C♯编程语言与 RobotStudio 软件提供的功能函数在 Visual Studio2010 软件中编程，实现离线编程软件 Blade Machining 开发。其包含了 5 项主要功能和 3 项辅助功能，主要功能有载入模型、修剪模型、设置参数、生成路径和生成程序，辅助功能有曲线功能、路径功能、连接功能。

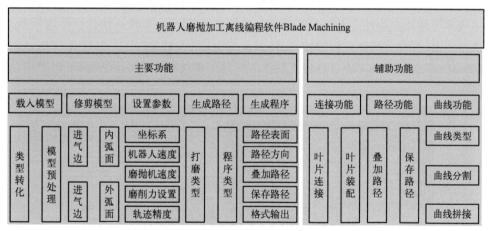

图 7-11　离线编程软件 Blade Machining 功能图

(3) 机器人加工力控制软件 Robot Force Control

基于 LabVIEW 软件平台开发了机器人力控制软件 Robot Force Control（RFC），对机器人磨抛加工过程中的接触力进行监控，其软件界面如图 7-12 所示。力控制软件主要功能包含电压信号获取与处理、零点漂移补偿和重力补偿、期望力信号转化、力控制策略、力控制磨削加工效果。叶片机器人砂带磨抛加工力控制软件主要在机器人砂带磨削加工过程中对磨抛机进行实时控制，保证了加工过程稳定性。相比于手动加工，不仅提高了加工效率，改善了加工环境，还提高了加工的表面一致性。

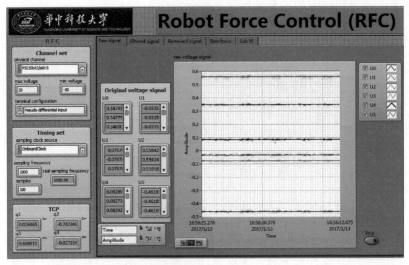

图 7-12　压气机叶片机器人力控制软件 Robot Force Control

(4) 机器人加工系统集成软件 RobotGrinder

压气机叶片机器人磨抛加工系统包含不同的硬件设备与软件操作，为提高加工效率与操作灵活性，对加工系统进行集成软件开发，实现一体化操作与控制。根据 ABB 提供的机器人控制器 SDK 以及 COGNEX 的 DS1100 扫描仪 SDK，在 VS2010 平台上采用 C♯ 进行集成软件的开发，集成软件 RobotGrinder 如图 7-13 所示。

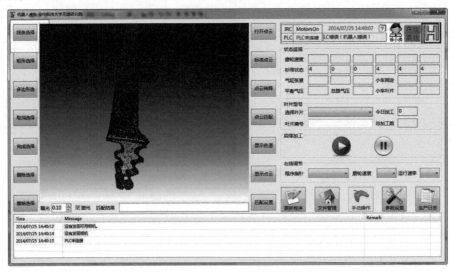

图 7-13　压气机叶片机器人加工系统集成软件 RobotGrinder

结合压气机叶片机器人磨抛加工需求，软件的功能如图 7-14 所示。它具有易操作性和集成性，让用户对叶片机器人磨抛标定、抓取、扫描、磨削以及卸货操作流程一目了然，除了主要功能还附带小工具，包括更新程序、参数设置、文件管理、手动操作、生产日志、点云扫描等，并会根据系统状态进行相应检测和排查。

图 7-14　压气机叶片机器人加工系统集成软件 RobotGrinder 功能图

(5) 三轴运动平台测量软件 GT-Monitor

三轴运动测量平台主要由三轴运动系统和 LVDT 测量系统组成，三轴运动软件 EdingCNC 采用 QT 进行针对性开发，如图 7-15 所示，主要用来控制三轴平台的启停、xyz 方向的运动等。LVDT 测量软件 GT-Monitor 为 LVDT 自带，主要用来测量加工零件对应的材料去除量。三轴运动平台的行程范围为 x/y 轴 235mm，z 轴 135mm，可以完成工件的型面加工量测量需求。

软件结构图如图 7-16 所示，主要包含人机交互层、任务层、决策层、执行层和感知层，共同完成平台的运动控制。其中，人机交互层包含 OpenGL 加工路径显示、参数设置和任务分配；任务层包含任务调度、任务分解和任务接收；决策层包含传感器信息处理、传感器信息决策和行为规划；执行层包含胶阀开关控制与各轴运动控制等；感知层包含运动超程检测、原点检测、伺服电机错误检测和运动控制卡错误检测。

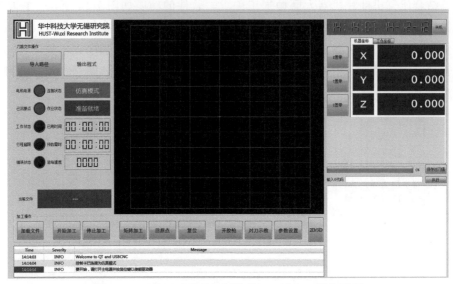

图 7-15　三轴运动平台控制软件 EdingCNC 操作界面

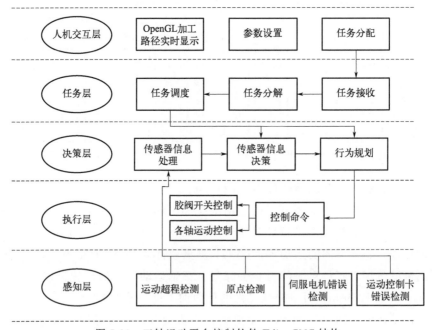

图 7-16　三轴运动平台控制软件 EdingCNC 结构

　　压气机叶片机器人砂带磨抛系统工作流程如图 7-17 所示，由前期准备阶段、中期加工阶段和后期测量阶段这三个阶段组成。前期准备阶段包括叶片加工前形貌测量、系统坐标系标定、加工路径离线编程等；中期加工阶段包括加工程序调试与修改、叶片抓取与放置、叶片磨抛加工等；后期测量阶段包括叶片加工后形貌测量、叶片粗糙度测量、叶片轮廓测量等。通过集成软件进行叶片加工操作监控，从而实现加工测量一体化操作，完成压气机叶片的加工要求。

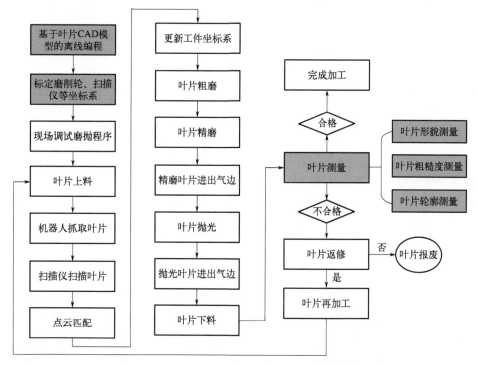

图 7-17　压气机叶片机器人磨抛系统工作流程

① 前期准备阶段：将叶片 CAD 模型导入 RobotStudio 软件中，使用开发的离线编程插件进行加工路径规划，并根据实际加工环境建立仿真环境，进行仿真调试，进一步修改对应程序。通过三轴运动测量平台对加工前的叶片进行表面测量，获取加工前的相关位置数据。对叶片机器人加工系统的坐标系进行标定，获取其空间中的位置与姿态，为后续精确精准加工做准备。

② 中期加工阶段：首先机器人通过上下料小车来实现自动装夹叶片，通过对叶片自动扫描，获取当前坐标系下的点云信息，经过与理论模型匹配，得到叶片实际与理论位置的装夹误差，从而更新工件坐标系，确保高精高效加工。根据加工叶片材料去除量与光洁度需求，将整个磨抛加工过程分为粗磨、精磨和抛光三个步骤。由于叶片进出气边非常薄，易发生烧伤与过磨，且尺寸公差要求严格，因此采用接触轮上方悬空部位的砂带对叶片进出气边进行磨抛工作，保证其加工灵活性与柔性。

③ 后期测量阶段：叶片加工完成后系统输出整个磨抛过程的加工参数，并测量加工后的表面形貌、叶片的表面粗糙度与轮廓度，从而对叶片进行质量评

估。可以返修的叶片应当重新进行加工，再进行检测，看是否符合加工需求；加工合格的叶片进行记录，并输送到下一工艺环节，进行喷丸处理，去除表面和内部残余应力；不合格叶片需要进行记录，并分析不合格原因，从而进行工艺参数和系统参数调整与改善。

7.1.2　叶片型面机器人砂带磨抛

压气机叶片型面主要分为内弧面和外弧面，其机器人砂带磨抛如图 7-18 所示。叶片机器人砂带磨抛属于弹性接触过程，因此实际的接触区域不单单是一条直线，而是一块类似矩形的区域，其接触压强分布随接触点位置变化而改变。接触问题是非线性多场景的耦合问题，Hertz 假设接触轮和自由曲面工件的接触具有半椭圆形球面压强分布和椭圆接触面积的特征[1,2]，如图 7-19 所示，根据胡克定律分析了接触表面接触应力和变形，并做出以下假设：

① 接触物体的弹性变形符合胡克定律；

② 载荷垂直于接触面，即接触面是完全光滑的，在物体之间没有接触摩擦；

③ 与接触面的曲率半径相比，接触面积较小。

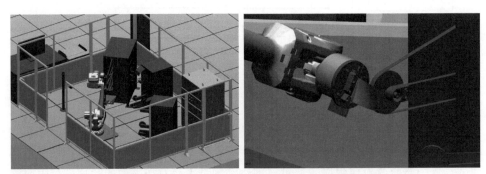

图 7-18　压气机叶片型面机器人粗加工和精加工过程

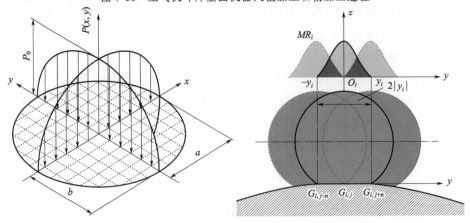

图 7-19　压气机叶片机器人磨抛接触弹性变形过程及压力分布

基于 Hertz 接触理论，接触可以认为是两个自由形式的接触，接触压力符合半椭球分布规律，则接触面的压强为：

$$P(x,y)=P_0\sqrt{1-\left(\frac{x}{a}\right)^2-\left(\frac{y}{b}\right)^2}\qquad(7.1)$$

式中，a 和 b 分别是在接触面的局部坐标系下的椭圆长半轴和短半轴；P_0 是椭圆中心处的压强。

根据椭圆的几何信息，可得：

$$\begin{cases} a=m_a\sqrt[3]{\dfrac{3F_n}{2\sum\rho}\left(\dfrac{1-v_1^2}{E_1}+\dfrac{1-v_2^2}{E_2}\right)} \\[4mm] b=m_b\sqrt[3]{\dfrac{3F_n}{2\sum\rho}\left(\dfrac{1-v_1^2}{E_1}+\dfrac{1-v_2^2}{E_2}\right)} \\[4mm] P_0=\dfrac{3F_n}{2\pi ab} \end{cases}\qquad(7.2)$$

式中，E_1 和 E_2 分别为接触轮和工件的弹性模量；v_1 和 v_2 分别为接触轮和工件的泊松比；m_a 和 m_b 分别为椭圆偏心相关的系数；ρ 为接触轮和工件的主曲率。

虽然在离线路径规划的间距设置中考虑了接触轮的弹性变形，但是弹性变形时的压力分布不均，在接触的中心处压力最大，远离中心处压力越来越小。在路径规划时，都是沿着叶片 U 方向或 V 方向进行，加工路径是一条直线，如图 7-20 所示，由于接触轮具有一定宽度，导致在接触区域和加工路径间出现磨抛不均与磨抛纹路。

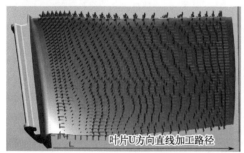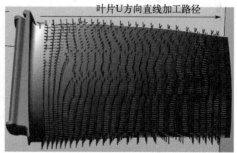

图 7-20　压气机叶片内外弧面沿 U 方向直线加工路径

根据弹性接触压力分布的特征，为使每条加工路径上的压力尽可能均匀分布，保证两条相邻加工路径之间没有加工痕迹，因此在精磨加工工序中纵向加工方式改成螺旋线式加工方式，具体如图 7-21 所示。通过这种方式来替代直线加工方式，可以进一步消除机器人加工过程中因压力分布不均导致的磨抛不均和磨抛纹路现象。

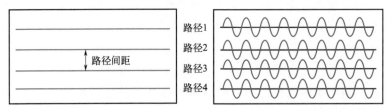

图 7-21　压气机叶片规划路径方向对比

根据螺旋线的特征，其路径规划满足：

$$f = A\sin\theta + L \tag{7.3}$$

式中，f 为路径函数；A 为螺旋线路径的旋高，一般在加工中设置为 $0\sim$ 5mm；L 为相邻路径的间距。

在压气机叶片机器人磨抛过程中，采用了基于 Kalman 滤波的主被动力控制信息融合技术[3]。其中的主动力控制技术主要是基于 PI/PD 的力位混合控制，在工具坐标系 $\{T\}$ 的 z 轴方向采用力控制律，在 x 轴方向采用位置控制律。因此，在 x 方向上需要保证机器人的 TCP 位置在一定程度上满足螺旋线路径的运动轨迹，且不能超过螺旋线的旋高范围，进而保证机器人加工系统稳定性和加工表面质量的一致性。根据螺旋线的特征，进一步规划压气机叶片内弧面和外弧面的路径，具体如图 7-22 所示。

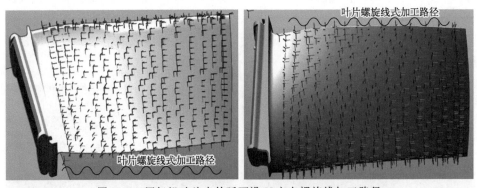

图 7-22　压气机叶片内外弧面沿 U 方向螺旋线加工路径

根据上述叶片机器人磨抛方式来加工压气机叶片 1♯ 和 2♯，其叶片内弧面和外弧面加工前后对比分别如图 7-23 和图 7-24 所示。通过对比发现，叶片在机器人磨抛加工前，型面上的铣削加工刀痕比较密集，在采用上述机器人加工关键技术和砂带磨抛工艺后，叶片型面上的加工刀痕不仅被完全去除，而且表面柔顺光滑、平整有光泽。压气机叶片加工前表面平均粗糙度 Ra 为 $0.8\mu m$，加工后表面平均粗糙度 Ra 为 $0.32\mu m$、内外弧面平均轮廓精度为 $\pm 0.15mm$，满足了压气机叶片的实际磨抛需求。

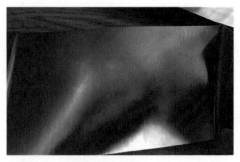

(a) 叶片内弧面加工前　　　　　　　　　　(b) 叶片外弧面加工前

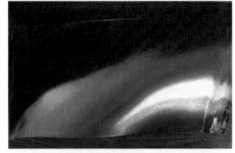
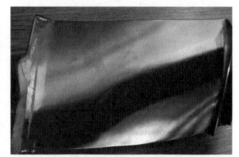

(c) 叶片内弧面加工后　　　　　　　　　　(d) 叶片外弧面加工后

图 7-23　压气机叶片 1♯机器人磨抛加工型面效果

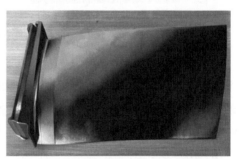

(a) 叶片内弧面加工前　　　　　　　　　　(b) 叶片外弧面加工前

(c) 叶片内弧面加工后　　　　　　　　　　(d) 叶片外弧面加工后

图 7-24　压气机叶片 2♯机器人磨抛加工型面效果

7.1.3　叶片前后缘机器人砂带磨抛

如图 7-25 所示，不同的压气机叶片的加工工艺不同，导致叶片的进出气边特征不同。其中，图（a）中的叶片需要在磨抛加工过程中将进出气边的 R 角修磨出来；而图（b）中的叶片在铣削加工中已经将进出气边的 R 角加工出来，在磨抛阶段只需要去除上一工序留下的加工痕迹即可。因此，不同的叶片材料去除量不同，加工方式也不同。

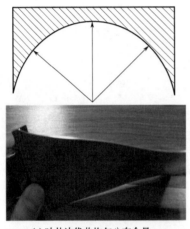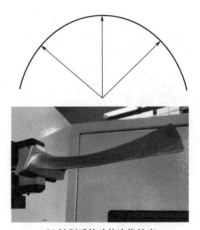

(a) 叶片边缘非均匀分布余量　　　　　　　　(b) 铣削后的叶片边缘轮廓

图 7-25　压气机叶片进出气边形状示意图

根据叶片进出气边加工需求的不同，可将其分为粗加工和精加工。其中，进出气边的粗加工在磨抛机的纤维轮上进行，精加工则在磨抛机接触轮上方的柔性砂带上进行。图 7-26(a) 中的叶片需要先经过纤维轮上粗加工将 R 角修磨出来，经过柔性砂带进行精加工，保证其加工精度；图 7-26(b) 中的叶片只需精加工去除铣削刀痕。

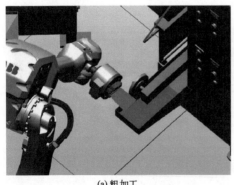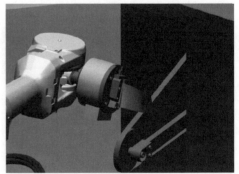

(a) 粗加工　　　　　　　　　　　　　　(b) 精加工

图 7-26　压气机叶片进出气边粗加工和精加工过程

　　图 7-27 和图 7-28 分别为压气机叶片 1♯ 和 2♯ 机器人磨抛加工进出气边的效果对比图。对比可以发现，即使叶片在磨抛加工前，进出气边没有 R 角，也可以采用粗加工和精加工的方式来对叶片边缘进行修型，将对应的 R 角给修磨出来，并且加工效果可以满足加工需求，具体如图 7-27 所示。在铣削加工时已经将叶片边缘的 R 角加工出来情况下，只需要采用精加工的方式来对叶片边缘进行磨抛，去除刀痕即可，具体如图 7-28 所示。此时机器人磨抛后的压气机叶片进出气边没有铣削刀纹，平均轮廓精度为 ±0.091mm，能够保证叶片边缘 R 角的完整性。

(a) 叶片进气边加工前

(b) 叶片出气边加工前

(c) 叶片进气边加工后

(d) 叶片出气边加工后

图 7-27　压气机叶片 1♯ 机器人磨抛加工进出气边效果

7.1.4　叶片榫头和 R 转角部位机器人砂带磨抛

　　压气机叶片榫头 R 转角部位范围较小，采用大面加工方式会存在着严重干涉，因此根据榫头 R 转角部位特征与曲率半径设计了一种新的磨抛工具，具体如图 7-29 所示。其中，榫头 R 转角部位的粗加工在纤维轮上进行，精加工在特制接触轮上的柔性砂带上方进行。加工设备的接触轮直径和宽度需要根据叶片榫头 R 转角部位的特征来进行选择，保证其加工过程中的无干涉性，进而提高加工表面覆盖率。

(a)叶片进气边加工前　　　　　　　　(b)叶片出气边加工前

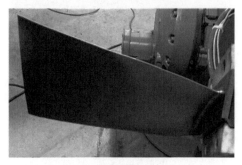

(c)叶片进气边加工后　　　　　　　　(d)叶片出气边加工后

图 7-28　压气机叶片 2♯机器人磨抛加工进出气边效果

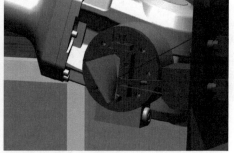

图 7-29　压气机叶片榫头 R 转角机器人加工

图 7-30 分别为压气机叶片 2♯机器人加工榫头 R 转角部位的前后效果对比图。可以发现，采用叶片大面和进出气边的加工方式无法满足榫头 R 转角部位的加工，因此需要采用特定的工具进行加工，在不发生干涉的前提下，满足质量要求（$Ra<0.4\mu m$）。虽然在叶片榫头 R 转角的尖锐和过渡台阶等部位无法实现机器人自动化加工，但这毕竟是小特征区域，在满足加工质量和效率情况下，人工进行剩余部位修磨即可，此时压气机叶片机器人加工表面覆盖率提升至 93％以上。

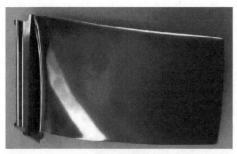
(a) 内弧面榫头R转角加工前

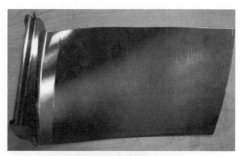
(b) 外弧面榫头R转角加工前

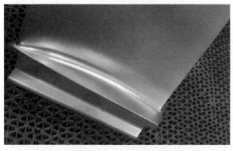
(c) 内弧面榫头R转角加工后

(d) 外弧面榫头R转角加工后

图 7-30　压气机叶片 2♯机器人磨抛加工榫头 R 转角部位效果

7.2　增材修复叶片机器人磨抛应用

发动机叶片是国防、运载领域核心动力部件，长期工作于强腐蚀、气体冲击和高动载荷的工作环境，容易在叶尖、叶根和前后缘部位出现磨损、裂纹、烧蚀甚至断裂等损伤缺陷，直接影响发动机的运行安全性。对受损叶片进行修复是降低发动机全生命周期成本、符合可持续发展战略的关键技术手段，但目前主要面临"缺陷识别难、磨抛智能化难"等难题。因此，本节聚焦叶片修复后的损伤检测和磨抛加工工艺，提出视觉引导的机器人自适应磨抛解决方案，应用于发动机叶片损伤再制造[4]。

7.2.1　修复叶片机器人磨抛系统组成

修复叶片机器人磨抛系统平台，其硬件部分主要包括：工业机器人 IRB-6700-200/2.60、标定探针、砂带磨削机、力控制模块以及工件。其硬件部分可以细分为机器人、力控制、磨抛和标定 4 个子系统，磨抛平台的具体硬件系统布局如图 7-31 所示。

图 7-31 中对应的硬件设备及型号如表 7-2 所示。

图 7-31　机器人磨抛系统布局图

表 7-2　平台硬件组成

各级系统	编号	设备名称	具体型号	性能指标
机器人系统	1	ABB 机器人	IRB-6700-200/2.60	负载小于等于 200kg,重复定位精度为 0.05mm
	2	控制柜	IRC5	可同时用于 4 台机器人控制
操作平台	3	中央电脑	研华 IPC-610L	Inter Core2 E7400,主频 2.8GHz
力控制系统	4	力传感器	ATI Omega160 SI-1500-240	x、y 轴量程±1500N,z 轴向量程±3750N,三维力矩量程 240N·m
磨抛系统	5	砂轮机	MC300	额定转速 1420r/min
	6	气泵	OTS-750X3	转速 138r/min,容积 180L/min
	7	砂带机	HS-R136	功率 2.2kW
标定系统	8	标定探针	TP300	红宝石探头

　　该系统在执行磨抛任务前,首先使用标定系统对工件坐标系和工具坐标系进行标定,以降低系统误差。在磨抛过程中,砂带机和工件产生的力信号通过信号线和数据采集卡输送至机器人控制柜中,机器人控制柜通过力/位混合控制策略对机器人的位置进行修正,以达到恒力磨抛的目的。在上述硬件设备中,中央电脑通过网线和机器人相连,可以读写机器人的相关运动指令,控制机器人的运动模式和相关配置;气泵为砂带机提供气源,使之张紧和放松。

　　本研究主要应用如下 4 款软件:用于机器人离线编程和机器人运动控制的 RobotStudio、用于轨迹规划的 Machining PowerPac、用于力信号监控的 TestSignal Viewer 以及应用 Python 开发的缺陷检测软件,各应用界面如图 7-32 所示。

　　在上述软件中,检测软件结合 Python 语言自主开发,可以有效地提取待加工特征;Machining PowerPac 可以根据工件模型以及机器人工作站的相对坐标系关系,快速生成机器人运动路径;RobotStudio 是专职用于 ABB 机器人的离

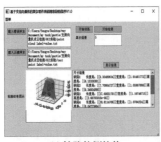
(a) 缺陷检测软件

(b) Machining PowerPac

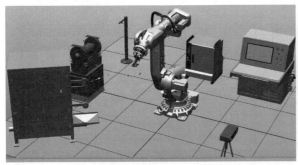
(c) RobotStudio

(d) TestSignal Viewer

图 7-32　各软件界面图示

线编程软件，如图 7-32(c) 所示，该工作站的各模型位置是根据真实的工作站搭建的，应用该软件可以生成机器人运动指令并将其直接下载至控制柜中，指导机器人运动；TestSignal Viewer 是实际加工过程中 ATI 力传感器测量的接触力可视化的软件，可用于力信号的监测。

7.2.2　基于视觉的叶片增材修复区检测算法

叶片表面待加工区域的精准检测是实现机器人磨抛的前提和基础。通过文献检索和对比，发现现有的检测方法主要聚焦于待加工区域的分类和提取，而对数量、尺寸和余量的计算较少涉及，尤其是针对具有正常特征的复杂构件的误检问题并没有公开文献予以报道。本节针对叶片表面增材修复区域的检测问题，提出一种基于 3D 视觉的方法，实现表面待加工区域的精准检测。

7.2.2.1　基于 3D 视觉的增材修复区域检测框架

本节提出的框架流程如图 7-33 所示，该框架以比 2D 图片还原度更高、比三坐标测量仪测量速度更快的点云数据作为数据源，主要解决 3 个问题：位置和形状检测、数量的分类以及尺寸和余量的计算。其中，采用 SVM 计算位置和形状；采用蔓延算法计算数量；采用协方差矩阵 3D 测量法和点云配准技术计算每个特征的尺寸和余量云图。

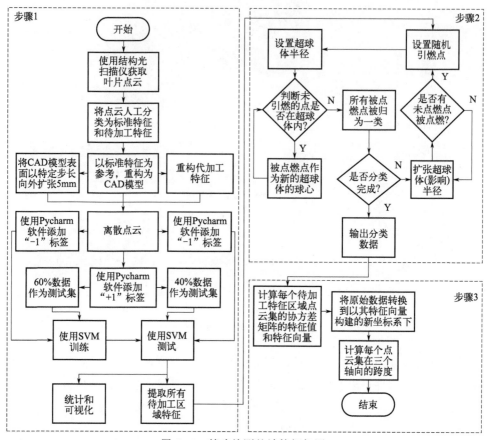

图 7-33　精确检测的计算框架图

7.2.2.2　基于 SVM 的表面检测理论基础

SVM 常用于解决分类和回归问题，而叶片表面的增材区域的检测就是一个区分正常特征和异常特征的分类问题。SVM 旨在寻求一个最优分类超平面，二维空间上直观表示为无数条可以将两类点正确分类的最优直线，而距离这条直线最近的点就是支持向量。

（1）线性可分状态下的 SVM

经典的 SVM 被设计解决线性可分性下的"0-1"分类问题，原理如图 7-34 所示，通过点画线的向量为支持向量（SV），通过 SV 的点画线内区域为可行域。因此，SVM 相当于规划最大化可行域的问题。

图中，实线为待确定的超平面，即最优解，点画线为支持超平面。实线超平面求解方程为：

$$w^T x + b = 0 \qquad (7.4)$$

式中，x 为输入向量，为点云的坐标；w 为超平面的 n 维法矢量；b 为标量。

通过将超平面向两边平移到点画线所示位置，取最小值为 "1"，则这两条点画线的代数方程为：

$$w^T x + b = \pm 1 \qquad (7.5)$$

根据空间点到线的距离公式：

$$D = \frac{w^T x^{(i)} + b}{\| w^T \|} \qquad (7.6)$$

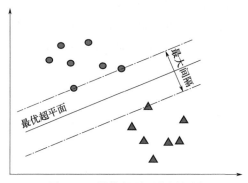

图 7-34　最优超平面的原理图

式中，$x^{(i)}$ 是输入向量。

为简化计算过程，将图 7-34 中的圆形点和三角点分别定义为 "+1" 和 "-1"，然后标记为 $y^{(i)}$。将式(7.5) 两边的标号 $y^{(i)}$ 相乘，目标函数如下：

$$\begin{cases} w, b = \text{argmax} \left[\min \dfrac{2(w^T x^{(i)} + b)}{\| w \|} y^{(i)} \right] \\ \text{s. t. } y^{(i)}(w^T x^{(i)} + b) \geqslant 1 \end{cases} \qquad (7.7)$$

由式(7.7) 可知，使过点画线的点到目标平面的距离最大相当于最大化点画线间隔，但必须满足相应的约束条件。在式(7.8) 中应用 Lagrange 乘数法，求解约束条件下的最大值，修正方程为：

$$L(w, b, a) = \min \frac{1}{2} \| w \|^2 - \sum_{i=1}^{n} a^{(i)} \left[y^{(i)}(w^T x^{(i)} + b) - 1 \right] \qquad (7.8)$$

式中，$a^{(i)}$ 为拉格朗日乘子。

通过对 b 和 w 分别求偏导得到：

$$\begin{cases} \dfrac{\partial L}{\partial b} = - \sum_{i=1}^{n} a^{(i)} y^{(i)} = 0 \\ \dfrac{\partial L}{\partial w} = w - \sum_{i=1}^{n} a^{(i)} y^{(i)} x^{(i)} = 0 \end{cases} \qquad (7.9)$$

联立式(7.8) 和式(7.9)，求解原问题的对偶问题，得到：

$$\begin{cases} L(a) = \max \left(\sum_{i=1}^{n} a^{(i)} - \dfrac{1}{2} \sum_{i,j}^{n} a^{(i)} a^{(j)} y^{(i)} y^{(j)} x^{(i)} x^{(j)} \right) \\ \text{s. t. } \dfrac{\partial L}{\partial b} = - \sum_{i=1}^{n} a^{(i)} y^{(i)} = 0 \end{cases} \qquad (7.10)$$

最后，推导出的式(7.10) 可以看作关于 $a^{(i)}$ 的函数最大值的问题，即 $a^{(i)}$ 与 w、b 之间的函数，因此只要给出任意组 $a^{(i)}$，即可以计算最优分割平面。

(2) 空间映射与核函数

实际上，在大多数情况下无法确定输入向量的信息是否线性可分。为了解决非线性下的分类问题，作为空间映射的核函数被提出来。该方法可以将原始输入转换为高维特征输出，从而为成为线性问题提供了可能，因此可以利用式(7.10)求得最优超平面。

将原始输入向量 $\boldsymbol{x}^{(i)}$ 用映射代替，目标函数表示如下：

$$
\begin{cases}
L(a) = \max\left\{ \sum_{i=1}^{n} a^{(i)} - \frac{1}{2} \sum_{i,j}^{n} a^{(i)} a^{(j)} y^{(i)} y^{(j)} \left[\phi(\boldsymbol{x}^{(i)})^{\mathrm{T}} \cdot \phi(\boldsymbol{x}^{(j)}) \right] \right\} \\
\mathrm{s.\,t.} \quad \dfrac{\partial L}{\partial b} = -\sum_{i=1}^{n} a^{(i)} y^{(i)} = 0
\end{cases}
$$

(7.11)

其中 $\phi(\cdot)$ 是映射关系。

虽然式(7.11) 可以有效地解决空间上升问题，但由于计算复杂，不能直接确定映射。但映射 $\phi(x^{(i)})$ 可以通过应用核函数 $K(x^{(i)}, x^{(j)})$ 简化计算。引入核函数不仅极大地简化了求解过程，而且有效地避免了空间爆炸。通过引入核函数 $\boldsymbol{K}(\boldsymbol{x}^{(i)}, \boldsymbol{x}^{(j)})$，将式(7.11) 改写为：

$$
\begin{cases}
L(a) = \max\left[\sum_{i=1}^{n} a^{(i)} - \frac{1}{2} \sum_{i,j}^{n} a^{(i)} a^{(j)} y^{(i)} y^{(j)} \boldsymbol{K}(\boldsymbol{x}^{(i)}, \boldsymbol{x}^{(j)}) \right] \\
\mathrm{s.\,t.} \quad \dfrac{\partial L}{\partial b} = -\sum_{i=1}^{n} a^{(i)} y^{(i)} = 0
\end{cases}
$$

(7.12)

考虑 KKT 互补条件，最终确定判别公式为：

$$
f(\boldsymbol{x}) = \mathrm{sgn}\left\{ \sum_{x_i \in SV} a_i^* y_i \boldsymbol{K}(\boldsymbol{x}_i, \boldsymbol{x}_j) + b^* \right\}
$$

(7.13)

式中，$\boldsymbol{x}_i$ 是支持向量。

(3) 线性不可分情况下的分类问题

对于非线性可分的分类，即使将输入维度通过映射方式升高，也不能保证将其转化为线性可分进而求解。因此，为了避免过拟合造成的过度学习和线性不可分时的无法求解问题，将松弛 $\zeta^{(i)}$ 和惩罚 C 系数引入式(7.7) 中，表达式如下：

$$
\begin{cases}
\min\limits_{w,b} \dfrac{1}{2} \|\boldsymbol{w}\|^2 + C \sum_{i=1}^{n} \zeta^{(i)} \\
\mathrm{s.\,t.} \quad y^{(i)}(\boldsymbol{w}^{\mathrm{T}} \boldsymbol{x}^{(i)} + b) \geqslant 1 - \zeta^{(i)} \qquad i = 1, 2, \cdots, n \\
\qquad \zeta^{(i)} \geqslant 0
\end{cases}
$$

(7.14)

同理，引入拉格朗日算子，得到如下函数：

$$L(\boldsymbol{w},b,\zeta,a,\mu)=\min\frac{1}{2}\|\boldsymbol{w}\|^2+C\sum_{i=1}^{n}\zeta^{(i)}-\sum_{i=1}^{n}\mu^{(i)}\zeta^{(i)}$$

$$-\sum_{i=1}^{n}a^{(i)}\{y^{(i)}[\boldsymbol{w}^{\mathrm{T}}\phi(\boldsymbol{x}^{(i)})+b]-1+\zeta^{(i)}\}$$

$$(7.15)$$

式中，$a^{(i)}$ 和 $\mu^{(i)}$ 是拉格朗日算子。

对 $\boldsymbol{w}$、b 和 ζ 分别求偏导得到：

$$\begin{cases}\dfrac{\partial L}{\partial \boldsymbol{w}}=\boldsymbol{\omega}-\sum_{i=1}^{n}a^{(i)}y^{(i)}\phi(\boldsymbol{x}^{(i)})=0\\[2mm]\dfrac{\partial L}{\partial b}=-\sum_{i=1}^{n}a^{(i)}y^{(i)}=0\\[2mm]\dfrac{\partial L}{\partial \zeta}=C-a^{(i)}-\mu^{(i)}\end{cases}$$

$$(7.16)$$

最后将式(7.16)代入式(7.15)得到：

$$\begin{cases}L(a)=\max\left[\sum_{i=1}^{n}a^{(i)}-\dfrac{1}{2}\sum_{i,j}^{n}a^{(i)}a^{(j)}y^{(i)}y^{(j)}\boldsymbol{K}(\boldsymbol{x}^{(i)},\boldsymbol{x}^{(j)})\right]\\[3mm]\text{s. t.}\ \dfrac{\partial L}{\partial b}=-\sum_{i=1}^{n}a^{(i)}y^{(i)}=0\\[3mm]0\leqslant a^{(i)}\leqslant C\quad i=1,\cdots,n\end{cases}$$

$$(7.17)$$

通过求解式(7.17)，可以确定超平面的系数矩阵 $\boldsymbol{w}$ 和偏移量 b。与硬间隔 SVM 相比，软间隔 SVM 的拉格朗日乘子 $a^{(i)}$ 在取值范围上有一定的限制。

7.2.2.3　点云匹配技术与增材余量计算

叶片增材修复后的型面特征类似于铸造处的浇注口，其加工制造属于不均匀余量的去除问题，而非均匀余量去除的关键一步就是余量检测。本研究采用标准 CAD 模型与增材后的待加工叶片的扫描点云模型作为数据源，将两者进行对比从而确定余量分布。该方法主要分为三个过程：数据处理、点云匹配以及余量计算。数据处理首先将 CAD 模型离散为密度合适的点云数据，然后将扫描的真实点云滤波去噪后进行精简化处理。点云匹配是将 CAD 模型的点云和扫描得到的点云进行配准，得到转换矩阵使两点云在空间位置上重合。余量计算是在点云配准后，通过计算配合点对的空间距离，最后用色谱图可视化表示。

(1) 基于 PCA 的点云粗匹配

PCA 是分析数据变化程度的方法，其数学模型为点云协方差矩阵，是用来描述三维及其以上数据相关性的方法。以三维点云数据 $\boldsymbol{A}$ 为例，其 PCA 构建的新坐标系的原点为数据的几何中心 $O_i(\overline{x},\overline{y},z)$，公式如下：

$$\begin{cases} \overline{x} = \sum_{i=1}^{n} x_i / n \\ \overline{y} = \sum_{i=1}^{n} y_i / n \qquad \text{s.t} \quad \boldsymbol{A} = \begin{bmatrix} x_1 & y_1 & z_1 \\ \vdots & \vdots & \vdots \\ x_n & y_n & z_n \end{bmatrix} \\ \overline{z} = \sum_{i=1}^{n} z_i / n \end{cases} \qquad (7.18)$$

新坐标系的方向由点云数据集的协方差矩阵进行描述，协方差矩阵 Σ 的数学公式如下：

$$\Sigma = \begin{bmatrix} \mathrm{cov}(x,x) & \mathrm{cov}(x,y) & \mathrm{cov}(x,z) \\ \mathrm{cov}(y,x) & \mathrm{cov}(y,y) & \mathrm{cov}(y,z) \\ \mathrm{cov}(z,x) & \mathrm{cov}(z,y) & \mathrm{cov}(z,z) \end{bmatrix} \qquad (7.19)$$

式中，$\mathrm{cov}(x,y)$ 为二维向量的协方差，定义为：

$$\mathrm{cov}(x,y) = \frac{\sum_{i=1}^{n}(x_i - \overline{x})(y_i - \overline{y})}{n-1} \qquad (7.20)$$

当表示一维数据的分布规律时，协方差公式坍缩为：

$$\mathrm{var}(x) = \mathrm{cov}(x,x) = \frac{\sum_{i=1}^{n}(x_i - \overline{x})^2}{n-1} \qquad (7.21)$$

由式(7.19)可以描述数据的分布规律，即通过对应的对角阵就可以计算出该数据的特征值，而对应的向量就是方差的方向。最终三个特征向量描述的方向就是新坐标轴的坐标方向，于是将点云坐标变换到由 PCA 构建的新坐标系下，就完成了粗匹配。

$$\boldsymbol{B} = (\boldsymbol{A} - \boldsymbol{T}) \cdot \boldsymbol{R} \qquad (7.22)$$

式中，矩阵 $\boldsymbol{B}$ 是矩阵 $\boldsymbol{A}$ 在新坐标系下的表达；$\boldsymbol{R}$ 是由特征向量构建的旋转关系；$\boldsymbol{T}$ 是由期望构成的位移关系。

但是由于加工误差等原因，使得实际模型和设计 CAD 模型存在些许差异，因此只应用 PCA 进行点云匹配将存在较大的匹配误差，为保证点云配准的精度，需要结合后续的精配准过程。

（2）基于 ICP 的点云精匹配

经过 PCA 配准后的两片点云比较接近，但实际上并没有完全重合，因此需要经过精配准来进一步降低匹配误差。ICP 算法是根据迭代方法不断优化两片点云的距离，而由于点云中的点数量巨大，且特征难以识别，故需要寻找数组点对进行距离的表征，而点对指的是物体上某点在两片点云中的两个点。由于刚性物体的不变性，不论物体位于何种参考坐标系下，位于物体上的某点相对于物体本身而言固定，因此点对可以表征物体的位置属性。

不妨做如下假设：扫描获取的点云（目标点云）为矩阵 $\boldsymbol{A}$，设计 CAD 模型的点云（参考点云）为矩阵 $\boldsymbol{B}$，首先通过 PCA 将两片点云粗配准，然后根据距离阈值计算最邻近点对（$\boldsymbol{P} \in \boldsymbol{A}$，$\boldsymbol{P}' \in \boldsymbol{B}$），根据点对计算两片点云的转换关系 $\boldsymbol{H}$，对于刚体变换矩阵的公式如下：

$$\boldsymbol{H} = \begin{bmatrix} \boldsymbol{R} & \boldsymbol{T} \\ \boldsymbol{V} & \boldsymbol{S} \end{bmatrix} = \begin{bmatrix} r_{11} & r_{12} & r_{13} & t_x \\ r_{21} & r_{22} & r_{23} & t_y \\ r_{31} & r_{32} & r_{33} & t_z \\ v_x & v_y & v_z & s \end{bmatrix} \tag{7.23}$$

式中，$\boldsymbol{R}$ 为 3×3 矩阵表示旋转关系；$\boldsymbol{T}$ 为 3×1 矩阵表示平移关系；$\boldsymbol{V}$ 为 1×3 矩阵表示透视关系；$\boldsymbol{S}$ 为缩放因子。由于三维点云反映的是真实的物体信息，不存在透视畸变，因此 $\boldsymbol{V}$ 的各项为 0，$\boldsymbol{S}$ 为 1。

$$\boldsymbol{R} = \begin{bmatrix} 1 & 0 & 0 \\ 0 & \cos\alpha & \sin\alpha \\ 0 & -\sin\alpha & \cos\alpha \end{bmatrix} \begin{bmatrix} \cos\beta & 0 & -\sin\beta \\ 0 & 1 & 0 \\ \sin\beta & 0 & \cos\beta \end{bmatrix} \begin{bmatrix} \cos\gamma & \sin\gamma & 0 \\ -\sin\gamma & \cos\gamma & 0 \\ 0 & 0 & 1 \end{bmatrix} \tag{7.24}$$

旋转矩阵 $\boldsymbol{R}$ 中，α、β 和 γ 分别为绕 x、y 和 z 轴旋转的角度。根据刚体变换公式，任意两点的变换关系如下：

$$\boldsymbol{P}' = \boldsymbol{R} \cdot \boldsymbol{P} + \boldsymbol{T} \tag{7.25}$$

代入 $\boldsymbol{P}' = (x', y', z')^{\mathrm{T}}$，$\boldsymbol{P} = (x, y, z)^{\mathrm{T}}$，矩阵 $\boldsymbol{R}$ 和 $\boldsymbol{T}$，式（7.25）变为：

$$\begin{pmatrix} x' \\ y' \\ z' \end{pmatrix} = \begin{pmatrix} c\beta c\gamma & c\beta s\gamma & -s\beta \\ -cas\gamma - sas\beta c\gamma & cac\gamma + sas\beta s\gamma & sac\beta \\ sas\gamma & -sac\gamma - cas\beta s\gamma & cac\beta \end{pmatrix} \begin{pmatrix} x \\ y \\ z \end{pmatrix} + \begin{pmatrix} t_x \\ t_y \\ t_z \end{pmatrix} \tag{7.26}$$

其中，$s\alpha = \sin\alpha$，$c\alpha = \cos\alpha$。

根据上述公式可由多组对应点对求得变换矩阵，将参考矩阵 $\boldsymbol{A}$ 由经变换矩阵 $\boldsymbol{H}$ 变换到 $\boldsymbol{A}_k$ 后，根据 ICP 误差公式 $E(\boldsymbol{R}, \boldsymbol{T})$ 计算误差：

$$E(\boldsymbol{R}, \boldsymbol{T}) = \frac{1}{n} \sum_{i=1}^{n} |\boldsymbol{p}_i' - \boldsymbol{p}_i|^2 \tag{7.27}$$

综上所述，ICP 算法精配准包括如下步骤：①搜索求取多组最近点对；②计算转换矩阵；③应用变换矩阵；④计算匹配误差判断是否符合收敛条件，若不符合则重复上述步骤。

（3）叶片增材区域余量计算

增材区域的余量是决定工艺参数选择的重要考量因素。余量计算是在点云配准的前提下，通过比较和分析 CAD 模型点云（参考点云）以及实际扫描点云

（目标点云）实现的。其计算过程如下：首先根据视觉检测结果在目标点云中提取出增材区域点云，然后在增材点云中选取某个待检测的点和此处的法向向量，接着通过在参考点云中搜索距离待检测点法线方向最近的点作为点对，最后根据空间中两点的距离公式求解目标点的余量（或在参考点云中确定被测点，在目标点云中遍历）。在此过程中，第 3 步即最近点搜索是最重要的步骤，对余量的精度影响最大。然而针对最近点搜索问题，目前主要有 3 种方法：点到点、点到线、点到面。

图 7-35 中分别为点到点、点到线和点到面的距离求取原理。其中，浅色为 CAD 离散的点集（参考点云），深色为拍照获取的真实点云，由于 CAD 模型为标准模型，离散的点排布较为整齐，而真实点云为扫描获得，点较为杂乱，且二者间的对应点有一定的偏差。由于对应点偏差的存在，使得 CAD 模型点云（浅色曲面）中的某点（图 7-35 中的点 p）的法向方向上并不存在对应点（图 7-35 中的点 p'），因此计算对应点对的距离就派生出了上述的 3 种方法。

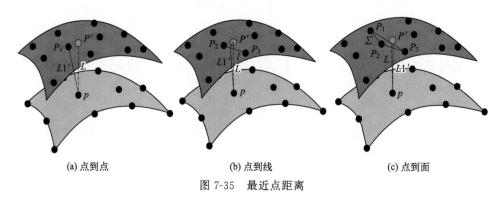

(a) 点到点　　　　　(b) 点到线　　　　　(c) 点到面

图 7-35　最近点距离

① 点到点的距离：在扫描点云（深色曲面）中搜索距离点 p 处的法线 L 最近的点 P_1 作为对应点对，然后根据两点间的距离公式求 pP_1 的距离作为此处的余量。

② 点到线的距离：在扫描点云（深色曲面）中搜索距离点 p 处的法线 L 最近的两个点 P_1 和 P_2 为辅助点，然后做点 p 到空间直线 P_1P_2［对应图 7-35(b) 中灰色线］的垂线，交点即为 p 的对应点对，点到直线的距离作为 p 点的余量。

③ 点到面的距离：在扫描点云（深色曲面）中搜索距离点 p 处的法线 L 最近的 3 个点 P_1、P_2 和 P_3 为辅助点，并以这 3 个点的空间坐标张成空间平面 Σ［对应图 7-35(c) 中红色线］，然后做点 p 到平面 Σ 的垂线，交点即为 p 的对应点对，点到平面的距离作为 p 点的余量。

通过对上述技术分析可知，3 种距离计算方法的原理不同，在离散密度低的情况下 3 者将会有较大的差异。在点云密集的情况下距离计算应当比较接近，其中点到点的距离计算方法利用的数据源最少但计算速度最快，点到面的距离计算方法利用的数据源最多但计算速度最慢，因而点到面计算方法的鲁棒性优于其他两者。因此，采用点到面的距离计算方法。

7.2.2.4　增材区域特征检测的有效性分析及验证

上述方法通过坐标系标定、空间变换、立体匹配等技术获取物体的点云信息，虽然数据信息量大，但速度有待提升。考虑到精度和效率，结构光扫描仪是生成点云集的理想方法。因此，以点云模型的数据为基础，结合开发的检测框架是一种有效的增材区域检测手段，可以检测出属于增材区域的点云的宏观分布。

（1）基于 SVM 的叶片增材区域特征提取

为了证明上述方法的有效性，设置了以下仿真实验进行论证。选择某型号叶片的扫描逆向模型，人为绘制凸起区域加以检测。仿真过程分为 3 个部分：数据准备、区域检测和数据后处理。数据准备阶段的目的是构建仿真和计算环境，其中包括绘制仿真对象，在仿真对象上人为添置若干个凸起模拟增材区域，以及模型数据化。模型是仿真工作的载体和基础，使用 CATIA 构建，其次通过捕捉和圈选模型上的部分区域，并通过曲面偏移指令向法向方向偏移一定距离以模拟凸起。凸起实际上是自由曲面区域向法向方向的定量偏移。为了试验的科学性，模拟的修复区域应符合如下规则：①尽量分布在仿真对象的不同区域，避免区域对检测的影响；②应该按照一定的步长偏移，以探究检测方法的有效尺度；③模拟的修复区域的大小和形状应加以区分。

由于 SVM 的本质是一种机器学习方法，需要大量的数据加以训练，因此，必须在模型的基础上提取、制作带有标签的用于生成判断标准的训练集和用于测试检测准确性的测试集。制作方法如图 7-36 所示。

训练集制作：首先，以自由曲面为标准，使用 CATIA 软件将其离散为点云格式，再利用 Meshlab 软件对点云处理，最后应用 Python 语言在每个点后添加"＋1"标签，选取其中 90％的点作为训练用点；以原始自由曲面为标准，以 0.1mm 为步长，使用 CATIA 软件将自由曲面向两侧偏移直至偏移至 5mm，将其离散为点云格式，再利用 Meshlab 软件对点云进行处理，最后应用 Python 语言在每个点后添加"－1"标签。使用 Python 将训练用的带有"＋1"和"－1"标签的点结合在一起作为训练集。

测试集制作：将上述过程剩余的 10％带有"＋1"的点作为测试用点；在 CATIA 中将上述过程人工生成的数个修复区域离散为点云格式，再利用 Meshlab 软件对点云处理，最后应用 Python 语言在每个点后添加"－1"标签。使用 Python 将训练用的带有"＋1"和"－1"标签的测试用点结合在一起作为测试集。

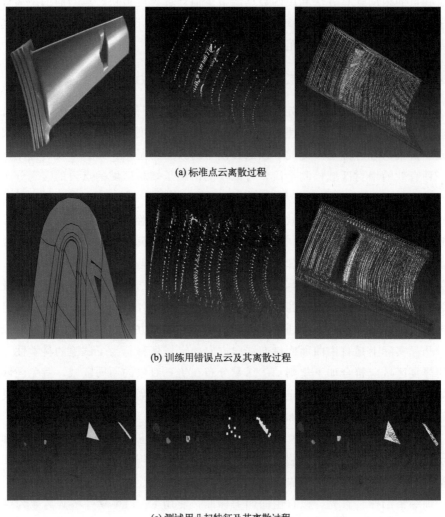

(a) 标准点云离散过程

(b) 训练用错误点云及其离散过程

(c) 测试用凸起特征及其离散过程

图 7-36　仿真数据集制作

区域检测过程是应用 Python 语言搭建基于 SVM 的检测方法，并以训练集数据对 SVM 模型训练，用以生成后缀为 .plk 文件的判别标准，再通过调用该标准对测试集数据加以验证。

图 7-37 为叶片真实模型，该叶片具有明显的弯扭特征，并在叶背和叶盆处设计有阻尼台起到导流和防止共振的作用，属于正常特征，因此在检测的时候不应该被识别出来。在仿真过程中，共设置了 7 个不同的等间距特征，其中特征 2（凸起 1mm）、特征 3（凸起 0.8mm）、特征 4（凸起 0.5mm）、特征 6（凸起 0.1mm）和特征 7（凸起 0.2mm）这 5 处为人为设定的增材凸起区域，特征 1 和特征 5 为两处处于导流凸台上的正常特征。仿真结果表明，该方法的检测精度

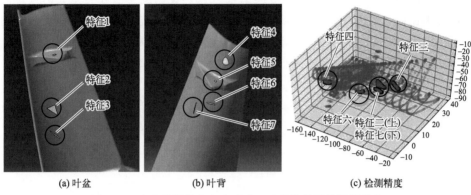

(a) 叶盆　　　　　　　(b) 叶背　　　　　　　(c) 检测精度

图 7-37　人为增设的凸起在叶盆、叶背的位置及检测精度

达到 99.83%，说明机器学习的方法能够在达到高精度的同时通过训练避免正常特征误检测，是一种比较理想的检测手段。

另外，为了说明 SVM 的检测精度良好，以相同的实验数据为基础，并采用决策树（DT）、随机森林（RF）和 K 近邻算法（k-NN）经典机器学习方法进行检测效果对比，其结果如表 7-3 所示。

表 7-3　应用 SVM 和其他三种机器学习的检测精度对比

方法	训练点的数量	测试点的数量	误差点的数量	检测精度
k-NN	106736	4596	199	95.67%
DT	106736	4596	288	93.73%
RF	106736	4596	162	96.47%
SVM	106736	4596	1	99.98%

表中，在训练数据集和测试数据集相同的情况下，k-NN、DT、RF 以及 SVM 的准确率分别为 95.67%、93.73%、96.47% 以及 99.98%，SVM 的检测精度高于其他三种机器学习方法，显示出在小数据集中的优良表现。

（2）基于蔓延算法的叶片增材区域特征数量计算

基于 SVM 的检测方法虽然能够在宏观层面上提取特征，达到检测的目的，但是无法得知待加工区域的缺陷数量和各区域缺陷的三维尺寸，因此需要对检测完成的数据进行后处理。具体过程包括：计数、尺寸计算和余量计算。为了解决计数问题，提出了一种无监督分类方法——蔓延算法[5]。

蔓延算法的输入为点云数据集，输出为类集合的点云数据集，其算法原理如图 7-38 所示。该算法模拟火焰在草原的传播过程，所有草能且只能被点燃一次。首先随机点燃一个目标，由于火焰温度的影响，会点燃一定范围内的目标，火焰得以传播；当影响范围内没有目标时，火焰将停止蔓延，此时设定风力等级以扩大火焰影响范围，使得火焰传播得以继续。

图 7-38 中所有红色的点为待分类的输入点，黄色点为已分类完成的点，蓝色点为正在被点燃的点。黑色实线圆表示星火点的影响范围，黑色虚线圆为影响半径扩张线，蓝色封闭线条为蓝色点的包络线，命名为火焰锋面。

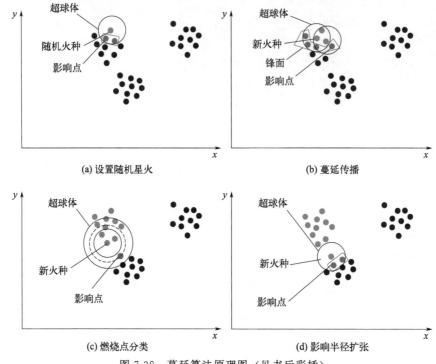

图 7-38　蔓延算法原理图（见书后彩插）

蔓延着重于构造一个随着点的变化而移动的超球面，体现为黑实线圆。超球的方程表示为：

$$(\boldsymbol{x}-\boldsymbol{x}_0)^2-r^2\leqslant 0 \tag{7.28}$$

式中，$\boldsymbol{x}_0$ 为代表点坐标的"随机火种"；r 为超球面的半径；$\boldsymbol{x}$ 应限制在图 7-38(a) 中所有红色点构成的 m 行 n 列矩阵 $\boldsymbol{A}$ 中。

其中，图 7-38(a) 为随机火焰传播过程。首先选取随机星火点作为超球面的中心，然后人为设定球面半径 r 为影响半径。图 7-38(b) 描述了新的星火扩散的过程，其中，首先被点燃的点（蓝色点）的集合被定义为扩散的火焰锋面，这些锋面中的点相应地成为新的球体中心继续传播。重复这个过程，直到超球面内没有未燃点（红色点）存在，此时算法停止扩展。图 7-38(c) 为已燃点的分类，其中对某一类点（黄色点）进行分类，这时传播过程停止且火焰影响范围在逐渐增大，直到点燃第一个未燃点。图 7-38(d) 进一步展示了超球面扩展的过程，将上个过程被点燃的点作为新的星火对第二类特征进行分类。需要注意的是，该算法只能点燃未燃烧过（红色）的点。重复上述 4 个步骤，扩展算法继续扩展，

直到矩阵 A 中的所有点都被划分为多个子矩阵 A_i。

通过前面的检测结果可以准确地识别属于增材区域的点，所有特征点的集合的宏观体现即为区域的形状，而每个点包含的三维坐标可以准确得知其位置，但是却无法计算区域的数量、单个尺寸以及余量分布。因此，在上述检测完成之后，以检测的数据作为此节的输入，经过提及的蔓延算法对其计算和分类，即可得到增材区域的数量并可以将所属区域的点云集分离出来。其效果如图 7-39 所示。

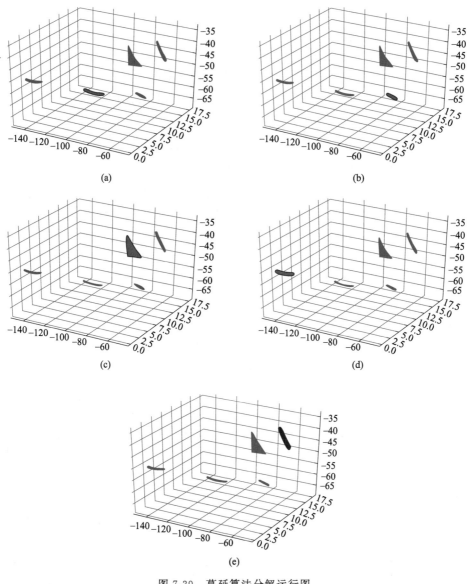

图 7-39　蔓延算法分解运行图

经过此方法后，整体点云集合将按照其聚集状态坍缩为数个子集，为后续的尺寸计算做数据准备。

(3) 基于协方差矩阵 3D 算法的叶片增材区域特征尺寸计算

通过前面分析，可以计算出增材区域损伤特征的位置、形状和数量，并能将点云按照其聚集状态凝聚成数个子点云。为了计算每个点云的方向长度，即每个区域的三维尺寸，需要对点云做进一步的处理。

为了从理论上说明协方差矩阵的有效性，有必要阐述其理论基础。一个矩阵 A 的协方差矩阵 Σ 的数学定义如下：

$$\Sigma = \begin{bmatrix} \mathrm{cov}(x,x) & \mathrm{cov}(x,y) & \mathrm{cov}(x,z) \\ \mathrm{cov}(y,x) & \mathrm{cov}(y,y) & \mathrm{cov}(y,z) \\ \mathrm{cov}(z,x) & \mathrm{cov}(z,y) & \mathrm{cov}(z,z) \end{bmatrix} \tag{7.29}$$

矩阵 Σ 必定为对称矩阵，其中每一个元素都是原矩阵 A 中的对应维度的协方差，协方差的定义式 $\mathrm{cov}(x,y)$ 表达如下：

$$\mathrm{cov}(x,y) = E\{[x-E(x)][y-E(y)]\} \tag{7.30}$$

式中，$E(x)$、$E(y)$ 都是每个维度的期望。

协方差矩阵实际是一个统计学概念，其理论建立在期望、方差和协方差的基础之上，描述了一个 n 维矩阵的数学相关性。而其特征值和特征向量分别对应原矩阵 A 的数据相关性的大小和方向，即方差的大小和方差的方向。图 7-40 用二维点集的协方差描述其分布规律，其中第一主特征值对应第一主特征向量，第二主特征向量与第一主特征向量相互正交。需要说明的是，n 维数据对应 n 个特征向量，且特征向量之间彼此正交。由此可见，对于 n 维数据，其协方差矩阵的特征值分别描述了原始数据变化的方向和程度。如果将坐标系加以转换，以特征向量的交点为坐标原点，以各个主特征向量的方向为坐标轴重新建立坐标系，则点云在该坐标系下坐标极值的差值即为点云的跨度，可用来衡量点云集的尺寸。

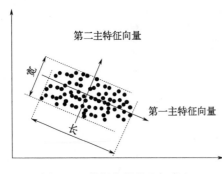

图 7-40　特征向量的几何意义

在仿真中，可以根据上述分析利用协方差矩阵三维测量法计算缺陷尺寸。协方差矩阵的特征向量的个数与原数据的维度相同，它们共同描述了原点云变化最快的三个方向。从图 7-40 的几何意义可知，点云的特征向量的方向与三维尺寸方向一致，为测量三维尺寸提供了可能。因此，点云坐标在特征向量方向上的跨度可以看作点云的三维尺寸。

（4）应用点云匹配技术的叶片增材区域特征余量计算优化

特征在经过数据处理和计算后，可以根据每个特征的点云凝聚状态粗略地得到其三维尺寸，但该方法的局限性如图 7-41 所示。

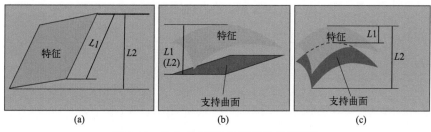

图 7-41　协方差矩阵 3D 测量法的局限性

① 得到的尺寸精度低。如图 7-41（a）所示，当特征为类菱形的图形时，经过协方差矩阵测量法的值为 $L2$，而实际尺寸应为 $L1$。这是由于协方差矩阵 3D 测量法是通过整体点云的分布进行计算的，并没有涉及"点对"的理念，导致计算的尺寸精度较低。

② 对于曲率大的支持曲面不适用。如图 7-41（b）所示，当支持曲面为平面时，真实尺寸 $L1$ 与经由协方差矩阵 3D 测量法的计算值 $L2$ 相等，而当支持曲面的曲率大时，如图 7-41（c）所示，真实值 $L1$ 与测量值 $L2$ 存在较大误差。

③ 对于非均匀厚度的特征，其余量分布（高度）表达能力差。如图 7-41（b）所示，经由协方差矩阵 3D 测量法计算的高度仅能表现最大高度（余量），而特征的其他点对应的余量无法体现。

鉴于协方差矩阵 3D 测量法的局限性，尤其在非均匀余量特征的表达上能力十分有限，前面提到的基于点云匹配技术寻找特征点对的余量计算方法能有效地弥补协方差矩阵 3D 测量法的不足，因而可以结合这两种方法计算特征的三维尺寸，即应用协方差距阵 3D 测量法计算长、宽，应用点云匹配计算高度和余量。各特征的余量云图如图 7-42 所示。

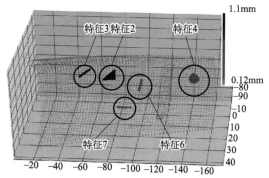

图 7-42　点云匹配优化后的各特征余量分布云图

由图 7-42 所示，各特征的颜色越深代表余量越大，而每个特征的颜色分布均匀，代表着各特征是由支持平面平移而来，印证了前面所提到的"人为增设的等间距特征"的说法。优化结果如表 7-4 所示。

表 7-4   真实尺寸与计算尺寸的对比表

特征编号	真实尺寸/mm			检测尺寸/mm		
	长	宽	高	长	宽	高
2	12.695	6.334	1.000	12.282	6.481	0.999
3	11.607	0.967	0.800	11.714	0.962	0.806
4	7.362	5.929	0.500	7.373	6.016	0.502
6	8.208	1.260	0.100	8.217	1.293	0.104
7	10.814	0.502	0.200	10.365	0.519	0.200

由上表可知，各特征计算尺寸与真实尺寸相接近，其中长度、宽度方向的平均误差为 1.89%，最大误差为特征 7 的 4.15%；高度方向平均误差为 1.05%，最大偏差为特征 6 的 4%，证明了该方法的准确性。

7.2.2.5　视觉检测实例结果分析

上述 4 种机器学习方法在相同数据集上的检测结果都达到了较高的精度，特别是在有正常特征的干扰下依然能保持良好的结果，有力地证实了检测框架的有效性和抗干扰性。上述检测结果中的 SVM 精度达到了最高的 99.98%，高于其他三种机器学习精度，更进一步地说明了所选取理论方法的适当性。关于此框架的高精度和高抗干扰性的原因总结如下。

首先，高检测精度主要得益于以下 4 个方面。

① 可靠的数据源：相比于小波变换、超声波检测以及灰度处理，3D 点云数据在最大程度上保留了原始模型的信息，这使得在检测之前的数据集具备先天优势。另外，Van Oosterom 等[6] 认为，三维点云数据是获取三维信息的重要数据源，适合于三维重建，这印证了所提出的观点。

② 合理的训练手段：机器学习是一种以经验为导向的检测方法，需要大量的样本来构建决策规则，因此在检测前需要大量的训练样本对其训练。同时，Sug[7] 指出，训练样本的数量对径向基神经网络的训练精度影响较大，因此合理的训练方法有助于提高检测精度。本节的训练样本数量远多于测试样本，为缺陷检测提供了数据支持。

③ 平滑的待检测特征：叶片虽然是带有弯曲和扭转的物体，且表面带有代表正常特征的不规则形状的阻尼台，但其基体大部分是光滑的，而光滑表面实际上降低了训练的难度和过拟合的风险。对于 SVM，平滑样本可以得到一个平滑

的划分超平面，从而减少了 SV 的数量，这直接影响了计算速度和训练风险。
Jung 和 Kim[8] 在其研究中就通过设计一种基于直方图定向梯度特征和基于径向
基函数核的 SVM 来减少支持向量数量的方法，以提高计算的速度和降低训练
难度。

④ SVM 的数学基础：SVM 的目的是构造一个超平面来分离这两类点，实验
中正确的特征和错误的特征之间的界线很明显。此外，SVM 的数学理论比本章节
所述的其他机器学习方法更加严谨，这也是 SVM 具有较高准确率的另一个原因。

在本案例中，设置了特征 1 和特征 5 两个正常特征，使得本案例在正常特征
的干扰下仍然可以达到较高的检测精度，这得益于机器学习方法的特点。机器学
习实际上是基于大量的数据训练来制定分类规则的方法，是一种以经验为导向的
检测手段，而 SVM 的分类规则是一个超平面。相比较而言，传统的曲率检测、
灰度检测等算法，只要给定的参数大于一定的阈值，就可以判定为缺陷特征。因
此，传统的阈值检测并没有区分正常特征能力，而 SVM 则可以通过训练判断当
前点的坐标是否落在公差允许的区间内，从而有能力区分正常特征。

7.2.3　叶片增材修复区域自适应路径规划

路径规划是实现机器人运动和控制的关键一环，可分为两个部分：刀具路径
规划和过渡路径规划。前者是刀具在工件上的运动轨迹的规划，决定着加工误差
和效率；后者是加工前机器人以任意初始位置到达任意指定位置的路径生成方
法，直接影响作业安全性和自动化水平。本节将分别对刀具路径和过渡路径进行
分析讨论，探究自由曲面上的刀具路径生成方法，并着重阐述障碍物干扰下基于
非均匀损失场的过渡路径生成方法。

7.2.3.1　叶片曲面数学模型表达

目前自由曲面的标准描述方程为 NURBS 函数，它在曲线、曲面的表达和定
义方面的效果十分良好，因此被广泛应用于常见的三维模型软件中。且在 20 世
纪 90 年代，在国际标准化组织认证的 STEP 标准中，将 NUBRS 定义为描述工
业零件几何模型表达的唯一形式，其数学公式如下：

$$C(u,v) = \frac{\sum\limits_{i=0}^{m}\sum\limits_{j=0}^{n} r_{i,j} N_{i,p}(u) N_{j,q}(v) P_{i,j}}{\sum\limits_{i=0}^{m}\sum\limits_{j=0}^{n} r_{i,j} N_{i,p}(u) N_{j,q}(v)} \tag{7.31}$$

式中，$C(u,v)$ 是曲面上的位置向量；P 为曲面上的固定引导点；r 为其权
重系数；$N_{i,p}(u)$ 为对应节点 u 方向上的第 i 条曲线的 p 次基函数，其递推数学
公式定义如下：

$$\begin{cases} N_{i,0}(u) = \begin{cases} 1 & u_i \leqslant u \leqslant u_{i+1} \\ 0 \end{cases} \\ N_{i,p}(u) = \dfrac{(u-u_i)N_{i,p-1}(u)}{u_{i+p}-u_i} + \dfrac{(u_{i+p+1}-u)N_{i+1,p-1}(u)}{u_{i+p+1}-u_{i+1}} & p > 0 \end{cases}$$

s. t. 定义 $\dfrac{0}{0} = 0$

$$(7.32)$$

同理，$N_{j,q}(v)$ 是关于 v 方向的第 j 条曲线的 q 次基函数，数学公式与式 (7.32) 类似，不再赘述。

在上述 NUBRS 曲面表达式中包含 u、v 两个参数，如果其中有一个值为确定值，即可唯一确定一条 NUBRS 曲线。如当 $v = v_i$ 时，得到沿 u 方向的曲线方程：

$$C(u) = \frac{\sum\limits_{i=0}^{m} r_i N_{i,p}(u) P_i}{\sum\limits_{i=0}^{m} r_i N_{i,p}(u)} \qquad (7.33)$$

不难发现，u 方向上只有基函数 $N_{i,p}(u)$ 中包含变量 u，因此，其求导问题转化为关于基函数 $N_{i,p}(u)$ 的求导，从而可以获得 NUBRS 曲线在 u 方向上的一阶导数 $C(u)'$，同理可以求得 v 方向的导数 $C(v)'$。

在曲率不大的情况下，步长可以近似为前后两个路径点对应的圆弧长度即 $L \approx AB$，再结合等弦高步长，因此步长与 NUBRS 曲线的数学关系表达为：

$$L = \int_{p_i}^{p_{i+1}} C(u)\mathrm{d}u = 2\sqrt{2R\delta - \delta^2} \qquad (7.34)$$

同理，行距与 NUBRS 曲线的数学关系表达为：

$$D = \int_{p_j}^{p_{j+1}} C(v)\mathrm{d}v = 2\sqrt{2rh}\sqrt{\frac{R}{R-r}} \qquad (7.35)$$

于是，就得到了路径点间的递推关系，这也是全局刀具路径规划生成的基本数学模型。

7.2.3.2 自适应刀具轨迹生成方法

前面论述了自由曲面下的行距和步长的确定方法，该方法是在考虑最大误差的情况下建立的数学模型，为叶片表面的刀具路径生成提供了理论指导。自适应刀具路径规划的基本前提包括两部分：自由曲面路径规划理论基础以及视觉检测结果。自适应刀具路径规划具体操作流程如图 7-43 所示，主要包括路径准备、全局路径生成、待加工区域检测、自适应路径提取等内容。

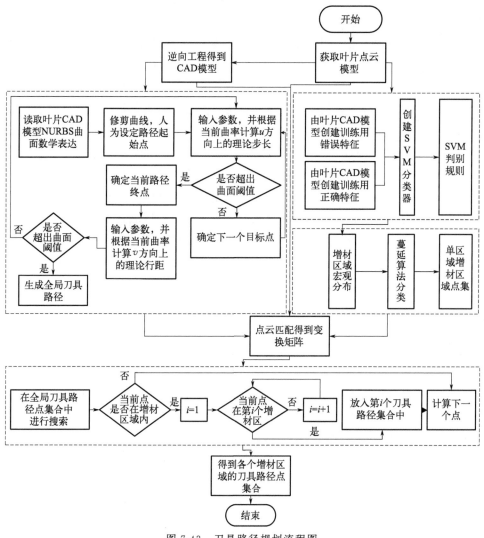

图 7-43　刀具路径规划流程图

　　① 路径准备：主要任务是完成模型的获取。首先通过视觉扫描设备获取待加工工件的点云数据，然后使用 CATIA 将其重构。

　　② 全局路径生成：根据自由曲面路径规划模型生成全局刀具路径。a. 以 CAD 模型为基础选取待加工的叶片表面，通过读取数学 NUBRS 曲面确定一个路径初始位置变量参数 (u_0, v_0)；b. 在该位置处，规定 $v = v_0$，此时变为 u 的一元 NUBRS 曲线，通过求其 u 导数，并根据工具参数、最大误差、当前点的曲率（等弦高法）求得步长得到参量 (u_1, v_0)；c. 重复上述步骤直到完整求出 $v = v_0$ 的 NUBRS 曲线；d. 在上一条路径的起始点位置变量参数 (u_0, v_0) 处，规定 $u = u_0$，变为 v 的一元 NUBRS 曲线，并求其 v 导数，并根据工具参数、最大误差、当前点

的曲率（等残留高度法）求得行距，最终得到参量(u_0, v_1)；e. 重复步骤 bcd 直到路径点完全覆盖叶片表面。

③ 待加工区域检测：为了检测出增材区域。首先通过 CAD 模型构建训练数据集，并为其增添标签；然后构建 SVM 分类器，通过代入训练集和测试集得到最优超参数下的分类规则，并代入处理后的叶片点云进行待加工区域检测，得到增材区域的点云集分布；最后经过蔓延算法对点云集分类，得到对应分属于不同区域下的点云数据集。

④ 自适应路径提取：根据检测结果提取有效的路径点。首先通过叶片点云和 CAD 模型（离散的点云）得到标定矩阵（转换矩阵），通过平移变换和旋转变换将两部分点云重合在一起；然后在全局路径点中搜索，判断当前路径点是否在增材区域内；如果在，则判断路径点归属于哪个增材区域，否则剔除当前路径点，直到所有的路径点搜索完成，此时处于增材区域的路径点将被保留；最后通过增设过渡点和离去点即可生成每个区域的刀具路径。

7.2.3.3 自适应过渡路径生成方法

针对工业机器人作业过程中的运动碰撞问题，通过借鉴势场法和危险性评估方法，提出了一种基于非均匀损失场的机器人无碰撞路径生成方法，其基本假设是机器人工作空间内弥漫着不均匀的损失场，距离障碍物越近的空间区域损失密度越大，而每条机器人运动路径对应一条路径损失，路径损失越大说明碰撞风险越大。该方法主要分为 3 个步骤：数据前处理、粗规划和精规划。

(1) 最小包围盒与非均匀损失场构建

在进行建模前，首先要结合测量、标定和 CAD 模型绘制出工作站内相关障碍物相对于机器人的位置关系，构建出机器人工作站的静态模型。由于空间障碍通常是不规则的，且一些特殊的物体往往没有现成的 CAD 模型，其逆向建模及函数表达过程复杂，这就使得静态模型的构建受到了阻碍。因此，为了更简单、系统地表示模型信息，本节采用最小包围盒法，如图 7-44(a) 所示。通过测量手段可以获得灰色区域所表示的不规则形状的坐标极限值，即 x_{min}、x_{max}、y_{min}、y_{max}，矩形可以通过对角点构成的向量唯一表示。因此，选取两个坐标的极小值作为角点 A，以两个坐标的极大值作为角点 B 构造最小包围盒。于是，红色的不规则区域可以近似简化为其最小包围盒，由数学关系 $[(x_{min}, x_{max}), (y_{min}, y_{max})]$ 表示。

损失场是无碰撞运动规划的关键介质。在机器人运动过程中，假定每个机器人路径点对应一个空间损失，因此每条路径唯一对应一个路径损失，且损失与碰撞概率正相关。图 7-44(b) 所示的空间损失密度正符合上面的设计要求，其中纵坐标为损失密度，取值区间为 $S \sim L$，横坐标为路径点到避障物体的欧氏距

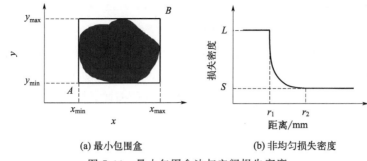

(a) 最小包围盒　　　　　(b) 非均匀损失密度

图 7-44　最小包围盒法与空间损失密度

离，取值范围为 $r_1 \sim r_2$。非均匀损失密度可以按照界限分为 3 个区域：禁止、过渡和可行区域。图 7-44 所示的空间点的定义域为障碍物所构成的最小包围盒的外部，而内部的损失默认为 L。损失密度表达如下所示：

$$lossdensity(\boldsymbol{x}) = \begin{cases} L & r(\boldsymbol{x}) \leqslant r_1 \\ \dfrac{S(r_2 - r_1)}{r(\boldsymbol{x}) - r_1} & r_1 < r(\boldsymbol{x}) < r_2 \\ S & r(\boldsymbol{x}) \geqslant r_2 \end{cases} \tag{7.36}$$

$$\text{s. t} \begin{cases} \boldsymbol{x} \notin \boldsymbol{A} \\ x, y, z \in \boldsymbol{x} \end{cases}$$

其中，$r(\boldsymbol{x})$ 为点 $\boldsymbol{x}$ 到最小包围盒的长度，如式(7.37) 所示。

$$r(\boldsymbol{x}) = \begin{cases} \min(|x - x_{min}|, |x - x_{max}|) & \boldsymbol{x} \in \boldsymbol{B} \\ \min(|y - y_{min}|, |y - y_{max}|) & \boldsymbol{x} \in \boldsymbol{C} \\ \min(|z - z_{min}|, |z - z_{max}|) & \boldsymbol{x} \in \boldsymbol{D} \\ \left[\begin{aligned} &\min(|x - x_{min}|, |x - x_{max}|)^2 + \min(|y - y_{min}|, |y - y_{max}|)^2 + \\ &\min(|z - z_{min}|, |z - z_{max}|)^2 \end{aligned} \right]^{1/2} & 其他 \end{cases}$$

$$\text{s. t} \begin{cases} \boldsymbol{B} = y_{min} < y < y_{max} \quad \text{and} \quad z_{min} < z < z_{max} \\ \boldsymbol{C} = x_{min} < x < x_{max} \quad \text{and} \quad z_{min} < z < z_{max} \\ \boldsymbol{D} = x_{min} < x < x_{max} \quad \text{and} \quad y_{min} < y < y_{max} \\ x_{min}, x_{max}, y_{min}, y_{max}, z_{min}, z_{max} \in \boldsymbol{A} \end{cases}$$

$$\tag{7.37}$$

式中，$\boldsymbol{x}$ 表示坐标向量；$\boldsymbol{A}$ 表示障碍物构成的空间矢量矩阵；x、y、z 表示 $\boldsymbol{x}$ 在三个轴的投影；x_{min}、x_{max}、y_{min}、y_{max}、z_{min}、z_{max} 表示最小包围盒的边界坐标。对于 $\boldsymbol{x} \notin \boldsymbol{A}$ 的空间点，其损失密度默认为 L；$\boldsymbol{B}$、$\boldsymbol{C}$、$\boldsymbol{D}$ 为用于划分区域的矢量矩阵，对不同的区域 S 采取不同的距离计算方法。

（2）空间降维

实际的机械臂的运动为三维运动规划，其数学函数表达复杂，其运算量和搜索域庞大。为了简化三维空间运动规划问题，可以将机器人的空间运动解约束在某个平面上。在具体的机械臂运动规划中，已知起始运动坐标 O：(x_o, y_o, z_o) 和终点坐标 T：(x_T, y_T, z_T)，此时的路径所在的曲面必然包含空间直线 l_1，其过 OT 两点，直线 l_1 如下所示：

$$\frac{x-x_o}{x_T-x_o} = \frac{y-y_o}{y_T-y_o} = \frac{z-z_o}{z_T-z_o} \tag{7.38}$$

通过某一空间直线的平面束方程如下：

$$n\left(\frac{x-x_o}{x_T-x_o} - \frac{y-y_o}{y_T-y_o}\right) + m\left(\frac{y-y_o}{y_T-y_o} - \frac{z-z_o}{z_T-z_o}\right) = 0 \tag{7.39}$$

式中，n 和 m 为变量。

根据平面的确定原理，设定 l_2 为经过 O 点且平行于 y 轴的直线，于是将位于直线 l_2 上的点 N：(x_o, y_n, z_o) 代入平面束方程，得到等式：

$$n\left(-\frac{y_n-y_o}{y_T-y_o}\right) + m\frac{y_n-y_o}{y_T-y_o} = 0 \tag{7.40}$$

由于 N 点和 O 点坐标不同，即 $y_n \neq y_o$，因此 n 必然与 m 相等。当 $n \neq 0$ 时，得到由 l_1 和 l_2 构成的平面 Σ 解析式：

$$\frac{x-x_o}{x_T-x_o} - \frac{z-z_o}{z_T-z_o} = 0 \tag{7.41}$$

由式（7.41）可见，该约束平面 Σ 退化为一个二维函数，表示该平面 Σ 垂直于在基坐标系下平面 xOz，如图 7-45 所示。

图中，直线 L 为面 Σ 在基坐标系中 xOz 面的映射；$A(0, b)$ 点为 L 与 z 轴的交点；$B(x_1, kx_1+b)$ 为直线上任意一点。结合式（7.38）可知截距 b 和斜率 k 满足如下关系：

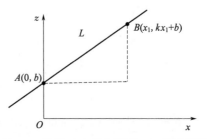

图 7-45　平面 Σ 在基坐标系 xOz 面的投影

$$\begin{cases} k = \dfrac{x_T-x_o}{z_T-z_o} \\[2mm] b = x_o - \dfrac{x_T-x_o}{z_T-z_o} \times z_o \end{cases} \tag{7.42}$$

上述方程的推导是基于三维笛卡儿坐标系完成的，其坐标系为机器人基坐标系。根据前面所述的位置建立坐标系 xOy，原点为图 7-45 中的点 A，y 轴方向与基坐标系的 y 轴方向相同，x 轴方向与直线 L 方向相同，且符合右手定则。

面 Σ 上的点在坐标系变换前后有如下关系：

$$\begin{cases} x'=\sqrt{x^2+(z-b)^2} \\ y'=y \end{cases} \tag{7.43}$$

式中，(x',y') 为映射后在平面坐标系下的坐标；(x,y,z) 为映射前在空间坐标系下的坐标。此时机器人的三维空间位置在约束条件下，可以根据式(7.43)实现搜索域的简化。

（3）多项式插值与目标函数确定

上面的分析和论证将三维路径规划简化为二维规划问题，减小了搜索域和计算量，使得求解难度大大降低。为了进一步求解二维规划下的运动，后续将使用多项式插值法进行求解。如图 7-46 所示，黄色区间表示不规则障碍。图中，场 1 所示的深蓝色区间表示损失极大值，设定为禁止通行区域；场 2 所示的蓝色渐变区间为过渡通行域，对应图 7-46 所示的中间区域，该区域允许通行但存在碰撞的风险；

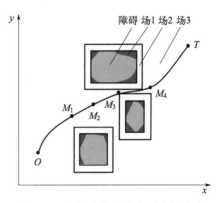

图 7-46　空间降维后的多项式插值法

场 3 所对应的白色区域表示损失极小值，设定为理想通行区域。O 为起始位置，T 为目标位置，红色路径为运动路径。$M_1 \sim M_4$ 为插值路径点。

求解路径时，规定运动路径为 N 次多项式函数，即：

$$l(x)=\sum_{i=0}^{m} a_i x^i \tag{7.44}$$

式中，$l(x)$ 为多项式；a_i 为各项系数；x 为路径横坐标。

通过插入 $N-1$ 个中间点，结合 O 点、T 点组成 $N+1$ 个线性方程，根据式(7.45)求解多项式系数，从而得到多项式路径函数。

$$\boldsymbol{AX}=\boldsymbol{B} \tag{7.45}$$

式中，$\boldsymbol{A}$、$\boldsymbol{X}$、$\boldsymbol{B}$ 均为矩阵；$\boldsymbol{A}$ 表示由 $N+1$ 个插值点横坐标构成的系数阵；$\boldsymbol{X}$ 为 $N\times1$ 维多项式系矩阵；$\boldsymbol{B}$ 为 $N+1$ 个点的纵坐标构成的 $N\times1$ 维矩阵。

多项式插值法的提出虽然进一步简化了计算过程，即对于 N 次多项式需要 $N-1$ 个插值点，但其搜索范围仍为整个约束面。因此，为了在满足要求的前提下提高计算速度，可以采用危险点限制法进行求解。此时，通过固定危险点的横坐标，通过改变纵坐标求路径函数 $l(x)$ 的大小，此时路径损失变为关于危险点纵坐标的函数即 $l(y_{m1},y_{m2},\cdots,y_{mn-1})$。

参考图 7-46，认为障碍物所处的位置为危险位置，因此可以选取障碍物所处横坐标域中的几个点作为危险点，如图 7-46 中的 $M_1 \sim M_4$。在危险位置处，限定其横坐标，在其纵坐标方向搜索，实现计算的进一步简化。

（4）梯度下降法优化求解

梯度下降法是求解所涉及问题的关键方法，当运动路径和非均匀损失场确定后，该路径对应的损失量为：

$$loss[l(x)] = \int_l \sum_{i=1}^3 k_i \times lossdensity(\boldsymbol{x}) \mathrm{d}s$$

$$\text{s. t.} \begin{cases} k_1 k_2, k_2 k_3, k_1 k_3 = 0 \\ k_1 + k_2 + k_3 = 1 \end{cases}$$

(7.46)

式中，$loss[l(\boldsymbol{x})]$ 为路径损失；$lossdensity(\boldsymbol{x})$ 为式（7.36）展示的损失密度；k_i 为判别因子，表示每个点对应且仅能对应一个损失。另外，碰撞风险最小的路径对应着最小的路径损失，于是求解的目标函数为：

$$\min loss[l(x)] = \min \left(\int_{l(x)} \sum_{i=1}^3 k_i \times lossdensity(\boldsymbol{x}) \mathrm{d}s \right)$$

$$\text{s. t.} \begin{cases} l(x) = \sum_{i=0}^m a_i x^i \\ k_1 k_2, k_2 k_3, k_1 k_3 = 0 \\ k_1 + k_2 + k_3 = 1 \\ \text{constraint} \boldsymbol{A} \end{cases}$$

(7.47)

由式（7.47）所示，该问题转化为求损失最小的路径函数。进一步，应用搜索域优化假设，路径 $l(\boldsymbol{x})$ 的自变量为 $N-1$ 个危险点的纵坐标，且目标函数 $loss[l(\boldsymbol{x})]$ 只受路径影响，因此只需利用梯度下降法更改这 $N-1$ 个纵坐标即可。在本问题中，在 $\boldsymbol{y} = (y_{m1}, y_{m2}, \cdots, y_{mn-1})$ 处的路径损失 $loss(y)$ 的方向导数与梯度存在如下关系：

$$grad[loss(\boldsymbol{y})] = \left(\frac{\partial loss}{\partial y_{m1}}, \frac{\partial loss}{\partial y_{m2}}, \cdots, \frac{\partial loss}{\partial y_{mn-1}} \right)$$

(7.48)

式中，$\frac{\partial loss}{\partial y_{m1}}$，$\frac{\partial loss}{\partial y_{m2}}$，$\cdots$，$\frac{\partial loss}{\partial y_{mn-1}}$ 分别为路径函数 l 在 y_{m1}，y_{m2}，$\cdots$，y_{mn-1} 方向上的方向导数，记作：

$$\frac{\partial l}{\partial y_{m1}} = \frac{loss(y_{m1} + \Delta y_{m1}, y_{m2}, \cdots, y_{mn-1}) - loss(\boldsymbol{y})}{\Delta y_{m1}}$$

(7.49)

在实际应用梯度下降法求解优化问题时，首先确定 $N-1$ 个不变的横坐标作为危险位置，然后随机选取纵坐标 $(y_{m1} + \Delta y_{m1}, y_{m2}, \cdots, y_{mn-1})$ 作为初始值计算路径函数 l 与路径损失 $loss$，按照式（7.48）和式（7.49）计算损失在此输入向量的梯度，通过式（7.50）更新 $N-1$ 个输入，进行迭代优化。

$$y^1 = y - \lambda grad[loss(y)] \tag{7.50}$$

式中，$y^1 = (y_{m1}^1, y_{m2}^1, \cdots, y_{mn-1}^1)$ 为优化后的输入；$y = (y_{m1}, y_{m2}, \cdots,$ $y_{mn-1})$ 为优化前的输入；λ 表示学习效率；$grad[loss(y)]$ 为优化前输入所确定的最优优化方向。

梯度下降法的本质是一种多自变量下的优化方法，该方法以某个值为参考且按照其最优优化方向不断更新输入直至目标小于阈值。在本问题中，可利用该方法不断更新危险点纵坐标直到损失振荡或者小于期望，此时的输出即为期望解 $l(x)$，最后通过公式(7.42)和公式(7.43)的逆变换关系，将最优路径 $l(x)$ 上升到立体空间中即公式（7.51），即可得到无碰撞过渡路径：

$$\begin{cases} x = x'\sin(\arctan k) \\ y = y' \\ z = x'\cos(\arctan k) + b \end{cases} \tag{7.51}$$

7.2.4　机器人自适应磨抛修复试验验证

7.2.4.1　机器人磨抛加工试验

实验采用 TC4 材料的某型发动机叶片。为了更好地展示叶片修复工作，在叶片表面上尽可能分散地人为制造三片区域模拟进刀失误或者服役造成的损伤，其中特征一在叶盆处、特征二在叶背处、特征三在前缘。之后，以 TC4 金属粉末为材料，通过机器人激光熔覆焊技术修复原损伤表面，对比如图 7-47 所示。

(a)　　　　　　　　　　　　　　(b)

图 7-47　试块表面损伤特征分布

为完成图 7-47 所示增材区域的自适应磨抛修复工作，将所提出的技术进行叶片磨抛实验。其中，视觉检测以点云模型为出发点，是整个研究项目的先决条件，可计算待加工位置、形状、数量和余量分布等信息；自适应路径规划是实现智能磨抛的关键一步，它以检测结果为参考，结合点云配准技术和主成分分析法提取待加工区域的刀具路径和过渡路径，使机器人可以按照指令运动；叶片机器人磨抛是验证上述理论方法的有力支撑。具体的流程如图 7-48 所示。

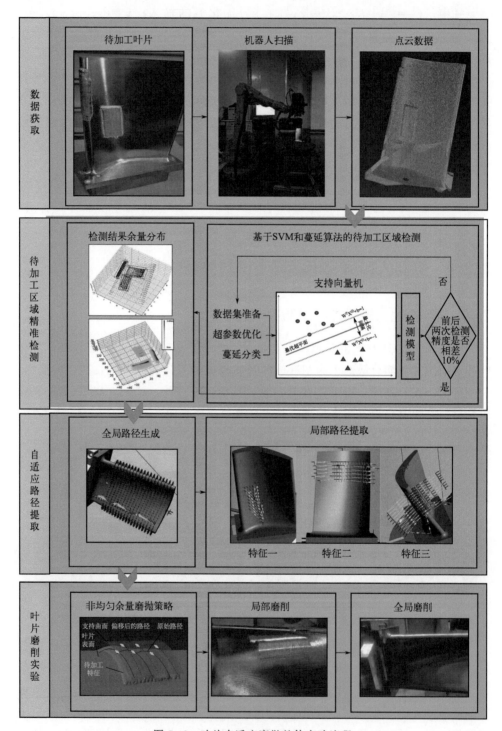

图 7-48　叶片自适应磨抛整体实验流程

7.2.4.2　叶片增材区域特征检测

对照图 7-48 的实验流程，应用视觉检测方法对图 7-49 中的实验对象进行检测，以确定待加工区域的形状、位置、数量、尺寸和余量。首先，应用图 7-49 所示的视觉检测平台获取叶片的点云数据，平台以 ABB 六自由度机器人（IRB1600-6/1.45）和视觉扫描仪（PowerScan-Pro 5M，精度为 0.01mm，扫描点的间距为 0.077～0.154mm）为主要硬件。测量过程如下。

① 将均匀喷洒了显影剂的叶片放置在粘贴了标志点的旋转台上，其中显影剂用于减少镜面反射，标志点用于后期数据拼接；

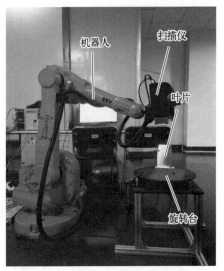

图 7-49　叶片机器人扫描实验平台

② 调整机器人的位姿，当叶片在扫描仪的视野范围内时拍照获取当前位置的点云数据；

③ 在保证叶片和旋转台相对位置不变的情况下，调整旋转台的角度以获取其他角度下的叶片点云集；

④ 应用与扫描仪配套的 Robotscan 对获取的点云集进行精练、过滤和拼接，完成测量过程。

图 7-50 为叶片视觉检测过程。其中，图（a）左边展示的是原始点云，未处理的原始点云数量为 463 万，在经过精简、去噪后为 81 万，右边展示的是叶片 CAD 模型离散的点云；图（b）左边展示的是经过检测后的特征提取图，其准确率为 99.4%，经过空间滤波后可有效过滤噪点；图（c）展示的是应用蔓延算法提取单一特征后，再经过 PCA 特征变换计算单一特征的最小包围盒的可视化效果图；图（b）右图所示的是待加工区域的整体最终检测效果图。

7.2.4.3　叶片增材区域自适应路径规划

在叶片 NUBRS 的 uv 参数方向上，通过等弦高规划步长，等残高计算行距。在实际操作上应用 RobotStudio 软件中的 powerpac 插件完成全局路径的预生成，生成效果如图 7-51 所示，然后再通过人工方式，将路径以及相关的机器人运动点保存为 txt 格式的文件，以备后续使用。

将上一节获得的待加工区域结果保存成 a.txt 文件，本节生成的全局路径保

273

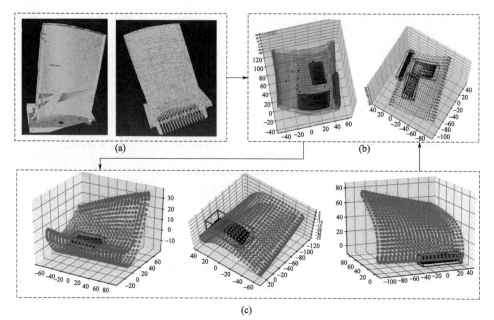

(a)

(b)

(c)

图 7-50 叶片视觉检测过程图

图 7-51 叶片全局路径预生成

存为 b.txt 文件，然后遍历 b 中的每一个路径点，判断是否在 a 文件表示的待加工区域即三个最小包围盒内部，如果满足要求则保留当前路径点为自适应加工点，重复上述过程直到将全部路径点筛选完成。值得注意的是，b 文件中预生成的全局路径点的变量名称是以 1 为间隔的等差数列，因此可以根据提取的路径点变量名称的连续性，判断刀具路径的切入点和切出点，并设置相应的过渡点。刀具路径提取完成的效果如图 7-52 所示。

7.2.4.4 叶片增材区域非均匀余量分布云图计算

余量计算的具体过程如图 7-53 所示。首先通过 PCA 获得扫描点云与 CAD 离散点云的粗变换矩阵，再通过 ICP 精匹配，最后将处于待加工区域的扫描点

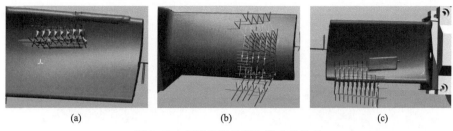

图 7-52　自适应路径提取完成的效果

云中的点通过点到面的计算方法计算对应点对的欧氏距离，即该点处的余量。重复上述过程，直到所有待加工区域的余量计算完成，各个待加工区域的余量分布云图如图 7-54 所示。

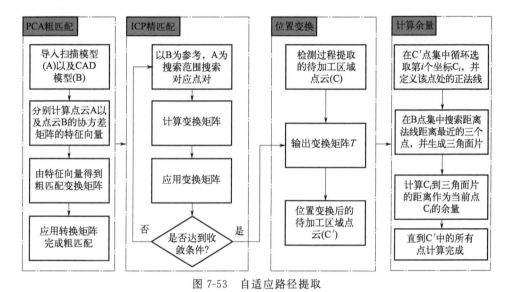

图 7-53　自适应路径提取

图 7-54(a) 是余量分布的总体情况，图 7-54(b) 是特征一处的余量分布，图 7-54(c) 表示特征二的余量分布，图 7-54(d) 是特征三处的余量分布。其中，图中余量的颜色为绿色到蓝色的渐变色，颜色越深说明加工余量越大。从图中可发现，最大余量在特征二的中心处，约为 3.46mm，其中特征一的余量最小，此处的最大余量约为 2.58mm。需要说明的是，本研究中，叶片的增材修复提供给了第三方厂家，在激光熔覆焊加工时为了保证破损的区域被完全填充修复而采用了过量增材的方式，因此导致了较大的余量。

7.2.4.5　非均匀余量叶片磨抛试验结果

非均匀余量加工的核心是如何根据不同的余量来控制工艺参数的变化使得

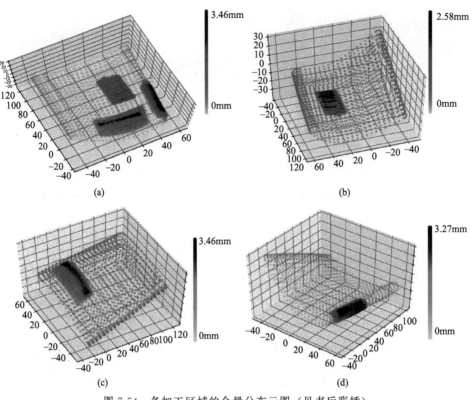

图 7-54　各加工区域的余量分布云图（见书后彩插）

材料去除量达到预计的要求。常见的非均匀余量的加工方式有：在进给速度、线速度恒定的情况下根据余量改变法向接触力的形式；在维持砂带速度、法向接触力恒定的情况下，根据余量改变进给的形式。但在实际柔性加工时，存在如下 3 点困难：①刀具与叶片存在一定的接触面积，在同等法向力的情况下，由于余量分布不均匀，刀具在叶片各个位置的接触应力也不同，因此相同的参数切削深度也不同；②由于弹性变形的存在，在加工余量大的区域同时，会对周围的区域造成轻微的磨损，导致其他区域的过磨；③由于系统标定、视觉测量以及运动精度等方面带来的误差，导致机器人的实际加工位置与理论加工位置有所差异。

　　为了解决上述因素带来的不利影响，可以借鉴数学问题中的"以直代曲"的典型思想将该问题进行简化，即"非均匀余量-粗磨-均匀余量-精磨"的加工形式。上述加工形式可以分为两步：对应粗磨削过程的"非均匀余量-粗磨"步骤，以及对应精磨削过程的"均匀余量-精磨"步骤。其中，前面的粗磨削过程采用位置控制模式，相关工艺参数为进给速度 V_w 为 20mm/s，砂带速度 V_s 为 9.24m/s；后面的精磨抛过程参考工艺试验得到的最优工艺参数组合，即进给速

度 V_w 为 20mm/s，砂带速度 V_s 为 9.24m/s，法向接触力 F_n 为 40N。

将粗磨抛过程设定为非力控模式的局部磨抛，实际上是实现由非均匀余量转变为均匀余量然后逐渐完成加工的过程。由于力控模式下的材料去除率恒定并不适合完成从"非均匀-均匀"余量的过渡，因此在粗磨抛过程采用传统的位置控制方式。非均匀余量的磨抛方案如图 7-55 所示。

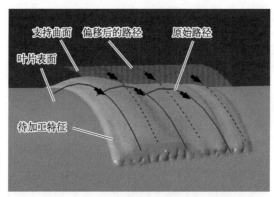

图 7-55　单一特征处的加工方式图

如图 7-55 所示，以特征二处的加工为例，实线代表提取的加工路径，为了满足非均匀余量加工的特性，相关的作业步骤如下：①将原始路径（实线）向外偏移至特征的最大余量处（即虚线），路径所在曲面为支持表面，此时的路径和其所在的支持曲面为初始状态；②刀具首先沿着此支持曲面的路径执行磨抛任务；③将支持曲面向内部平移一定步长，此时虚线（当前刀具路径）会跟着支持曲面一同平移，刀具继续沿着路径加工；④重复上述过程，直到支持曲面到达叶片表面为止。粗磨抛过程的工艺参数与试验内容中的参数相近，通过对比不难发现，在进给速度 V_w 为 20mm/s、砂带速度 V_s 为 9.24m/s、法向接触力 F_n 为 40N 的工艺参数下，单次切削深度约为 0.032mm。因此，在图 7-55 所述的粗磨抛过程中，支持曲面的单次平移距离设定在 0.1mm 较为合适，此参数下每个支持曲面的运动路径应重复 3 次，以确保 0.1mm 的余量被完全去除。在粗磨抛任务完成后，将利用力控模式下的全局磨抛作为精磨抛步骤，以达到去除特征边界的痕迹、优化表面一致性的目的。

在现场实验中，机器人是按照待加工区域的顺序进行加工，即首先磨抛某一处增材区域，完成该区域的粗磨抛任务后再进行下一处增材区域的磨抛，直到所有的增材区域全部磨抛完成。粗磨抛加工过程如图 7-56 所示。

图中的各子图分别表示特征一、特征二和特征三的粗磨抛过程图。以图 7-56（a）为例，该子图包含 1、2、3 三个子图，分别代表磨抛前、磨抛过程中和磨抛后的叶片状态。磨抛时采用末端夹持叶片、固定砂带机的磨抛形式，其中砂带轮的直

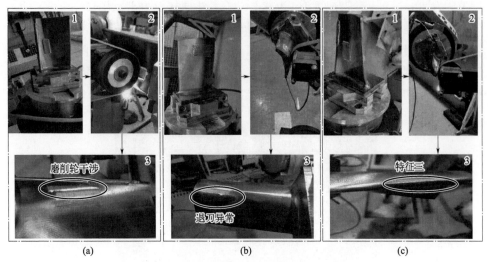

图 7-56 叶片粗磨抛（局部）试验现场图

径为 80mm。本次局部磨抛过程整体比较良好，基本实现了增材区域的自适应磨抛任务，在图 7-56 各子图的 3 图有所展示，其中叶片特征三的表现最为良好。但该磨抛结果存在两处缺陷：①在特征一的上方由于砂带轮的半径与此区域的曲率半径相似，因此导致了轻微的干涉，图 7-56(a3) 中有所展示；②在特征二处的末端由于机器人操纵问题导致退刀过程速度异常，从而出现了轻微的过磨现象，图 7-56(b3) 中有所显示。

在完成局部磨抛之后，大致完成了自适应磨抛的任务，然而依然存在其他区域保留大量的铣削刀痕、过渡区域粗糙度变化较大的问题。为了去除过渡区域的痕迹、消除铣削叶片加工的痕迹、提高表面光洁度，在粗磨抛过后，应用力控制模式对全局叶片进行磨抛。其最优参数组合为：进给速度 V_w 为 20mm/s，线速度 V_s 为 9.24m/s，法向接触力 F_n 为 40N。力控磨抛实验前后对比如图 7-57 所示。

(a) 磨抛前特征分布

(b) 力控磨抛过程

(c) 磨抛后对比图

图 7-57　叶片磨抛实验前后对比

图 7-57（a）为磨抛前的各特征分布照片，用于和实验后的照片做对比，以直观分辨重点磨抛区域；图 7-57（b）为应用力控模式下的机器人磨抛过程图；图 7-57（c）为精磨抛后的各个视角的整体效果图，其中方框为原特征所在区域。由图可看到，精磨抛后叶片表面的铣削刀痕以及增材边界处的痕迹都得到了有效去除，叶片表面质量得到了显著提升。

7.2.4.6　增材叶片机器人磨抛质量评价

叶片磨抛的轮廓精度和表面质量是验证磨抛效果的重要指标，因此本节将对磨抛后的叶片轮廓精度以及表面粗糙度进行分析和说明。

（1）轮廓精度

为了展示叶片磨抛后的精度指标，本次实验采用接触式三坐标测量仪对叶片质量进行检测。检测结果如图 7-58 所示。

图 7-58（a）展示的是测量位置，其中 P0 为参考平面，P1 和 P2 为 P0 向内以 35mm 为等间隔的截平面，P1 截面经过特征二和特征三，P2 截面经过特征一和特征二，因此选取这两条截平面处的轮廓精度表征整体磨抛效果。图 7-58（b）展示的是各实测轮廓与该工件的公差之间的关系。图 7-58（c）展示的是各实测轮廓线与理论轮廓线的偏差，左图表示的 P1 截面处的误差，右图表示 P2 截面处

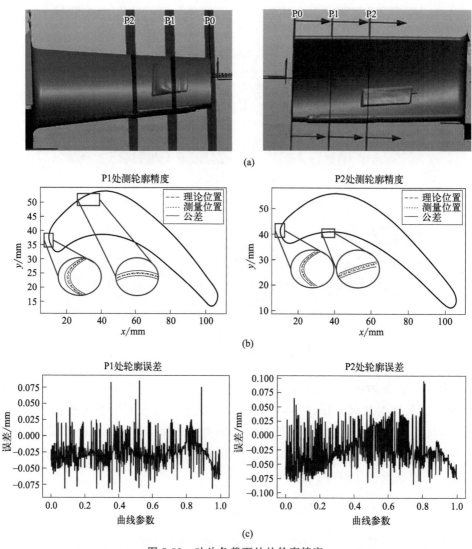

图 7-58 叶片各截面处的轮廓精度

的误差。实验数据显示，所测的截面误差均不超过规定的 0.1mm，其中平均误差为 0.036mm，最大误差为 0.095mm，99.5％的误差低于 0.08mm，因而加工精度满足要求。

（2）表面粗糙度

实验采用凯达 NDT150 手持粗糙度检测仪进行测量，测量结果如图 7-59 所示，图（a）（b）（c）分别表示在特征一、特征二和特征三处的粗糙度，在每个特征处随机选取 4 个点检测。

测量数据汇总于表 7-5。

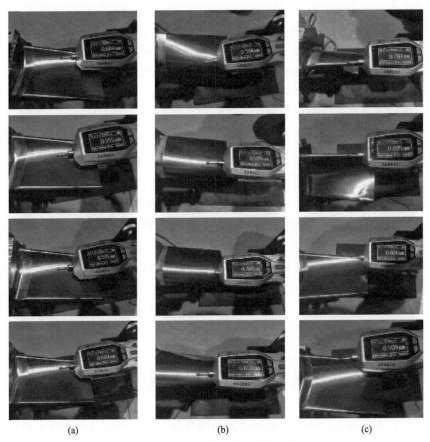

(a)　　　　　　　　　　(b)　　　　　　　　　　(c)

图 7-59　各特征处粗糙度测量图

表 7-5　各特征测量点粗糙度汇总

特征	测量点	粗糙度 $Ra/\mu m$	平均粗糙度/μm
特征一	1	0.648	0.610
	2	0.555	
	3	0.595	
	4	0.643	
特征二	1	0.584	0.626
	2	0.505	
	3	0.760	
	4	0.658	
特征三	1	0.761	0.643
	2	0.695	
	3	0.610	
	4	0.509	

根据上述实验数据可知，叶片磨抛后特征一处平均粗糙度 Ra 为 $0.610\mu m$；特征二处平均粗糙度 Ra 为 $0.626\mu m$；在特征三处平均粗糙度 Ra 为 $0.643\mu m$。数据显示所有的粗糙度均在 $0.5\sim0.8\mu m$ 之间，而超过 $0.7\mu m$ 的仅有两组，且三组平均值较为接近，均在 $0.62\mu m$ 左右，以此可以说明叶片磨抛后的表面粗糙度达到使用要求的 $0.8\mu m$。

上述叶片机器人自适应磨抛实验从视觉检测入手，应用自适应路径规划技术指导机器人运动，并通过基于点云匹配的余量检测手段绘制了各增材特征的余量分布云图，进而将叶片自适应磨抛问题转化为非均匀余量加工问题，之后针对非均匀余量的磨抛，提出了一种"非均匀余量-粗磨-均匀余量-精磨"的分段磨抛策略。为了确保实验逻辑的严谨性，在叶片磨抛之前设计了以和叶片同材料的 TC4 试块为对象的正交试验用以探究最优工艺参数组合。最终的叶片磨抛结果以轮廓精度和粗糙度为验证指标，检测结果表明其平均表面粗糙度 Ra 为 $0.636\mu m$，最大值为 $0.761\mu m$，优于要求的 $0.8\mu m$，其轮廓误差最大值为 $0.095mm$，优于要求的 $0.1mm$。磨抛后的叶片轮廓精度满足设定要求，且对比文献［9］的修复误差 $0.23mm$，本节所提方法在精度上表现较好。

7.3 大型车身构件机器人磨抛应用

焊渣是大型车身焊接过程中极难避免的缺陷，其飞溅区域广且随机性大，会破坏车身表面组织性能并影响后续涂覆工序。机器人磨抛相较于手工磨抛具有加工效率高、加工一致性好及自动化程度高等优点。本节结合机器视觉和机器人集成应用技术，为车身焊渣的高效高品质磨抛加工提供一种全新的解决方案[10]。

7.3.1 车身构件机器人磨抛系统组成

车身构件机器人焊渣磨抛系统硬件主要包括机器视觉设备、力控制设备、柔性磨抛工具和工业机器人；视觉设备采用拍照式结构光扫描仪，力控制设备采用 ATI 主动力控传感器，柔性磨抛工具采用橡胶轮，工业机器人采用 ABB 机器人。软件部分包括 ABB 机器人自带的 RobotStudio 仿真规划软件、力信号监测软件 Test Signal Viewer 及自主开发的车身构件机器人磨抛系统自动化标定软件。

7.3.1.1 车身构件机器人焊渣磨抛系统硬件

车身构件机器人焊渣磨抛系统硬件主要包括 4 部分：

① 工业机器人：机器人为 ABB 六轴工业机器人，型号为 IRB 6700-200/2.6，

其最大臂展为 2.6m，最大负载为 200kg，重复/轨迹/绝对定位精度为 0.05mm/0.05mm/0.35mm，机器人控制器型号为 IRC5。

② 主动六维力控传感器：型号为 ATI Omega160 SI-1500-240，其中，切向力 F_x、轴向力 F_y 的范围为 ± 1500N，法向力 F_z 为 ± 3750N，转矩 T_x、T_y、T_z 的范围为 ± 240N·m。

③ 焊渣磨抛工具：磨抛工具为笔者课题组自主设计开发，其结构组成包括电主轴、联轴器、橡胶轮和砂纸；橡胶轮内层为金属壳，外层为橡胶，最外层为砂纸，内层金属壳内圆直径为 50mm，橡胶轮外圆直径为 90mm。

④ 视觉传感器及标定工具部分：视觉传感器为惟景三维公司制造的面结构光扫描仪，其型号为 PowerScan-Pro2-3M，单幅测量精度为 ± 0.025mm，可用于扫描并生成工件的三维点云；标准球为力嘉公司制造的哑光标准球，其型号为 BEVY-38，标准半径为 19.0574mm，制造误差为 ± 0.0028mm，用于手眼标定。

7.3.1.2　车身构件机器人焊渣磨抛系统软件

① RobotStudio 仿真软件：该软件由 ABB 机器人公司开发，可支持各种型号的 ABB 机器人完成工况仿真。该软件包括离线轨迹编程、模拟工况仿真、三维建模等模块，可实现碰撞检测、与控制柜通信、示教轨迹位姿、IO 信号仿真等功能；在实际加工之前，可通过该软件对离线路径进行仿真调试并用于指导后续加工，可有效节约时间并保证加工的可行性。此外，该软件支持 C♯ 二次开发，提供了用于开发的 API 接口，用户可根据自身需求进一步提升完善该软件。

② PowerPac：该软件由 ABB 机器人公司开发，可通过截面法、U-V 曲线法及投影曲线法生成加工路径，可生成过渡路径、顺磨路径及锯齿路径等，可根据工件和工具的位姿生成机器人加工时的轴配置，可计算生成路径在机器人工作区域内的可达率，用于指导实际加工。

③ 车身构件机器人自动化标定软件：该软件为自主研发，软件的开发环境为 Windows 操作系统下的 VisualStudio2017，软件中涉及 PCL 点云库、Eigen 矩阵库、VTK 可视化库及 Qt 开发框架。该软件应具备以下功能：人机交互功能、点云可视化功能、信息输出功能、手眼标定功能、工件（车身）标定功能。其中，手眼标定功能可自动计算手眼矩阵并拼接车身测量点云，车身标定功能可实现测量点云到 CAD 点云的自动化匹配并输出由 CAD 模型到车身实体的转换矩阵，将该矩阵导入 RobotStudio 软件中可用于转换仿真路径并实现最终的磨抛。

④ TestSignalViewer：在六维主动力控制传感器实际运行中可对轨迹点坐标系原点处的作用力、转矩、加速度等参数进行实时监控，并通过可视化显示各个参数随时间的变化。

7.3.2 机器人手眼标定试验

采用第 3 章所述的两步式标定方法完成手眼矩阵的标定，先标定旋转矩阵后标定平移矩阵[11]，如图 7-60 所示，首先将标准球固定于三角支架上，将运动坐标系修改为工具坐标系 $\{Tool0\}$，修改运动模式为线性运动，使机器人携带扫描仪运动，当标准球出现于扫描仪视野中心时停止运动，于该位置拍摄一幅点云，点云记为 $i=0$，使机器人携带扫描仪沿 X 轴负方向平移一段距离，记为 $i=1$，考虑到沿 X 轴方向移动时扫描仪受焦距影响，前后共采集了 16 幅点云；同理，沿 Y 轴和 Z 轴方向按上述操作移动分别采集了 11 幅点云完成旋转矩阵的数据采集。将运动模式改为重定位运动，分别以 16 种姿态拍摄标准球获取了 16 幅不同姿态下的球面点云，至此完成了平移矩阵的数据采集。

(a) 平移运动　　　　　　　　　　　　　　(b) 重定位运动

图 7-60　手眼标定运动方案示意图（见书后彩插）

7.3.2.1 手眼矩阵计算及误差分析

将上述采集的数据输入到车身构件自动化标定软件，在球心拟合时，设置 RANSAC 算法球拟合的内点阈值为 0.08mm，完成所有数据的球心计算；轴和 TCP 点拟合时，设置 RANSAC 算法的内点阈值为 0.5mm，完成轴向量和 TCP 的计算，最终可查看手眼标定的结果。

为了排除机器人和扫描仪等随机误差的影响，记录第 1 次标定的路径点，按上述路径点重复标定两次，获得 3 次手眼标定的手眼矩阵；其中手眼矩阵 $\boldsymbol{H}_s^t$ 表达式如下：

$$
\boldsymbol{H}_s^t =
\begin{bmatrix}
r_{11}^{\perp} & r_{12}^{\perp} & r_{13}^{\perp} & x_s^t \\
r_{21}^{\perp} & r_{22}^{\perp} & r_{23}^{\perp} & y_s^t \\
r_{31}^{\perp} & r_{32}^{\perp} & r_{33}^{\perp} & z_s^t \\
0 & 0 & 0 & 1
\end{bmatrix}
\tag{7.52}
$$

为了更直观地表示转换关系，将旋转矩阵 $\boldsymbol{R}_{\perp}^{*}$ 转换为欧拉角，其中欧拉角由式(7.53) 给出，α、β 和 γ 分别表示扫描仪坐标系统 $\{Tool0\}$ 的 z、y 和 x 轴的旋转角度，x、y、z 分别表示扫描仪坐标系原点沿 $\{Tool0\}$ 的 x、y 和 z 轴的平移距离。将实验 1、2、3 的手眼矩阵转换为平移矢量和欧拉角，其结果如表 7-6，其中，平移矢量的最大标准差为 0.0946mm，欧拉角的最大标准差为 0.0016°。可知，3 次实验的标定结果非常稳定。

$$
\begin{cases}
\alpha = \mathrm{atan2}(r_{21}^{\perp}, r_{11}^{\perp}) \\
\beta = \mathrm{atan2}\left[-r_{31}^{\perp}, \sqrt{(r_{11}^{\perp})^2 + (r_{21}^{\perp})^2}\right] \\
\gamma = \mathrm{atan2}(r_{32}^{\perp}, r_{33}^{\perp})
\end{cases}
\tag{7.53}
$$

表 7-6　手眼标定结果

实验序号	x	y	z	γ	β	α
1	671.962	−34.0613	122.147	−95.9899	−0.449411	−87.5961
2	671.744	−34.0418	122.107	−95.9939	−0.45202	−87.5955
3	671.785	−34.0411	122.165	−95.9916	−0.449933	−87.5944
均值	671.830	−34.0481	122.140	−95.9918	−0.450455	−87.5953
标准差	0.09460	0.00936	0.02424	0.0016	0.0011	0.0007

为进一步验证手眼矩阵的精度，对半径 $R = 19.0574$mm 的标准球进行多角度测量拼接；为了保证球点云的拼接误差尽可能源于手眼矩阵，减小机器人误差对球点云拼接的影响，与文献 [12]、文献 [13] 采用相同的评价标准，通过机器人绕六轴旋转的方式对标准球测量获得三角度球点云并示教机器人位姿；重复操作两次可分别获得第 2 组实验和第 3 组实验的 3 片球点云及机器人位姿，3 组球拼接实验示教的机器人位姿信息如表 7-7 所示。

表 7-7　多角度拍摄球点云的机器人位姿

实验序号	位置点/mm	四元数姿态
1	[1209.22, 229.50, 1499.29]	[0.912694, 0.0289115, 0.406275, 0.0330727]
	[1209.21, 229.50, 1499.28]	[0.908997, −0.0253095, 0.406522, −0.0884462]
	[1209.22, 229.50, 1499.27]	[0.904444, 0.0705618, 0.401152, 0.126805]
2	[1433.52, 215.55, 1475.29]	[0.922326, −0.00277713, 0.385647, 0.0241613]
	[1433.52, 215.55, 1475.29]	[0.914054, 0.0397127, 0.383606, 0.125593]
	[1433.52, 215.55, 1475.28]	[0.919191, −0.0461287, 0.38289, −0.0797184]

实验序号	位置点/mm	四元数姿态
3	[1374.02,268.15,1544.54]	[0.896407,−0.0125727,0.442697,0.0177921]
	[1374.02,268.15,1544.53]	[0.895552,−0.0425567,0.440823,−0.0430226]
	[1374.02,268.15,1544.54]	[0.889692,0.0335525,0.4416,0.110954]

对扫描仪坐标系下的一片球点云 Q_{is}，可由式（7.54）转换得机器人基坐标系下的球点云 Q_{ib}：

$$Q_{ib} = H_{it}^b H_s^t Q_{is} \tag{7.54}$$

式中，H_s^t 为手眼矩阵已求；H_{it}^b 为 $\{Tool0\}$ 到机器人基坐标系的转换矩阵，可由机器人位姿求得，由实验 1 求得的手眼矩阵对实验 1 的三角度球点云进行拼接，其拼接效果如图 7-61 所示。拼接球半径的拟合及误差色谱图均采用第三方软件 Imageware 作为客观评价标准。

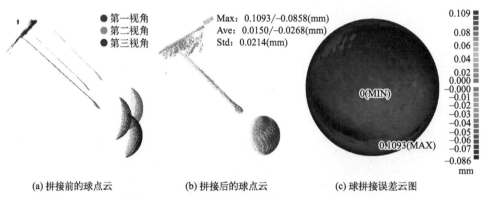

(a) 拼接前的球点云　　　(b) 拼接后的球点云　　　(c) 球拼接误差云图

图 7-61　三角度球点云拼接（见书后彩插）

同理，采用实验 2 和实验 3 的手眼矩阵分别对实验 2 和实验 3 的球点云进行拼接，3 组实验拼接后的球半径拟合信息及测点 RMS 误差如表 7-8 所示，球拟合偏差是指拼接球的拟合半径与标准球半径的差值，标准球标准半径为 19.0574mm。

表 7-8　球拟合偏差及 RMS 误差

实验标号	球拟合半径/mm	拟合偏差/mm	球面测点 RMS/mm
1	19.0382	−0.0192	0.0341
2	19.0375	−0.0199	0.0300
3	19.0495	−0.0079	0.0214
均值	19.0404	−0.0157	0.0285

表 7-8 为球拟合偏差及 RMS 误差结果分析，表 7-9 为不同手眼标定方法的球拟合偏差及 RMS 误差对比。由表 7-8 和表 7-9 可知，手眼标定算法对 $R =$

19.0574±0.0028mm 的标准球拟合偏差均值为 0.016mm，球面测点 RMS 平均值为 0.029mm，标准球最大制造误差为±0.0028mm，故标准球自身存在的误差对结果影响较小，可忽略不计。相比文献［12，13］所提方法，球拟合偏差分别降低了 54.3％和 73.3％，球面测点 RMS 分别降低了 48.5％和 57.3％，因而具有更好的手眼标定精度。这主要是由于在手眼标定过程中未借助机器人位姿信息，避免了手眼矩阵中累积机器人绝对运动误差；同时采用 RANSAC 算法结合最小二乘法的模型拟合方法，增加数据拟合的鲁棒性及精确性；最后针对旋转矩阵的非正交问题，采用基于迭代微分旋量的旋转矩阵正交化方法，进一步提高手眼矩阵精度。

表 7-9　不同手眼标定方法的球拟合偏差及 RMS 误差对比

方法来源	手眼标定种类	球拟合偏差/mm	球面测点 RMS/mm
文献［12］	eye-to-hand	0.035	0.062
文献［13］	eye-in-hand	0.060	0.068
所提方法	eye-in-hand	0.016	0.029

7.3.2.2　车身测量点云拼接

图 7-62 为采集车身点云的现场，移动机器人使左右相机的焦点聚焦于车身表面，示教该位置下的机器人位姿，拍摄即可获取测量点云 Q_{is}，移动机器人至 23 个位置，可分别获得 23 个位置下的车身测量点云和机器人位姿，其中 7.2.2.3 节中的车身构件测量点云拼接的代码已集成到车身构件机器人自动化标定软件中，将采集的 23 片车身测量点云导入软件可完成车身测量点云的拼接。

图 7-62　车身测量点云采集现场（见书后彩插）

图 7-63（a）为采集的测量点云，可以看出，测量点云在扫描仪坐标系下是无序且交叉分布的；图 7-63（b）为拼接后的车身测量点云，可以看出，经手眼标定转换后，测量点云在机器人基坐标系下是有序的，拼接后的点云除车身点云

外，还含有部分背景点云，拼接后点云可按照指定路径保存用于后续车身工件标定。

(a) 拼接前   (b) 拼接后

图 7-63   车身测量点云拼接

7.3.3   大型车身标定试验

通过上述手眼标定实验获取并保存车身测量点云，其中，车身测量点云的点云数目为 129083。通过 Meshlab 软件将车身构件的 CAD 模型离散为 CAD 点云，为了保证测量点云中的测点尽可能准确地从 CAD 点云中搜索到最近点，CAD 点云的数量应远高于车身测量点云的数目。图 7-64(a) 为 Meshlab 离散后的 CAD 点云，点云数量为 1603869。WPMAVM 算法需要带有法向量的 CAD 点云，对于 Meshlab 离散的 CAD 点云，还需要计算其法向量并保存，采用 Imageware 对离散的 CAD 点云计算法向量并保存。该 CAD 点云只需要获取一次，在批量化生产标定中可重复使用，无须重新离散并计算法向量。图 7-64(b) 为 Imageware 计算的带有法向量的 CAD 点云。

(a) Meshlab离散的CAD点云   (b) 带有法向量的CAD点云

图 7-64   车身构件 CAD 点云获取

7.3.3.1　点云粗匹配及误差分析

图 7-65 为车身测量点云与 CAD 点云的初始位姿，两片点云的初始位置和姿态存在较大差异。

对两片点云进行预处理，对测量点云均匀采样并计算法向量，CAD 点云已经计算过法向量，因此只需对 CAD 点云均匀采样，其中均匀采样的半径设置为 6mm，法向量计算半径设置为 15mm，经点云预处理后，测量点云的数目从 129083 降到了 22616，CAD 点云的数目从

图 7-65　测量点云和 CAD 点云的初始位姿

1603869 降到了 63511，点云预处理共耗时 0.43s；对预处理后的测量点云和 CAD 点云应用所提的"局部最高最低点"方法提取关键点，如图 7-66(a) 所示，关键点的提取半径均为 15mm，其中测量点云提取的关键点数目为 1477，CAD 点云提取的关键点数目为 3246，关键点提取共耗时 0.557s；将上述关键点用于 4PCS 匹配，其中近似重叠率设置为 0.7，对应点对之间的最大距离设置为 10mm，最大计算时间设置为 10s，点云的采样数目设置为 300，其匹配结果如图 7-66(b) 所示，测量点云和 CAD 点云相较于初始位置已经大致对齐。粗转换矩阵 $\boldsymbol{H}_{\mathrm{w1}}$ 如下：

$$\boldsymbol{H}_{\mathrm{w1}} = \begin{bmatrix} -0.0181559 & -0.99956 & 0.0234564 & 2823.34 \\ 0.999791 & -0.0179301 & 0.00979958 & -877.673 \\ -0.00937475 & 0.0236294 & 0.999677 & 622.988 \\ 0 & 0 & 0 & 1 \end{bmatrix} \quad (7.55)$$

(a) 关键点

(b) 4PCS匹配

图 7-66　基于关键点的 4PCS 匹配（见书后彩插）

4PCS 算法的求解结果受采样点的影响，具有一定的随机性，为了验证所提优化 4PCS 算法的有效性和准确性，对所提方法与原始 4PCS 算法重复 3 次匹配实验取平均值，以 wRMSE 和第三方软件 Imageware 来评价两种方法的匹配误差，其匹配结果如表 7-10 所示。从表中可看出，直接用 4PCS 算法匹配共耗时 6.208s，其 wRMSE 和 Imageware 计算的误差分别为 15.376mm 和 2.632mm；所提方法在匹配阶段共耗时 1.879s，加上前期预处理和关键点提取的时间共耗时 2.866s，匹配效率较优化前提高了 53.8%，wRMSE 和 Imageware 计算的误差分别为 4.876mm 和 1.809mm，分别较优化前降低了 68.3% 和 31.3%。基于关键点匹配可以降低点云数目有效提高匹配效率，同时关键点分布在几何特征明显的区域，对于一些平面及辨识度较低的点通过关键点提取可有效滤除，因此将关键点用于 4PCS 匹配可有效提高匹配精度。

表 7-10 4PCS 算法与关键点优化的 4PCS 算法对比

4PCS 算法	时间/s	wRMSE/mm	Imageware/mm	所提算法	时间/s	wRMSE/mm	Imageware/mm
1	6.199	18.3447	2.7204	1	1.655	7.67594	2.6015
2	5.175	13.3857	2.9668	2	1.887	3.65147	1.4735
3	7.251	14.398	2.2085	3	2.097	3.29977	1.3547
平均值	6.208	15.376	2.632	平均值	1.879	4.876	1.809

图 7-67 为 Imageware 下的误差色谱图，上下偏差设置为 15mm，黑色测点表示位于偏差之外的点。可以看出，除背景点云外，所提算法匹配结束后，车身大部分区域测点到 CAD 模型的距离均位于 15mm 以内，而原始 4PCS 算法匹配后部分车身区域到 CAD 模型的距离位于 15mm 之外，匹配效果不佳。

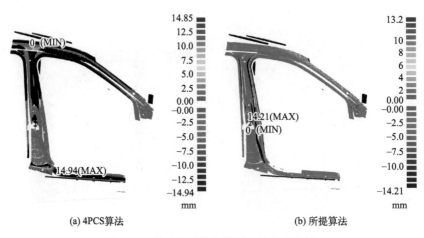

(a) 4PCS算法   (b) 所提算法

图 7-67 粗匹配后的色谱图（见书后彩插）

7.3.3.2　点云精匹配及误差分析

为了验证所提精匹配算法的优越性，保证横向对比和误差评价的客观性，对未经架构优化的 WPMAVM 算法与 ICP 算法和 VMM 算法进行比较。以 wRMSE 作为主要评价指标，同时引入第三方 Imageware 作为辅助评价指标，均以迭代次数 $n=10$ 作为终止条件，其匹配结果如表 7-11 所示。

表 7-11　三种算法的匹配结果对比

方法来源	wRMSE/mm	Imgeware/mm	时间/s
ICP[14]	6.1665	0.6717	20.3
VMM[15,16]	4.5873	0.6503	16.7
所提算法	0.46883	0.4053	15.3

可以看出，WPMAVM 算法的匹配时间最短为 15.3s，VMM 算法与 WPMAVM 算法相近为 16.7s，ICP 算法的匹配时间最长为 20.3s，这主要是由于算法的求解方式不同，WPMAVM 算法和 VMM 算法为基于微分矢量的求解，等价于牛顿法，具有二阶收敛速度且单步迭代速度快，而 ICP 算法的求解方式为基于四元数或奇异值求解，只具备一阶收敛速度且单步迭代速度慢。WPMAVM 的匹配误差最小，wRMSE 和 Imageware 计算的误差分别为 0.46883mm 和 0.4053mm；VMM 算法次之，wRMSE 和 Imageware 计算的误差分别为 4.5873mm 和 0.6503mm；ICP 算法的匹配误差最大，wRMSE 和 Imageware 计算的误差分别为 6.1665mm 和 0.6717mm；WPMAVM 算法的 wRMSE 较 VMM 算法和 ICP 算法分别降低了 89.8% 和 92.4%，Imageware 误差较 VMM 算法和 ICP 算法分别提高了 37.7% 和 39.7%。当存在负余量测点和异常测点时，WPMAVM 算法相较于 VMM 算法和 ICP 算法的优势在第 3 章中已经进行了详细的理论推导证明，这主要是因为在 WPMAVM 算法的目标函数中对正负余量测点进行了区分，不会因为存在负余量测点而匹配倾斜；其次，在 WPMAVM 算法的目标函数中含有权重系数，对背景测点和局部变形处的测点等异常点具有很好的鲁棒性，不会因为异常点的存在而匹配倾斜。

图 7-68 为 3 种算法匹配后在第三方软件 Imageware 下的误差色谱图，上下偏差设置为 3mm，黑色测点表示位于偏差外的测点。可以看出，ICP 算法和 VMM 算法匹配后只有少量的车身测点位于上下偏差内，说明匹配效果不佳且匹配误差大；而 WPMAVM 算法的黑色测点主要集中在背景测点和变形处的测点，绝大部分车身测点位于上下偏差内，表明 WPMAVM 算法可以不受背景点云和负余量点云的影响，使正常的车身测量点云与 CAD 点云准确贴合，匹配精度较高且不易匹配倾斜。

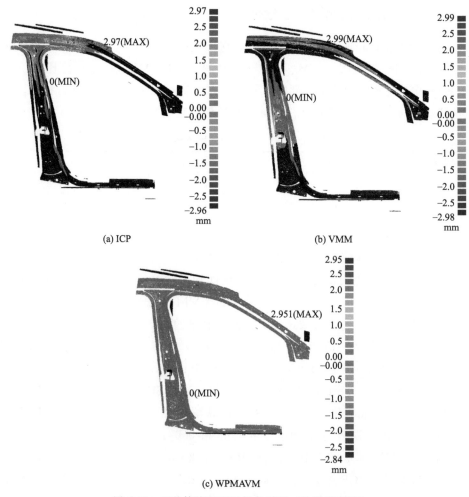

(a) ICP

(b) VMM

(c) WPMAVM

图 7-68　三种算法匹配后的色谱图（见书后彩插）

　　WPMAVM 算法的匹配效率虽然最高，但在海量点云下仍较慢。为了进一步提高效率，采用均匀采样降低测量点云的数目，同时采用双向 Kdtree 搜索确定对应点对，保证一对一的对应方式，进一步减小异常点和密度分布不均在低点云密度下对匹配的影响。WPMAVM 算法的匹配结果在单向 Kdtree 搜索和双向 Kdtree 搜索下随点云采样后的百分比（采样后点云的数量与源点云数量之比）变化如表 7-12 所示，WPMAVM 算法的匹配时间在单向 Kdtree 搜索和双向 Kdtree 搜索下随点云采样后的百分比变化如图 7-69(a) 所示，WPMAVM 算法的 wRMSE 在单向 Kdtree 搜索和双向 Kdtree 搜索下随点云采样后的百分比变化如图 7-69(b) 所示。

表 7-12　WPMAVM 算法匹配结果

单向 Kdtree	时间/s	wRMSE/mm	双向 Kdtree	时间/s	wRMSE/mm
1％	0.311	0.662598	1％	0.332	0.479345
5％	0.968	0.5657	5％	1.04	0.496784
15％	2.7	0.483851	15％	3.3	0.488666
25％	4.4	0.477263	25％	4.7	0.488379
35％	5.9	0.473981	35％	6.4	0.485664
45％	8.2	0.470184	45％	8.9	0.486997
55％	10.05	0.471003	55％	11.6	0.486305
65％	11.592	0.464825	65％	12.5	0.485801
75％	13.119	0.46711	75％	15.52	0.48699
85％	14.86	0.468566	85％	17	0.486445
95％	16.8	0.467067	95％	18.3	0.486159

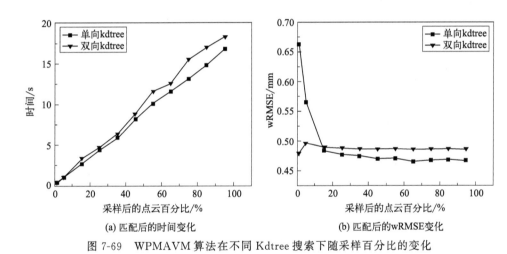

(a) 匹配后的时间变化　　　　　　　　(b) 匹配后的 wRMSE 变化

图 7-69　WPMAVM 算法在不同 Kdtree 搜索下随采样百分比的变化

由表 7-12 和图 7-69 可知，不管是单向 Kdtree 搜索还是双向 Kdtree 搜索，匹配时间会随着百分比的减小而减小，当百分比小于 5％ 时，单向 Kdtree 搜索和双向 Kdtree 搜索的匹配时间几乎相等；对于单向 Kdtree 搜索，匹配后的wRMSE 随着百分比的减小而增大，且当百分比小于 5％ 时，wRMSE 出现了陡增，这主要是因为点云密度过小后异常测点在目标函数中所占的权重变大且点云密度不均匀，而双向 Kdtree 搜索的 wRMSE 随百分比的减小始终保持稳定，这是因为通过双向 Kdtree 搜索确定对应点对可以精准地将异常测点在目标函数中的权重置为 0，且一对一的对应点对减少了点云密度对匹配的影响。综上所述，采用均匀采样将源点云采样至 1％ 结合双向 Kdtree 搜索全程仅需 0.332s，且wRMSE 仅为 0.479345mm，其匹配结果如图 7-70 所示。

图 7-70　架构优化的 WPMAVM 匹配结果

上述点云采样至1‰结合双向 Kdtree 搜索的 WPMAVM 算法计算的精转换矩阵 $\boldsymbol{H}_{w2}$ 如下：

$$\boldsymbol{H}_{w2} = \begin{bmatrix} 0.999673 & 0.0162512 & -0.0154762 & 28.3885 \\ -0.0162733 & 0.999814 & -0.00115182 & 38.5602 \\ 0.015451 & 0.00147171 & 0.999848 & -28.1511 \\ 0 & 0 & 0 & 1 \end{bmatrix} \quad (7.56)$$

由粗转换矩阵 $\boldsymbol{H}_{w1}$ 和精转换矩阵 $\boldsymbol{H}_{w2}$ 可计算出工件标定的总体转换矩阵 $\boldsymbol{H}_{w3}$，$\boldsymbol{H}_{w3}$ 表示为：

$$\boldsymbol{H}_{w3} = \boldsymbol{H}_{w2}\boldsymbol{H}_{w1} = \begin{bmatrix} -0.00175711 & -0.99989 & 0.00813682 & 2826.9 \\ 0.999911 & -0.0016878 & 0.00826459 & -885.612 \\ -0.00818245 & 0.00815522 & 0.999902 & 637.074 \\ 0 & 0 & 0 & 1 \end{bmatrix}$$

$$(7.57)$$

工件的总体转换矩阵 $\boldsymbol{H}_{w3}$ 的旋转矩阵表示为四元数，可写作 $[0.70648, -3.87017 \times e^{-5}, 0.00577485, 0.707664]$，平移矩阵坐标可写作 $[2826.9, -885.612, 637.074]$，因此校准后的工件坐标系可以表示为 $\{wobject1\} = [[x, y, z], [q_1, q_2, q_3, q_4]] = [[2826.9, -885.612, 637.074], [0.70648, -3.87017 \times e^{-5}, 0.00577485, 0.707664]]$。

7.3.4　车身焊渣机器人磨抛试验验证

① 离线路径生成及校准。将上述标定的工件坐标系 $\{wobject1\}$ 和工具坐标系 $\{Tool1\}$ 导入 RobotStudio 工作站中，校准工具坐标系及工件坐标系，仿

真轨迹采用 PowerPac 插件进行规划。图 7-71(a) 为校准前的车身与仿真路径，图 7-71(b) 为校准后的车身与仿真路径。

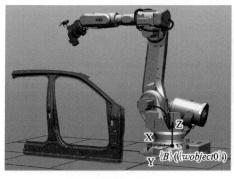 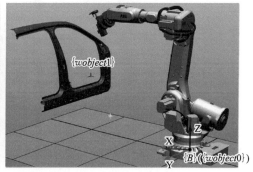

(a) 校准前的 {wobject0}   (b) 校准后的 {wobject1}

图 7-71 校准前后的工件坐标系

② 工艺参数组合。在车身焊渣磨抛去除之前，为了保证磨抛效果，在与车身材质相同的板子上做了大量工艺实验，进而选取了一组较为合适的工艺参数。在该组工艺参数中，柔性轮转动的线速度 V_s 设置为 7m/s，进给速度设置为 9mm/s，法向力 F_z 大小设置为 15N，实际生产中可视具体情况自行选择工艺参数。

如图 7-72 所示，车身的磨抛轨迹共涉及一段平面区域及一段转角区域，为了方便展示加工前后的效果，将其划分为 3 段区域，具体为转角区域 1、平面区域 1 及平面区域 2，待加工车身表面分布有油漆、焊渣及焊灰等。

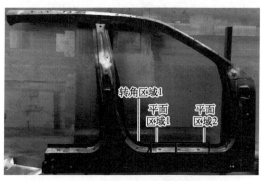

图 7-72 待加工区域示意图

为了测试工具坐标系及工件坐标系的标定精度及仿真轨迹的修正精度，防止在实际加工中出现碰撞、接触不均匀等情形破坏工件表面，在焊渣磨抛前首先进行静态测试，即柔性轮非转动下与工件表面的接触情况测试。如图 7-73 所示为力控传感器控制下某一路径点处的静态接触情况，柔性轮与车身表面准确贴合无干涉，当路径全部走完后表面标定精度无误可以完成加工。

图 7-73　力控传感器控制下柔性轮与车身静态接触图

开启电机带动柔性轮转动磨抛车身，图 7-74 所示为加工过程中由 Test-SignalViewer 记录的 3 个方向的力随时间的变化，由于加工时轮子振动导致加工力不稳定出现波动，其中红色曲线 207 表示切向力 F_x，蓝色曲线 208 表示轴向力 F_y，绿色线条 209 表示法向力 F_z。如图 7-75 所示为机器人磨抛车身焊渣的加工现场，磨抛后的油漆、焊渣、焊灰及砂砾碎屑易燃烧生成电火花。

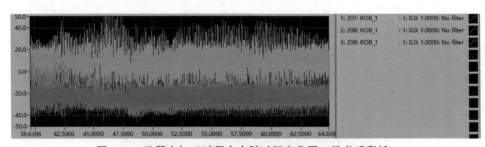

图 7-74　机器人加工过程中力随时间变化图（见书后彩插）

图 7-75　机器人磨抛现场

当工件坐标系与工具坐标系标定精度差时，仿真磨抛轨迹不能精准地移植到车身实体上，而且工具也不能与车身上的磨抛路径准确贴合，一旦磨抛轮的工具坐标系位姿与车身实体上的磨抛路径点位姿不一致且偏差过大，力控将超出搜索范围导致力控报错，且机器人在加工过程中易发生碰撞干涉。在本次机器人磨抛焊渣过程中，磨抛轮始终与车身上的磨抛路径点准确贴合，未发生碰撞干涉，力控十分稳定且未发现加工振颤现象。对划分的 3 个区域加工前后表面质量进行对比，如图 7-76 所示为 3 个区域磨抛前，3 个区域均分布有大量的焊渣，转角区域还分布有大量的油漆；图 7-77 为 3 个区域磨抛后，3 个区域的焊渣均被去除且转角区域油漆也被去除，表面光洁且一致性良好，侧面验证了所提标定算法的有效性及实用性。

(a) 转角区域1　　　　　　(b) 平面区域1　　　　　　(c) 平面区域2

图 7-76　车身焊渣磨抛前

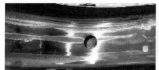 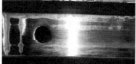 

(a) 转角区域1　　　　　　(b) 平面区域1　　　　　　(c) 平面区域2

图 7-77　车身焊渣磨抛后

参 考 文 献

[1]　徐小虎. 压气机叶片机器人砂带磨抛加工关键技术研究 [D]. 武汉：华中科技大学，2019.

[2]　Wang Y，Hou B，Wang F，Ji Z. A controllable material removal strategy considering force-geometry model of belt grinding processes [J]. International Journal of Advanced Manufacturing Technology，2017，93 (1-4)：241-251.

[3]　Xu X，Chen W，Zhu D，et al. Hybrid active/passive force control strategy for grinding marks suppression and profile accuracy enhancement in robotic belt grinding of turbine blade [J]. Robotics and Computer-Integrated Manufacturing，2021，67：102047.

[4]　王志远. 视觉引导的机器人自适应磨抛技术及其在叶片损伤修复中的应用 [D]. 武汉：武汉理工大学，2020.

[5]　Wang Z，Zhu D. An accurate detection method for surface defects of complex components based on support vector machine and spreading algorithm [J]. Measurement，2019，147：106-118.

[6]　Van Oosterom P，Martinez-Rubi O，Ivanova M，et al. Massive point cloud data management：Design，

implementation and execution of a point cloud benchmark [J]. Computers & Graphics，2015，49：92-125.

[7] Sug H. The relationship of sample size and accuracy in radial basis function networks [J]. Wseas Transactions on Computers，2009，8（7）：1175-1184.

[8] Jung H G，Kim G. Support vector number reduction：Survey and experimental evaluations [J]. IEEE Transactions on Intelligent Transportation Systems，2013，15（2）：463-476.

[9] 王浩，王立文，王涛，等．航空发动机损伤叶片再制造修复方法与实现 [J]．航空学报，2016，37（3）：1036-1048.

[10] 吕睿．车身构件机器人智能磨抛系统标定及自动化标定软件开发 [D]．武汉：武汉理工大学，2022.

[11] 吕睿，彭真，吕远健，等．基于重定位的叶片机器人磨抛系统手眼标定算法 [J]．中国机械工程，2022，33（3）：339-347.

[12] Ren Y J，Yin S B，Zhu J. Calibration technology in application of robot-laser scanning system [J]. Optical Engineering，2012，51（11）：114204.

[13] Xu X，Zhu D，Zhang H，et al. TCP-based calibration in robot-assisted belt grinding of aero-engine blades using scanner measurements [J]. International Journal of Advanced Manufacturing Technology，2017，90（1-4）：635-647.

[14] 胡晨晨．激光位移传感器位置标定技术及其在机器人磨抛加工中的应用 [D]．武汉：华中科技大学，2017.

[15] Xie H，Li W，Yin Z，et al. Variance-minimization iterative matching method for free-form surfaces-Part I：theory and method [J]. IEEE Transactions on Automation Science and Engineering，2019，16（3）：1181-1191.

[16] Xie H，Li W，Yin Z，et al. Variance-minimization iterative matching method for free-form surfaces-Part II：experiment and analysis [J]. IEEE Transactions on Automation Science and Engineering，2019，16（3）：1192-1204.

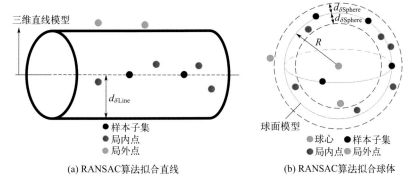

(a) RANSAC算法拟合直线   (b) RANSAC算法拟合球体

图 3-4　RANSAC 算法拟合模型

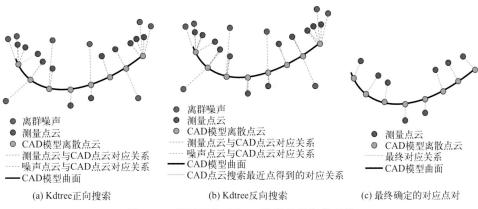

(a) Kdtree正向搜索   (b) Kdtree反向搜索   (c) 最终确定的对应点对

图 3-14　基于双向 Kdtree 搜索的对应点查找

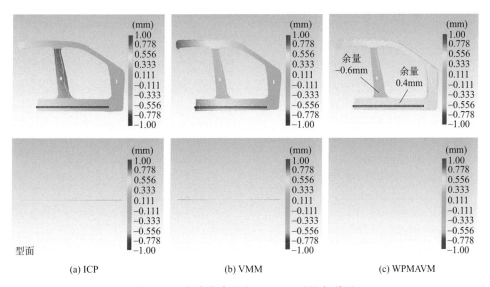

(a) ICP   (b) VMM   (c) WPMAVM

图 3-18　车身负余量为 0.6mm 时的色谱图

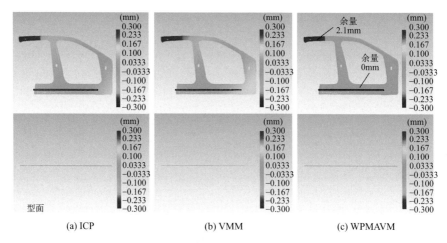

(a) ICP   (b) VMM   (c) WPMAVM

图 3-20   车身异常余量为 2.1mm 时的色谱图

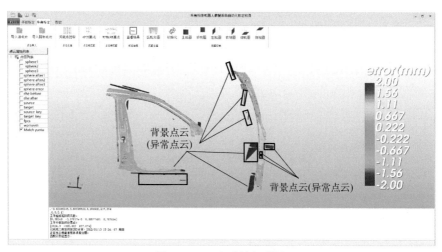

图 3-27   匹配后的色谱图

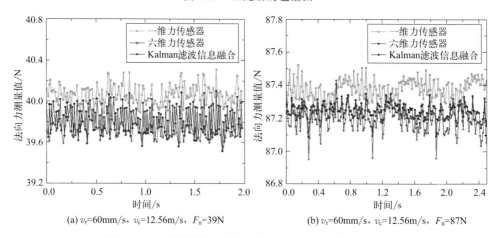

(a) v_r=60mm/s，v_c=12.56m/s，F_n=39N   (b) v_r=60mm/s，v_c=12.56m/s，F_n=87N

图 4-27   在不同预设力情况下基于 Kalman 滤波信息融合

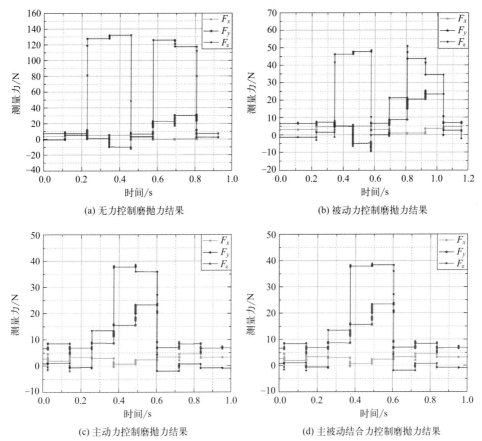

(a) 无力控制磨抛力结果

(b) 被动力控制磨抛力结果

(c) 主动力控制磨抛力结果

(d) 主被动结合力控制磨抛力结果

图 4-28　在不同力控制方法下机器人加工试块的磨抛力监控结果对比

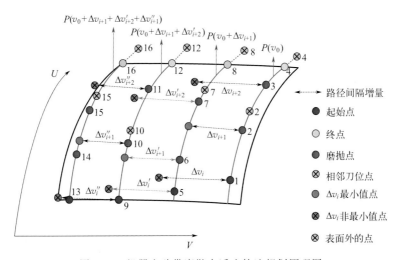

图 5-16　机器人砂带磨抛自适应轨迹规划原理图

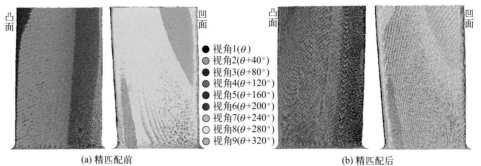

凸面　　　凹面

● 视角1(θ)
● 视角2(θ+40°)
● 视角3(θ+80°)
● 视角4(θ+120°)
● 视角5(θ+160°)
● 视角6(θ+200°)
● 视角7(θ+240°)
○ 视角8(θ+280°)
● 视角9(θ+320°)

凸面　　　凹面

(a) 精匹配前　　　　　　　　　　　　　　(b) 精匹配后

图 5-42　基于精匹配前后的叶片点云重构结果比较

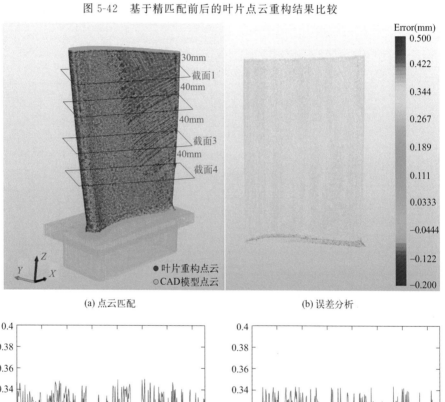

(a) 点云匹配　　　　　　　　　　　(b) 误差分析

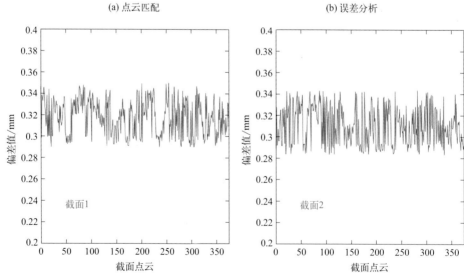

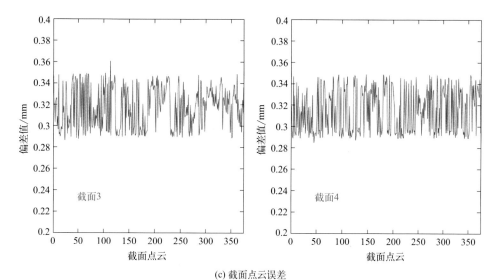

(c) 截面点云误差

图 5-43　叶片点云重构试验结果分析

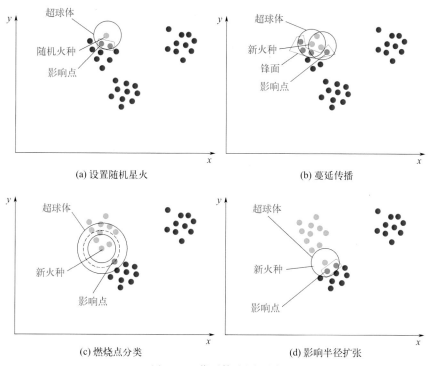

(a) 设置随机星火

(b) 蔓延传播

(c) 燃烧点分类

(d) 影响半径扩张

图 7-38　蔓延算法原理图

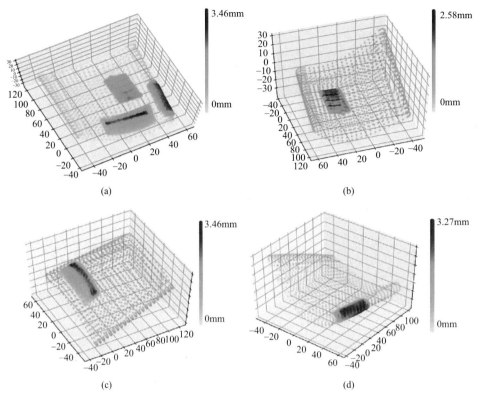

图 7-54　各加工区域的余量分布云图

(a) 平移运动 (b) 重定位运动

图 7-60　手眼标定运动方案示意图

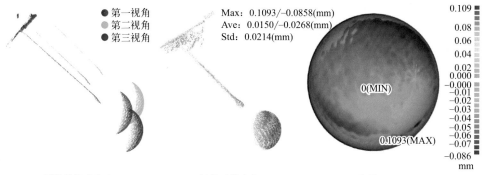

● 第一视角	Max: 0.1093/-0.0858(mm)
第二视角	Ave: 0.0150/-0.0268(mm)
● 第三视角	Std: 0.0214(mm)

0(MIN)

0.1093(MAX)

0.109
0.08
0.06
0.04
0.02
0.000
-0.000
-0.01
-0.02
-0.03
-0.04
-0.05
-0.06
-0.07
-0.086
mm

(a) 拼接前的球点云　　　　(b) 拼接后的球点云　　　　(c) 球拼接误差云图

图 7-61　三角度球点云拼接

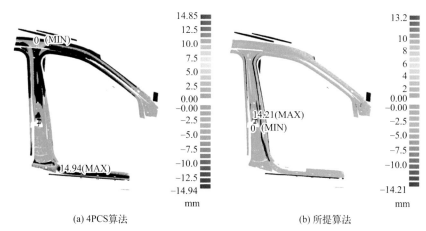

机器人

扫描仪

车身

扫描仪

机器人

车身

图 7-62　车身测量点云采集现场

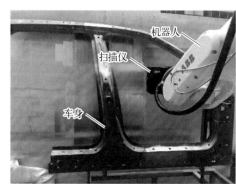

0 (MIN)

14.94(MAX)

14.85
12.5
10.0
7.5
5.0
2.5
0.00
-0.00
-2.5
-5.0
-7.5
-10.0
-12.5
-14.94
mm

14.21(MAX)
0 (MIN)

13.2
10
8
6
4
2
0.00
-0.00
-2.5
-5.0
-7.5
-10.0
-14.21
mm

(a) 4PCS算法　　　　　　　　(b) 所提算法

图 7-67　粗匹配后的色谱图

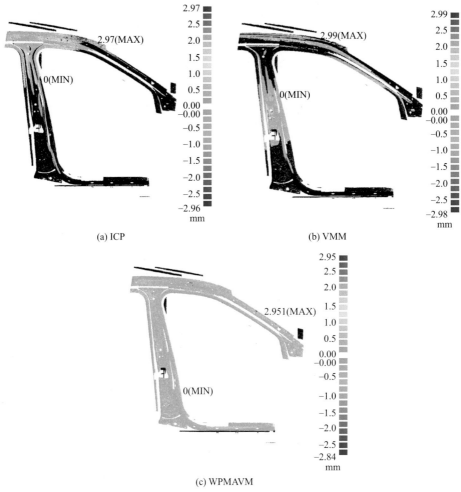

(a) ICP

(b) VMM

(c) WPMAVM

图 7-68　三种算法匹配后的色谱图

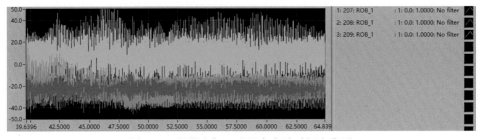

图 7-74　机器人加工过程中力随时间变化图